EINLEITUNG

IN DIE

MODERNE CHEMIE.

EINLEITUNG

IN DIE

MODERNE CHEMIE.

NACH EINER

REIHE VON VORTRÄGEN

GEHALTEN IN DEM

ROYAL COLLEGE OF CHEMISTRY ZU LONDON

VON

AUG. WILH. HOFMANN,

Doctor der Philosophie, der Medicin und der Rechte,
Mitgliede der Akademie der Wissenschaften in Berlin und der Royal Society in London,
Correspondenten des französischen Instituts, der Akademien zu Amsterdam, München,
Petersburg, Turin, Wien etc. etc.
Präsidenten der Berliner und Vicepräsidenten der Londoner chemischen Gesellschaft,
und Professor der Chemie an der Universität Berlin.

VIERTE AUFLAGE.

Springer Fachmedien Wiesbaden GmbH
1869

Softcover reprint of the hardcover 4th edition 1869

ISBN 978-3-663-19864-2   ISBN 978-3-663-20202-8 (eBook)
DOI 10.1007/978-3-663-20202-8

SEINEM FREUNDE

GUSTAV MAGNUS

WIDMET DIESE VORTRÄGE

DER

VERFASSER.

VORREDE.

Das Büchlein, welches diese Vorrede in die Welt einführen soll, bedarf nur weniger Worte mit auf den Weg.
Als der Verfasser im verflossenen Frühling aus langjähriger Wirksamkeit in London ausschied, um auf der Berliner Hochschule einen Lehrstuhl der Chemie zu übernehmen, wurde ihm von seinen Schülern der Wunsch ausgesprochen, er möge den Cyclus von Vorlesungen über Experimentalchemie, welchen er seit geraumer Zeit für die Eleven der Englischen Bergschule in dem *Royal College of Chemistry* alljährlich gehalten hatte, in ihrer letzten Form veröffentlichen. Diesem Wunsche seinem ganzen Umfange nach zu entsprechen, haben die Verhältnisse nicht gestattet. Neue Lebensaufgaben waren mittlerweile an den Verfasser herangetreten, welche alle seine Kräfte in Anspruch nahmen und ein gleichzeitiges weitschichtiges Unternehmen wie die Redaction einer aus-

gedehnten Reihe von Vorlesungen ausser Frage stellten. Unter diesen Umständen sah sich derselbe veranlasst, nur das Manuscript der zwölf ersten Vorlesungen, welche als Einleitung in das Studium der Chemie gelten konnten, für den Druck umzugestalten, eine Arbeit, welche durch die werthvolle Mitwirkung seines Freundes, des Herrn F. O. Ward, wesentlich erleichtert und abgekürzt worden ist.

So entstand ein kleines, unter dem Titel: *Introduction to Modern Chemistry, Experimental and Theoretic* zu Ende vorigen Sommers in London erschienenes Buch, welches nunmehr auch ein deutsches Gewand angenommen hat.

Bei der Veröffentlichung dieser deutschen Ausgabe hat der Verfasser zunächst seine eigenen Zuhörer an der Berliner Universität im Auge gehabt.

Die gewaltige Umwälzung, welche die chemischen Anschauungen während der letzten Decennien erlitten haben, ist eine vollendete Thatsache; allein dieser von Allen anerkannten Thatsache wird im Interesse des Unterrichts bis jetzt nur von Wenigen und in sehr beschränktem Maasse Rechnung getragen. Die Literatur des Lernenden, zumal in Deutschland, ist von diesem Umschwunge der Dinge bis jetzt nur gelinde berührt worden, und der Lehrer, welcher den neueren Ansichten und der sie wiedergebenden Ausdrucksweise in seinen Vorlesungen gerecht werden will, findet sich oft in grosser Verlegenheit, wenn er nach allen Seiten hin mit der traditionellen Darstellung chemischer Vorgänge im Widerspruche erscheint.

Vorrede.

Sollte die deutsche Ausgabe dieser „Einleitung", in welcher der Verfasser die experimentalen Grundlagen der gegenwärtigen chemischen Anschauungen darzulegen versucht hat, seinen Schülern einigen Nutzen gewähren, so ist der unmittelbare Zweck derselben reichlich erfüllt. Vielleicht ist aber auch in weiteren Kreisen dem Einen oder dem Andern mit dem Büchlein gedient.

Schliesslich bemerkt der Verfasser, dass er, um den Vorlesungen das Gepräge der Bedingungen zu bewahren, unter denen sie entstanden sind, anfangs nur eine deutsche **Uebersetzung** derselben beabsichtigte. So ist denn, zumal in der ersten Hälfte, Manches stehen geblieben, das in einer deutschen **Bearbeitung** hätte wegfallen können. In den späteren Theilen ist er aber seinem ursprünglichen Plane mehr und mehr untreu geworden, und die letzten drei Vorlesungen stimmen nur noch in der allgemeinen Anlage mit der englischen Ausgabe überein.

Berlin, 1. Februar 1866.

AUG. WILH. HOFMANN.

VORWORT ZUR ZWEITEN AUFLAGE.

Diese neue Auflage könnte als ein unveränderter Abdruck des kleinen Werkes gelten, wenn nicht manche Unebenheiten, welche dem Verfasser von befreundeter Hand in der ersten Ausgabe angedeutet worden sind, verschwunden wären. Einigen Verbesserungen in Wahl und Handhabung der Apparate, welche sich bei wiederholter Anstellung der in den ersten Vorträgen beschriebenen Versuche ergeben haben, ist in der neuen Auflage gleichfalls Rechnung getragen worden. Im Uebrigen ist das Büchlein unverändert geblieben.

Berlin, 1. April 1866.

A. W. H.

VORWORT ZUR DRITTEN AUFLAGE.

Die „Einleitung in die moderne Chemie" erscheint heute in dritter Auflage.

Der Verfasser hat dieselbe auf dem Titel als eine umgearbeitete bezeichnet, und wer sich die Mühe nähme, das vorliegende Buch mit der letzten Ausgabe zu vergleichen, würde diesen Ausdruck wohl gerechtfertigt finden. Die ersten Vorträge, welche von den Fundamentalversuchen handeln, brauchten allerdings nur umkrystallisirt zu werden; allein die späteren, in denen der experimentale Erwerb theoretische Verwerthung findet, sind in der That umgeschmolzen worden. Auf den ersten Blick könnte es freilich seltsam scheinen, dass eine Reihe von Vorlesungen, welche ganz eigentlich in dem Boden des Thatsächlichen wurzeln, nach so kurzer Frist, und ohne dass die Entwicklung der Wissenschaft durch irgend welche ausserordentliche Entdeckungen in unerwarteter Weise beschleunigt worden wäre, eine so wesentliche Umgestaltung hätte erheischen sollen. Der Grund ist gleichwohl ein naheliegender. Der Verfasser glaubt sich nicht zu täuschen, wenn er die freundliche Aufnahme, welche sein Büchlein gefunden hat, zum grossen Theile der Sorgfalt zuschreibt, mit der er bestrebt gewesen ist, den didaktischen Anforderungen des Gegenstandes gerecht zu werden. Im Sinne dieser Auffassung musste sich bei erneuter Durchsicht die Aufmerksamkeit nicht sowohl dem Stoffe selbst als der Verarbeitung desselben für die Zwecke des Unterrichtes zulenken, und es braucht kaum angedeutet zu werden, dass die Umbildung, welche die Vorträge erfahren haben, ausschliesslich die Darstellung der Thatsachen betrifft, dass aber eine solche Umbildung, falls sie überhaupt versucht wurde, auch nicht auf halbem Wege stehen bleiben konnte.

Auf einige der wesentlicheren Umgestaltungen mag hier noch besonders hingewiesen werden. Schon in den früheren Auflagen hatte der Verfasser die Erfahrung betont, welche ihm die Anlehnung der chemischen Symbole an absolute Werthe wünschenswerth erscheinen lässt. In der vorliegenden Ausgabe hat er die Symbole von Haus aus an die Gewichte eines concreten Normalvolums gebunden, eine Form der Darstellung, welche dem Lernenden das wahre Verständniss der chemischen Formelsprache nicht wenig erleichtern dürfte. Mit dieser Veränderung, Hand in Hand, geht eine andere. Wie früher, so auch jetzt, sind es die Gasvolumgewichte der Elemente, aus denen das Buch gleichsam hervorwächst. Allein die Volumgewichte sind doch immer nur die Vorläufer der Verbindungsgewichte, um deren Erwerb für den Aufbau des chemischen Lehrsystems es sich zunächst handelt. Der Verfasser hält mit Vorliebe an dieser Form der Darstellung fest, welche den Begriff des Verbin-

Vorwort zur dritten Auflage.

dungsgewichtes, bis zu gewissem Grade wenigstens, aus der Anschauung zu entwickeln gestattet und den Lernenden schon frühzeitig und eindringlich mit der Bestimmung der Volumgewichte, dieses mächtigsten Bundesgenossen für die Ermittelung der Verbindungsgewichte, vertraut macht. Der Verfasser verkennt andererseits die Klippe dieser Darstellungsweise nicht. Der Lernende begegnet gleich auf der Schwelle der Wissenschaft zwei Reihen von Werthen, deren Glieder entweder zusammenfallen oder doch in einfachster Beziehung zu einander stehen, und die Gefahr liegt nahe, dass sich beide Reihen in seiner Auffassung nicht scharf genug von einander abheben. Diese Gefahr hat der Verfasser in der neuen Bearbeitung möglichst zu beseitigen gesucht; zu dem Ende ist er vor Allem besorgt gewesen, den Uebergang vom Volumgewichte zum Verbindungsgewichte recht klar zu Tage treten zu lassen, und er hat, um diesen Zweck zu erreichen, selbst das äusserliche Mittel nicht verschmäht, beide Reihen von Werthen durch unterscheidende Symbole darzustellen. Mit dieser Wahl besonderer Symbole war es möglich, beide Werthe weit bestimmter als früher auseinander zu halten, denn es fand nunmehr das jeweilige Vorwalten entweder des einen oder des anderen Werthes in der Betrachtung schon typographisch einen unverkennbaren Ausdruck. Auch konnte über die wahre Bedeutung der Volumgewichte der Elementargase für die Entwicklung des chemischen Lehrsystems kein Zweifel mehr obwalten. Die Volumgewichte erscheinen als was sie wirklich sind, nämlich als Stützen für den Aufbau der Verbindungs gewichte; ihre Symbole, denen das Auge in den ersten Vorträgen ausschliesslich begegnet, treten nach dem Erscheinen der Verbindungsgewichtssymbole mehr und mehr zurück, und, wie die Rüstung fällt, wenn das Gebäude vollendet ist, so sind auch mit der Aufrichtung des Begriffs des Verbindungsgewichtes die Volumgewichtssymbole in den letzten Vorträgen wiederum verschwunden.

Während der Verfasser mit der Bearbeitung dieser neuen Auflage beschäftigt war, sind ihm von den verschiedensten Seiten Bemerkungen über die frühere zugegangen, welche er im Interesse des Buches mit Sorgfalt verwerthet hat. Von der grössten Wichtigkeit war es ihm zumal, dass er zum Oefteren Gelegenheit fand, mit seinen Freunden, den Herren H. Kopp, L. Kronecker und G. Magnus, über Form und Inhalt dieser Blätter Rücksprache zu nehmen; und Niemand ausser ihm selber könnte entfernt den Nutzen bemessen, welcher seiner Arbeit aus diesem wissenschaftlichen Verkehr erwachsen ist.

Wenn der Verfasser schliesslich noch auf einige nicht unerhebliche Veränderungen hinweist, welche die Methode der Fundamentalversuche betreffen, so geschieht es nur, weil er sich das Vergnügen nicht versagen will, Herrn Otto Olshausen, der ihm in den letzten Jahren in den Vorlesungen assistirt hat, für thätige Mitwirkung bei diesen Verbesserungen seinen Dank auszusprechen.

Paris, 1. Mai 1867.

A. W. H.

VORWORT ZUR VIERTEN AUFLAGE.

In dem kurzen Zeitraume, welcher seit der Veröffentlichung der letzten Ausgabe dieser Einleitung verflossen ist, sind gleichwohl einige Aenderungen und Zusätze nöthig geworden.

Der Unterschied zwischen der dritten und vierten Auflage des Buches besteht zunächst in der Verbesserung und theilweise auch Erweiterung der experimentalen Abschnitte*). Die alljährlich wiederkehrenden Vorlesungen über Experimental-Chemie geben dem Verfasser Gelegenheit, diesen Theil seines Büchleins einer fortgesetzten sorgfältigen Revision zu unterwerfen. So sind denn nicht nur einige der älteren Versuche wesentlich vereinfacht worden, sondern es hat sich den älteren auch eine grössere Anzahl von neuen Versuchen hinzugesellt,

---

*) In Beantwortung mehrfacher Anfragen sei hier bemerkt, dass die zu den in dem Werkchen beschriebenen Versuchen erforderlichen Glasapparate von Herrn C. F. Geissler (19 Krausnick-Strasse), die Metallapparate von Herrn C. Schober (35 Adalbert-Strasse) in vorzüglicher Güte gefertigt werden. Auch in den grossen Geschäften von Warmbrunn, Quilitz u. Co. (40 Rosenthaler-Strasse) und W. J. Rohrbeck [*Firma:* J. F. Luhme] (51 Kur-Strasse) sind diese Apparate stets vorräthig zu finden.

aus denen, so hofft der Verfasser, die den gegenwärtigen chemischen Auffassungen zu Grunde liegenden Fundamentalerscheinungen mit grösserer Schärfe hervortreten sollen.

Allein auch den theoretischen Abschnitten hat der Verfasser, nach verschiedenen Richtungen hin, eine präcisere Fassung zu geben versucht.

Er gedenkt schliesslich mit Dank der werthvollen Hülfe, welche ihm Herr Gustav Krämer, Assistent an dem hiesigen Universitäts-Laboratorium, bei Ausbildung der neuen in dieser Auflage beschriebenen Versuche geleistet hat.

Berlin, 1. April 1869.

A. W. H.

INHALT.

I.

Seite

Wasser — seine Zersetzung durch Kalium und Natrium — das entwickelte Gas, Wasserstoff. — Haupteigenschaften des Wasserstoffs — sein Volumgewicht. — Weitere Wasserstoffquellen. — Salzsäure und Ammoniak — in Wasser gelöst — als Gase entwickelt. — Trocknen der Gase. — Haupteigenschaften der Salzsäure und des Ammoniaks. Zersetzung derselben durch Kalium und Natrium. — Absonderung des Wasserstoffs. Processe und Apparate. — Gewöhnliche Darstellung des Wasserstoffs 1

II.

Einwirkung des elektrischen Stromes auf die Salzsäure, das Wasser, das Ammoniak. — Elektrolyse der Salzsäure. — Entwicklung einer Mischung von Wasserstoff und Chlor. — Absonderung des Chlors. Haupteigenschaften des Chlors. — Rückbildung der Salzsäure aus Wasserstoff und Chlor, daher der Name Chlorwasserstoff. — Analyse und Synthese. — Elektrolyse des Wassers. — Entwicklung einer Mischung von Wasserstoff und Sauerstoff. — Absonderung des Sauerstoffs. — Haupteigenschaften des Sauerstoffs. — Ausscheidung des Sauerstoffs aus dem Wasser durch das Chlor. — Synthese des Wassers aus Wasserstoff und Sauerstoff. — Elektrolyse des Ammoniaks. — Entwicklung einer Mischung von Wasserstoff und Stickstoff. — Absonderung des Stickstoffs. — Haupteigenschaften des Stickstoffs. — Ausscheidung des Stickstoffs aus dem Ammoniak durch das Chlor.

XVIII   Inhalt.

Seite
— Directe Synthese des Ammoniaks aus seinen Elementen bis jetzt
unausführbar. — Beweise für die Zusammensetzung des Ammoniaks. — Einfache und zusammengesetzte Stoffe. — Tabelle der
Elemente 18

III.

Zusammengesetzte Körper. — Volumverhältniss und Verdichtung der
Bestândtheile in denselben, veranschaulicht durch die volumetrische Analyse des Chlorwasserstoffs, des Wassers und des Ammoniaks. Chemische Verbindung im Gegensatze zu mechanischer
Mischung. Unterscheidende Kennzeichen derselben durch Versuche
nachgewiesen. Zersetzung des Chlorwasserstoffs durch Natriumamalgam. Trennung der elektrolytisch entwickelten Bestandtheile
des Chlorwasserstoffs durch Jodkalium. Wiedervereinigung derselben
durch Belichtung. 2 Vol. Chlorwasserstoffgas enthalten 1 Vol.
Wasserstoff und 1 Vol. Chlor. Trennung der Bestandtheile des
Wassers durch Elektrolyse. Wiedervereinigung derselben durch den
elektrischen Funken. 2 Vol. Wassergas enthalten 2 Vol. Wasserstoff und 1 Vol. Sauerstoff. Zerlegung des Ammoniaks durch Chlor.
Bestimmung des durch ein gegebenes Chlorvolum aus dem Ammoniak entwickelten Stickstoffvolums. Zerlegung des Ammoniaks in
seine Bestandtheile durch den Funkenstrom der Inductionsmaschine.
2 Vol. Ammoniakgas enthalten 3 Vol. Wasserstoff und 1 Vol. Stickstoff. Gleichzeitige Zerlegung des Chlorwasserstoffs, des Wassers,
des Ammoniaks durch den elektrischen Strom. Mischung und Verbindung der elementaren Bestandtheile des Chlorwasserstoffs und
des Wassers. Constanz der chemischen Zusammensetzung. Verschiedenheit der Eigenschaften einer chemischen Verbindung von
den Eigenschaften ihrer Bestandtheile. Bedingungen, unter denen
mechanische Mischungen in chemische Verbindungen übergehen   47

IV.

Chemische Symbole. — Wesen und Bedeutung derselben. — Graphi-
sche Symbole, buchstaben- und zahlenführende. — Zusammenstel-
lung derselben in Gleichungen. Daraus abgeleitete Formeln. —
Uebersicht der in chemischen Formeln enthaltenen Erfahrungen. —
Uebergang von den Symbolen und Formeln zu absoluten Volum-
und Gewichtswerthen. — Nothwendigkeit der Wahl eines Maass- und
Gewichtssystems für die Einheit der auszudrückenden absoluten
Werthe. — Schwierigkeit dieser Wahl wegen Mangels eines allgemein

Inhalt. XIX

angenommenen Maass- und Gewichtssystems. — Dieser Mangel ein
Hemmniss für den Fortschritt der Wissenschaft im Allgemeinen. —
Das metrische System. — Gründe für dessen Annahme. — Darlegung
seiner Ableitung und seines Nomenclaturprincips. — Vergleichung
mit dem Preussischen und Englischen Maasse. — Wasserstoff-Liter-
Gewicht oder Krith. — Die Gasvolumgewichte der Elemente und
ihrer Verbindungen, in Krithen gelesen, drücken die absoluten
Gewichte von 1 Liter Gas bei 0^0 C. und $0^m,76$ Druck aus . . . 91

V.

Chlorwasserstoff, Wasser und Ammoniak als Typen chemischer Verbindungen. — Brom und Jod, dem Chlor analoge Elemente.
Bromwasserstoff und Jodwasserstoff. Ableitung derselben von dem
Chlorwasserstoff-Typus. — Schwefel und Selen, dem Sauerstoff analoge Elemente. Schwefelwasserstoff und Selenwasserstoff. Ableitung
derselben vom Wasser-Typus. — Phosphor und Arsen, dem Stickstoff analoge Elemente. Phosphorwasserstoff und Arsenwasserstoff.
Vergleichung dieser Verbindungen mit dem Ammoniak. Weitere
Entwicklung der chemischen Formelsprache. Chemische Formeln
als Mittel der Classification. Veranschaulichung chemischer Vorgänge durch Formeln. Chemische Gleichungen. Uebertragung der
chemischen Formelgleichungen in Gewichts- und Volumgleichungen 114

VI.

Volumetrische und ponderale Auffassung der Materie. — Kohlenstoff
ein nicht vergasbares Element. Seine Wasserstoffverbindung, das
vierte Glied in der Reihe typischer Wasserstoffverbindungen. —
Gründe für die gesonderte Betrachtung desselben. — Vorkommen
des Kohlenwasserstoffs in Sümpfen, daher der Name Sumpfgas —
in Kohlengruben, daher der häufigst gebrauchte Name Grubengas
— im Leuchtgas. — Darstellung. — Charakteristische Eigenschaften. — Qualitative Analyse. — Zersetzung des Grubengases durch
Chlor unter Ausscheidung des Kohlenstoffs. — Zersetzung desselben
durch die Wärme, Spaltung in die elementaren Bestandtheile. —
Die Synthese des Grubengases bis jetzt nicht direct ausführbar.
— Formel des Grubengases. — Symbolisirung des nicht vergasbaren
Kohlenstoffs. — Verbindungsgewicht des Kohlenstoffs. — Silicium,
ein dem Kohlenstoff analoges Element. — Seine Wasserstoffverbindung, das Siliciumwasserstoffgas. — Wahrscheinliche Construction
desselben nach dem Grubengas-Typus. — Verbindungsgewicht des

XX   Inhalt.

Seite
Siliciums. — Titan und Zinn, weitere dem Kohlenstoff analoge
Elemente. — Vergleichung der Verbindungsgewichte mit den Volum-
gewichten. — Verbindungsgewichte des Phosphors und Arsens. —
Einführung der Verbindungsgewichte an Stelle der Volumgewichte
in die chemische Zeichensprache 130

VII.

Weitere Entwicklung der chemischen Zeichensprache. — Bestimmung
der Verbindungsgewichte der Elemente durch Untersuchung ihrer
Chloride. — Sauerstoffchlorid, — seine Analogie mit dem Wasser. —
Phosphorchlorid und Arsenchlorid, — ihre Analogie mit dem Phos-
phor- und Arsenwasserstoff. — Kohlenstoffchlorid und Siliciumchlorid, — ihre Analogie mit dem Grubengas und Siliciumwasserstoff. —
Bestimmung der Verbindungsgewichte des Quecksilbers, des Wismuths, des Zinns durch Erforschung ihrer Chloride. — Verbindungsgewicht des Wasserstoffs. — Betheiligung des Wasserstoffs
und des Chlors bei der Bildung des Zweilitervolums ihrer Verbindungen in Multiplen der Verbindungsgewichte. — Bromide und Jodide; Zusammenstellung derselben mit den entsprechenden Chloriden.
— Viele Brom- und Jodverbindungen nicht mehr im gasförmigen
Zustande erforschbar. — Anwendung der aus dem Studium gasförmiger oder vergasbarer Körper abgeleiteten Gesetze auf die Untersuchung der feuerbeständigen Materie. — Oxide und Sulfide, der
Mehrzahl nach nicht mehr gasförmig erforschbar, gleichwohl nach
Verbindungsgewichten oder Multiplen derselben gebildet. — Uebergang von der volumetrischen zur ponderalen Forschung 154

VIII.

Verschiedene Methoden des Studiums chemischer Erscheinungen. —
Betrachtung des Besonderen im Lichte des Allgemeinen. — Entwicklung des Allgemeinen aus der Betrachtung des Besonderen. —
Entscheidung für die letztere Methode. — Ihre Vortheile, ihre Nachtheile. — Rückblick auf die Entwicklung des Begriffs des Verbindungsgewichtes. — Allgemeinere Auffassung dieses Begriffs. — Mannigfaltigkeit der Mittel für die Bestimmung des Verbindungsgewichtes
von Elementen, welche flüchtige Verbindungen bilden. — Wahrscheinliches Verbindungsgewicht des Fluors. — Die Verbindungsgewichte von Elementen, deren Verbindungen feuerbeständig sind,
nicht ermittelbar. — Auffassung des Begriffes Ersatzgewicht. — Bestimmung der Ersatzgewichte des Natriums und Kaliums durch Unter-

Inhalt. XXI

Seite

suchung ihrer Chloride, Oxide und Nitride. — Darstellung der Einwirkung des Natriums und Kaliums auf Chlorwasserstoff, Wasser und Ammoniak in chemischen Gleichungen. — Beziehung der Ersatzgewichte zu den Verbindungsgewichten. — Combination der Ersatzgewichtsbestimmung mit der Verbindungsgewichtsbestimmung. — Ersatzgewicht des Fluors. — Gasvolumgewichte der Elemente als Anhaltspunkte für die Bestimmung der Verbindungsgewichte. — Physikalische Hülfsmittel für die Bestimmung der Verbindungsgewichte. — Specifische Wärme der Elemente. — Bestimmung der specifischen Wärme des Natriums und Kaliums, des Quecksilbers, Wismuths und Zinns, endlich des Silbers, Bleis, Golds und Platins für die Ermittelung der Verbindungsgewichte dieser Elemente. — Krystallform der Verbindungen. — Das eingehende Studium der physikalischen Hülfsmittel späterer Betrachtung vorbehalten . . . 178

IX.

Verhalten des Stickstoffs zu dem Sauerstoff. — Salpetersäure — ihr Anhydrid — ihre Zusammensetzung — ihre Zersetzung — durch die Wärme, durch Metalle — durch Zinn, unter Bildung von Untersalpetersäure — durch Silber, unter Bildung von salpetriger Säure — durch Kupfer, unter Bildung von Stickstoffoxid — durch Zink, unter Bildung von Stickstoffoxidul. — Charaktere dieser Producte. — Sind dieselben chemische Verbindungen oder mechanische Mischungen? — Erweiterung des Begriffes der chemischen Verbindung. — Vereinigung zweier Elemente in verschiedenen Verhältnissen. — Gesetz der multiplen Proportionen. — Zweiliterformeln der Stickstoff-Sauerstoffverbindungen. — Verhältnisse der Volume fertiger Verbindungen zu den Volumen ihrer Bestandtheile. — Elemente, welche sich in verschiedenen Verhältnissen mit einander verbinden, haben verschiedene Ersatzgewichte. Die Ersatzgewichte des Stickstoffs aus seinen Sauerstoffverbindungen abgeleitet. — Ungleiche Bedeutung der verschiedenen Ersatzgewichte eines Elementes 205

X.

Speculative Auffassung chemischer Erscheinungen. — Hypothese und Theorie. — Natur der Materie. — Starrer, flüssiger und gasförmiger Zustand der Materie. — Zusammensetzung der Materie. — Mole und Molecule. — Molare und moleculare Thätigkeiten in der Materie. — Moleculare Anziehung, moleculare Abstossung. — Molare und moleculare Theilung der Materie, erstere eine reale, letztere eine ideale Theilung. — Anhaltspunkte für die Molecularspeculation. — Verwerthung der Wärmeerscheinungen im Sinne derselben. — Wirkung der Wärme auf die Körper. — Latentwerden von Wärme bei dem Uebergang vom starren in den flüssigen und vom flüssigen in den gasförmigen Zustand. — Ungleichmässige Ausdehnung starrer und flüssiger, gleichmässige Ausdehnung gasförmiger Körper durch die Wärme. — Experimentale Demonstration des Verhaltens der Gase unter dem Einflusse gleicher Veränderungen der Temperatur und des Druckes. — Begrenzte Theilbarkeit der Materie. — Gleichartigkeit der Molecularstructur einfacher wie zusammengesetzter Gase. — Zusammensetzung der Molecule der Elemente wie der Verbindungen aus Atomen. — Molare, moleculare, atomistische Construction der Materie 225

XI.

Verwerthung der chemischen Zeichensprache im Dienste der atomistischen und molecularen Auffassung der Materie. — Symbolische Darstellung elementarer und zusammengesetzter Molecule. — Die elementaren wie die zusammengesetzten Molecule durch Zusammentreten von Elementaratomen gebildet. — Zweiatomige, vieratomige und einatomige Elementarmolecule. — Beziehung der Gasvolumgewichte der Elemente zur Atomigkeit ihrer Molecule. — Die ungleiche atomistische Construction der Elementarmolecule an Beispielen erläutert. — Graphische Zusammenstellung elementarer und zusammengesetzter Molecule. — Beziehungen zwischen Atomgewicht und Moleculargewicht. — Hypothetische Moleculargewichte nicht gasförmig erforschbarer, elementarer oder zusammengesetzter Körper. — Einfluss der molecularen Auffassung der Materie auf die Construction chemischer Gleichungen. — Atomistische und moleculare Schreibweise. — Bildungsgleichungen und Zersetzungsgleichungen im atomistischen und im Molecularstyl. — Vortheile beider Style. — Die chemischen Erscheinungen vom molecularen Standpunkte aus betrachtet 247

XII.

Weitere Betrachtungen über die atomistische Construction der Molecule der typischen Wasserstoffverbindungen. — Unterscheidung zweier Reihen von Minimalgewichten der Elemente. — Moleculbildende Minimalgewichte oder Atomgewichte, atombindende Minimalgewichte

Inhalt.

Seite

oder Aequivalentgewichte. — Die ungleiche Bindekraft, die ungleiche Werthigkeit (Quantivalenz) der Elementaratome gemessen durch die Zahl der Wasserstoffatome, welche sie fixiren. — Werthigkeits- oder Quantivalenzcoefficienten. — Einwerthige, zweiwerthige, dreiwerthige, vierwerthige Elementaratome. — Werthigkeit der Atome der typischen Elemente und ihrer Analogen in tabellarischer Uebersicht. — Grundlage einer natürlichen Classification der Elemente. — Die ungleiche Werthigkeit der Elementaratome an Beispielen versinnlicht. — Bildung der typischen Wasserstoffverbindungen. — Zersetzung des Jodwasserstoffs, des Wassers, des Ammoniaks, des Grubengases durch Chlor. — Zersetzung des Jodwasserstoffs einerseits durch Chlor, andererseits durch Sauerstoff. — Uebergang einer Verbindung in eine andere durch Eintreten eines Atomes, je nach seiner Werthigkeit, an die Stelle eines anderen oder mehrerer anderer Atome. — Die Volumveränderungen, welche bei diesem Uebergange stattfinden, veranschaulicht durch Vergleichung der Volume Chlorwasserstoff, Wassergas, Ammoniak und Grubengas, welche aus einem gegebenen Volum Wasserstoff entstehen. — Verbinden sich die Elemente nur in den durch die Werthigkeit ihrer Atome angedeuteten Verhältnissen? — Betrachtung der Stickstoff-Sauerstoffreihe im Sinne dieser Frage. — Gleichwerthig und ungleichwerthig zusammengesetzte Verbindungen. — Gesättigte oder geschlossene und ungesättigte oder ungeschlossene Molecule. — Tabelle der Atomgewichte der Elemente. — Tabelle der Atom-, Volum- und Moleculargewichte der im gasförmigen Zustande erforschten Elemente . 273

XIII.

Verbindungen höherer Ordnung, ternäre, quaternäre, quinäre etc. Verbindungen. — Die Bedingungen, unter denen sich Verbindungen höherer Ordnung bilden, sind dieselben wie diejenigen, welche die Bildung binärer Verbindungen vermitteln. — Verminderung der Flüchtigkeit in Verbindungen höherer Ordnung. — Ihre Zersetzbarkeit, wenn flüchtig. — Beispiele ternärer Verbindungen. — Chlorwasserstoffsaures Ammoniak. — Seine Entstehung durch Einigung der Molecule zweier binärer Gase. — Sein neutraler salzartiger Charakter. — Dissociation seines Dampfes. — Ternäre Verbindungen, welche bei der fortschreitenden Entwasserstoffung des Wassers und des Ammoniaks durch die Einwirkung des Natriums gebildet werden. — Ersatz der Wasserstoffatome durch Natriumatome in diesen Reactionen. — Natriumderivat des Grubengases. — Substitutionsprincip. — Bildung von Substitutionsproducten aus dem Wasser, dem Ammoniak und dem Grubengase durch die Aufnahme des Chlors in die Molecule dieser Verbindungen unter gleichzeitigem Austritt von Wasserstoff. — Uebertragung der Structur der Mutterverbindung auf die durch Substitution aus ihr entstehenden Abkömmlinge. — Verwandlung binärer in ternäre Verbindungen durch Hinzutreten von Elementen ohne Substitution. — Beispiele dieser Bildungsweise in der Chlorwasserstoffgruppe, Oxide des Chlorwasserstoffs; — in der Wassergruppe, Oxide des Schwefelwasserstoffs; — in der Ammoniakgruppe, Oxide des Phosphorwasserstoffs; — in der Grubengasgruppe, Methylalkohol. — Seine Wichtigkeit als Uebergangsglied. — Rückblick 306

EINLEITUNG IN DIE MODERNE CHEMIE.

I.

Wasser — seine Zersetzung durch Kalium und Natrium — das entwickelte Gas, Wasserstoff. — Haupteigenschaften des Wasserstoffs — sein Volumgewicht. — Weitere Wasserstoffquellen. — Salzsäure und Ammoniak — in Wasser gelöst — als Gase entwickelt. — Trocknen der Gase. — Haupteigenschaften der Salzsäure und des Ammoniaks. Zersetzung derselben durch Kalium und Natrium. — Absonderung des Wasserstoffs. Processe und Apparate. — Gewöhnliche Darstellung des Wasserstoffs.

Es ist eine allbekannte Thatsache, dass sich das Wasser mit vielen Metallen in Berührung bringen lässt, ohne irgend welche bemerkbare Veränderung zu erleiden. Gold und Silber üben nicht die geringste Wirkung auf dasselbe aus; selbst Kupfer, Eisen, Zink und Zinn können bei gewöhnlicher Temperatur geraume Zeit in Wasser eingetaucht bleiben, ohne dasselbe zu verändern. Es giebt aber auch Metalle, welche anders wirken.

Durch Mittel, die wir später werden kennen lernen, gelingt es, aus der Holzasche ein eigenthümliches Metall, das Kalium, aus dem Kochsalz ein zweites, das Natrium, darzustellen. Diese beiden Metalle wirken mit der grössten Heftigkeit auf das Wasser. Ein Kaliumkügelchen, auf Wasser geworfen (Fig. 1 a. f. S.), entzündet sich und gleitet, unter Entwicklung intensiv violetten Lichtes und weisser, zum Husten reizender Dämpfe, zischend auf der Wasserfläche umher, bis es in kürzester Frist mit einer gelinden Explosion

Fig. 1.

verschwindet. Es werden bei diesem Versuche nicht selten kleine Mengen einer ätzenden Substanz umhergeschleudert, weshalb es zweckmässig ist, die Erscheinung in einem hohen Becherglase zu beobachten, dessen Wände das Auge schützen. Natrium verhält sich ähnlich; indessen ist die Wirkung weniger energisch; die umhergleitende Kugel entzündet sich nur, wenn man sie auf heisses Wasser wirft; sie verbrennt alsdann mit intensiv gelbem Lichte. Dasselbe Ergebniss wird erzielt, wenn man die Bewegung der Kugel irgend wie hemmt, wenn man z. B. ein Stück Fliesspapier auf der Oberfläche des Wassers ausbreitet und den mittleren Theil des Papiers noch besonders benetzt. Die Natriumkugel bewegt sich nur langsam auf der benetzten Stelle, entzündet sich, und verbrennt unter Entwicklung stechender Dämpfe; an der Stelle des Metalles beobachtet man eine rothglühende durchsichtige Kugel, welche sich einige Augenblicke auf der Oberfläche des Wassers erhält, alsdann aber ebenfalls mit leichter Explosion verschwindet; gleichzeitig wird das Fliesspapier durchbohrt. In jedem Falle, ob man Kalium ob Natrium für den Versuch gewählt habe, nimmt das Wasser einen ätzenden, laugenhaften Geschmack an und erlangt die Fähigkeit, Pflanzenfarben, auf welche reines Wasser keinerlei Wirkung ausübt, in eigenthümlicher Weise zu verändern. Ein Streifen gelben Curcumapapiers bräunt sich beim Eintauchen in Wasser, auf welchem Kalium oder Natrium verbrannt ist; geröthetes Lackmuspapier nimmt eine blaue Farbe an.

Was ist aus dem Kalium und Natrium geworden, welche bei der Berührung mit dem Wasser verzehrt zu werden schienen und in der That aufgehört haben als Metalle wahrnehmbar zu sein? Welche Veränderung hat andererseits das Wasser erlitten, als es gleichzeitig den laugenhaften Geschmack annahm und den eigenthümlichen Einfluss auf Pflanzenfarben gewann, die es vorher unverändert liess?

Die Beantwortung dieser Fragen, die Ergründung des seltsamen Wechsels in den Eigenschaften der Materie, welchen sie betreffen, gehören der Wissenschaft an, die wir mit dem Namen Chemie bezeichnen, einem Worte dunkler Abkunft, das Einige von $X\eta\mu\iota\alpha$, einer alten Benennung Aegyptens, herleiten wollen, wo derartige geheimnissvolle Umwandlungsprocesse der Materie zuerst Beachtung gefunden hätten. Für die Erforschung dieser Erscheinungen, denen unsere Vorträge gewidmet sind, bietet sich in der auffallenden Veränderung des Wassers unter dem Einflusse des Kaliums und Natriums ein willkommener Ausgangspunkt und es lohnt sich, diese Veränderung eingehender Prüfung zu unterwerfen.

Zu dem Ende wollen wir einen Glascylinder mit Wasser füllen, die Mündung desselben mit einer Glasplatte bedecken und ihn in einem mit Wasser gefüllten Gefässe, in einer Wasserwanne, umstürzen (Fig. 2 a. f. S.). Der Cylinder werde alsdann mittelst eines geeigneten Halters in der Weise befestigt, dass sich die Mündung unter dem Spiegel des Wassers befinde, ohne den Boden der Wanne zu berühren; die

Wassersäule wird natürlich durch den Luftdruck in dem Cylinder schwebend erhalten. Nunmehr werfen wir eine kleine Natriumkugel auf das Wasser — Kalium liesse sich auch anwenden, allein seiner heftigen Wirkung halber weniger vortheilhaft — fangen dieselbe mittelst eines löffelförmig gebogenen Drahtnetzes, das wir an einem Holzstiele handhaben, und führen sie im Wasser unter die Mündung des umgestürzten Cylinders (Fig. 3). Alsbald entwickeln sich farblose Gasblasen, welche sich unter dem Löffel ansammeln, allmälig über die Umrandung desselben hervortre-

Fig. 2.

Fig. 3.

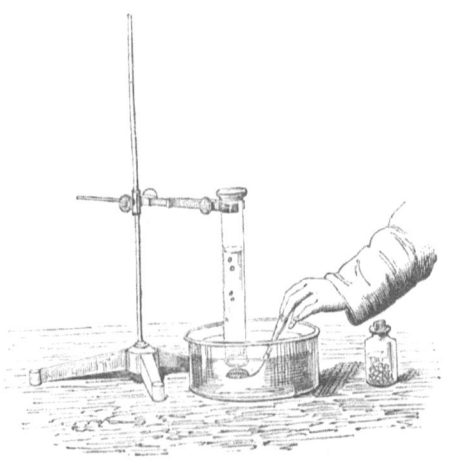

ten und, das Wasser verdrängend, in dem Cylinder aufsteigen. Oft auch ereignet es sich, dass die Natriumkugel selbst

seine Eigenschaften. 5

mitgerissen wird und auf die Oberfläche der Wassersäule in den Cylinder gelangt, wo sie unter Gasentwicklung nachgerade verschwindet. Durch Wiederholung des Versuchs mit drei bis vier Natriumkugeln gelingt es, den Cylinder mit Gas zu füllen.

Um den Versuch abzukürzen, könnte man die Entwicklung des Gases durch Anwendung grösserer Natriumkugeln beschleunigen wollen; allein die Einwirkung würde alsdann eine sehr heftige werden und leicht zu einer gefährlichen Explosion Veranlassung geben. Will man schnell eine reichlichere Menge Gas aus dem Wasser erhalten, so wickelt man eine grössere Anzahl von Natriumkügelchen ein jedes einzeln in Stücke von Messingdrahtnetz und bringt 6 bis 8 solcher eingewickelten Kugeln in einen siebartig durchlöcherten Löffel von Weissblech, den man einem wassergefüllten hohen und weiten Glascylinder unterschiebt. Auf diese Weise kann ein Cylinder von ziemlichem Rauminhalt in einer einzigen Operation mit Gas gefüllt werden, wir hüten uns gleichwohl, auch unter diesen Vorsichtsmaassregeln allzugrosse Mengen von Natrium auf einmal mit Wasser in Berührung zu bringen. Die eingewickelten Natriumkügelchen dürfen höchstens die Grösse einer mässigen Erbse erreichen.

Ob der Versuch auf die eine oder die andere Art angestellt wurde, wir haben nunmehr nur noch eine Glasplatte unter die Mündung des Cylinders zu schieben und den so geschlossenen Cylinder (Fig. 4 a. f. S.) aus der Wanne hervorzuheben und umzudrehen. Das auf die angegebene Weise aus dem Wasser abgeschiedene Gas hat man Wasserstoffgas genannt. Es ist farblos, durchsichtig, geruch- und geschmacklos wie atmosphärische Luft, von letzterer gleichwohl in vieler Hinsicht verschieden. Mit einer Kerzenflamme in Berührung gebracht (Fig. 5), entzündet sich das Wasserstoffgas und verbrennt mit leckender, ruhig in den Cylinder niedersteigender Flamme, welcher jede Leuchtkraft abgeht. Damit der Versuch

6 Wasserstoff — seine Eigenschaften.

gelinge, darf die Glasplatte von dem aufrecht stehenden Cylinder erst in demselben Augenblicke abgehoben werden, in dem

Fig. 4.

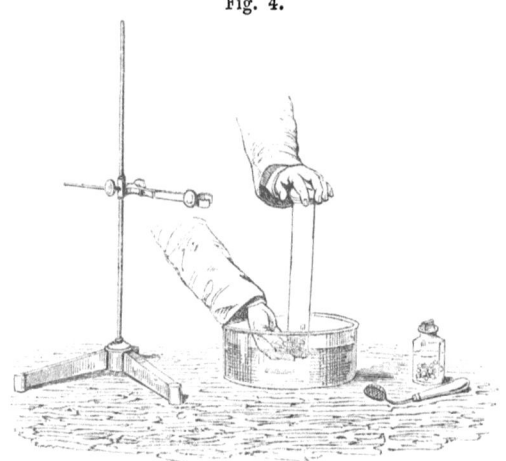

man seine Mündung der Flamme nähert. Lässt man denselben einige Secunden lang offen stehen, so ist jede Spur des

Fig. 5.

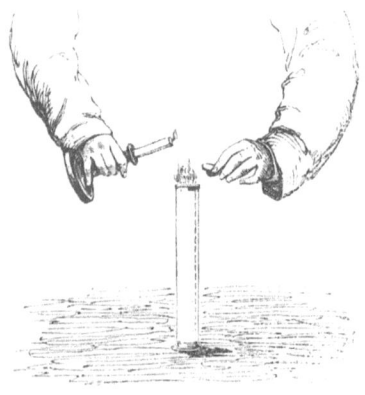

brennbaren Gases verschwunden und der Cylinder enthält nunmehr nur noch atmosphärische Luft. Ganz anders gestal-

Wasserstoff — sein Volumgewicht.

tet sich das Ergebniss des Versuchs, wenn man die Glasplatte von dem mit Wasserstoff gefüllten Cylinder entfernt, während seine Mündung nach unten gerichtet bleibt. In dieser Stellung können wir ihn zwanzig Minuten und länger belassen ohne dass das brennbare Gas entweiche, eine Thatsache, von der wir uns durch den einfachen Versuch mit der Kerze leicht überzeugen. Statt das Wasserstoffgas in die Luft entweichen zu lassen, können wir dasselbe in einem Cylinder auffangen, dessen abwärts gerichtete Mündung sich über dem aufsteigenden Gasstrome befindet. Auf diese Weise lässt sich der Wasserstoff aufwärts aus einem Cylinder in einen anderen umgekehrt darüber gehaltenen überfüllen (Fig. 6). Wir schliessen aus der Schnelligkeit, mit welcher das brennbare Gas aus dem oben offenen Gefässe entweicht, dass ein gegebenes Volum Wasserstoff leichter ist, als ein gleiches Volum atmosphärischer Luft. Genaue Versuche haben gezeigt, dass die Gewichte gleicher Volume Wasserstoffgas und Luft in dem Verhältnisse von 1:14,438 zu einander stehen, dass also die Luft 14,438 (also beinahe $14^1/_2$) mal schwerer ist, als das Wasserstoffgas.

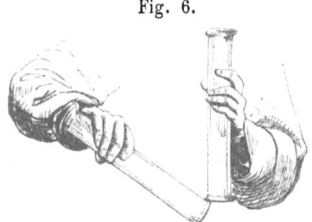

Fig. 6.

Das Abmessen und Wägen gasförmiger Körper erfordert gewisse Vorsichtsmaassregeln, welche wir in der Folge näher betrachten wollen; hier werde nur kurz daran erinnert, dass das Volum eines gasförmigen Körpers wesentlich von der Temperatur und dem Drucke bedingt ist, bei welchem es gemessen wird, und dass man daher, um die Gewichte gleicher Volume verschiedener Gase mit einander vergleichen zu können, Sorge tragen muss, diese Gewichte unter denselben Temperatur- und Druckbedingungen zu bestimmen.

Von allen bis jetzt bekannten Gasen ist das Wasserstoffgas das leichteste. Es ist daher zweckmässig, das Gewicht eines gegebenen Volums Wasserstoff als Einheit zu setzen

8 Weitere Wasserstoffquellen. Salzsäure u. Ammoniak.

und die Gewichte gleicher Volume anderer Gase auf diese Einheit zu beziehen. Diese Gewichte gleicher Volume gasförmiger Körper unter gleichen Temperatur- und Druckverhältnissen pflegt man die **specifischen Gewichte** oder **Eigengewichte** derselben zu nennen. Wir wollen uns erlauben diese Gewichte versuchsweise mit einem neuen Namen zu bezeichnen und dieselben als **Volumgewichte** ansprechen. In diesem Sinne sagen wir, das Volumgewicht oder das specifische Gewicht der Luft ist 14,438. Die Dichtigkeiten zweier Gase stehen offenbar im Verhältniss ihrer Volumgewichte; wir drücken daher auch die Dichtigkeit der Luft durch die Zahl 14,438 aus, wo bei wiederum verstanden ist, dass die Dichtigkeit des Wasserstoffs als Einheit gilt.

Das Wasser ist nicht der einzige Körper, aus welchem sich mit Hülfe des Kaliums oder Natriums Wasserstoffgas darstellen lässt. Unter dem Namen **Salzsäure** und **Ammoniak** kennt man seit geraumer Zeit zwei Flüssigkeiten, welche für die Zwecke der Industrie im Grossen bereitet, weit verbreitete Handelsartikel geworden sind. Lässt man die beiden genannten Metalle auf die Salzsäure oder auf das Ammoniak einwirken, so entwickelt sich ebenfalls Wasserstoffgas.

Die reine **Salzsäure** ist ein gasförmiger Körper, wie die atmosphärische Luft, wie der Wasserstoff. Die unter dem Namen Salzsäure im Handel vorkommende Flüssigkeit ist eine Lösung dieses Gases in Wasser. Erhitzt man starke Salzsäure-Flüssigkeit, so entwickelt sich die Salzsäure als Gas. Diese Operation wird zweckmässig in einem Glaskolben vorgenommen, dessen Mündung mit einem doppelt-durchbohrten Kork verschlossen ist. In die eine dieser Durchbohrungen ist eine Glasröhre eingepasst, deren unteres Ende in die Flüssigkeit des Kolbens eintaucht, während das obere Ende sich zu einer trichterförmigen Mündung erweitert — daher der Name **Trichterröhre** —, durch welche die Flüssigkeit eingegossen werden kann. Die andere Durchbohrung trägt eine rechtwinklig gebogene Glasröhre (**Knieröhre**), aus welcher das entwickelte Gas entweicht.

Salzsäure — Darstellung — Eigenschaften.

Das aus dieser Röhre austretende Salzsäure-Gas ist indessen mit Wasserdämpfen beladen, von denen wir es, um es rein zu erhalten, noch befreien müssen. Zu dem Ende wird es mit einer Substanz in Berührung gebracht, welche die Feuchtigkeit mit der grössten Begierde anzieht. Eine solche Substanz ist das im Handel vorkommende Vitriolöl, von den Chemikern Schwefelsäure genannt. Die Entwässerung erfolgt in einer Flasche, welche gleichfalls mit doppelt-durchbohrtem Kork geschlossen ist; in diesem Korke sitzen zwei Knieröhren, von denen die eine längere bis auf den Boden der Flasche hinabreicht, während die andere unmittelbar unter dem Korke endigt. Die Flasche wird nun mit Bimssteinstücken gefüllt, welche in Schwefelsäure gelegen haben, und die längere Knieröhre durch einen kleinen Kautschukschlauch mit der Knieröhre des Entwicklungskolbens, die kürzere Knieröhre in ähnlicher Weise mit einer für das Aufsammeln von Gasen geeignet gebogenen Glasröhre, einer Entbindungsröhre, vereinigt. Das sich entwickelnde Gas gelangt auf diese Weise am Fusse der mit Schwefelsäure getränkten Bimssteinsäule in die Trockenflasche, und indem es beim Aufsteigen, in den Zwischenräumen derselben, mit einer ausgedehnten Säureoberfläche in Berührung kommt, wird ihm jede Spur Feuchtigkeit entzogen. In dem oberen Theil der Flasche ist das Gas vollkommen trocken geworden und entweicht in diesem Zustande aus der Entbindungsröhre.

Auf diese Weise dargestellt ist die Salzsäure ein farblos durchsichtiges, erstickend riechendes Gas. Wir fangen dasselbe in einem mit Quecksilber gefüllten, in einer Quecksilberwanne umgestürzten Cylinder auf (Fig. 7 a. f. S.).

Das Salzsäuregas unterscheidet sich leicht vom Wasserstoffgas sowohl, als von der atmosphärischen Luft. Es ist unentzündlich und bildet mit feuchter Luft in Berührung weisse Nebelwolken (Fig. 8). Oeffnet man einen Salzsäuregas enthaltenden Cylinder unter Wasser, so stürzt die Flüssigkeit in das Gas, wie in einen leeren Raum, den Cylinder erfüllend (Fig. 9). Das Salzsäuregas löst sich in dem Wasser und bil-

10   Salzsäure, Zersetzung durch Kalium.

det wiederum die Salzsäureflüssigkeit, aus welcher es ursprünglich ausgetrieben worden war. Im gasförmigen Zustande sowohl, als auch in Lösung übt die Salzsäure eine eigenthümliche Wirkung auf gewisse Pflanzenfarben, Lackmus z. B., dessen

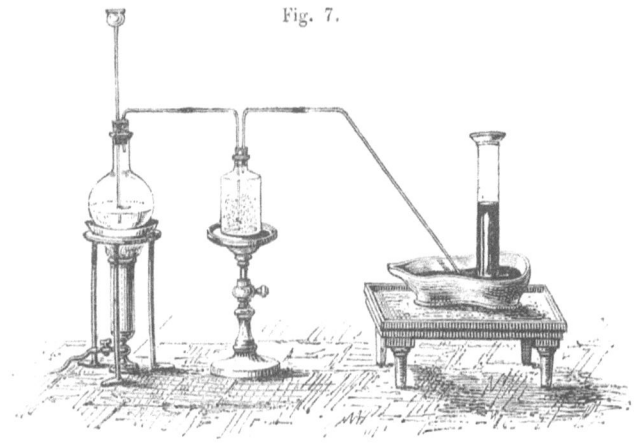
Fig. 7.

blaue Farbe unter dem Einflusse der Säure in Roth übergeht. Man stellt den Versuch in der Weise an, dass man einen lackmus-

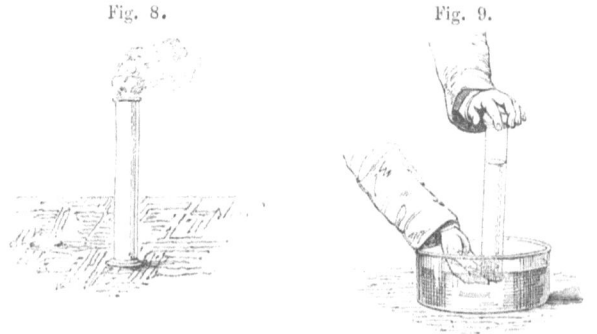
Fig. 8.   Fig. 9.

getränkten Papierstreifen mit der Salzsäure in Berührung bringt.

Wenn man sich von der Fähigkeit der Salzsäure, durch die Einwirkung des Kaliums oder Natriums Wasserstoffgas zu

Zersetzung durch Natrium. 11

liefern, überzeugen will, so braucht man nur die Entbindungsröhre von dem Salzsäuregasapparat hinwegzunehmen und dafür mittelst eines durchbohrten Korkes eine Röhre von schwerschmelzbarem Glase anzupassen, deren Ende sich zu einer feinen Oeffnung verjüngt. In der Mitte ist diese Röhre zu einer Kugel ausgeblasen, welche für die Aufnahme des Metalls bestimmt ist. Sobald das Metall — Kalium z. B. — mit dem Salzsäuregas in Berührung kommt, überzieht es sich mit einer weissen Kruste; erhitzt man nunmehr die Kugelröhre gelinde mittelst einer Spirituslampe, so schmilzt das Kalium und verbrennt mit violetter Flamme. Gleichzeitig entwickelt sich Wasserstoffgas, welches man an der ausgezogenen Mündung der Röhre entzünden kann (Fig. 10).

Fig. 10.

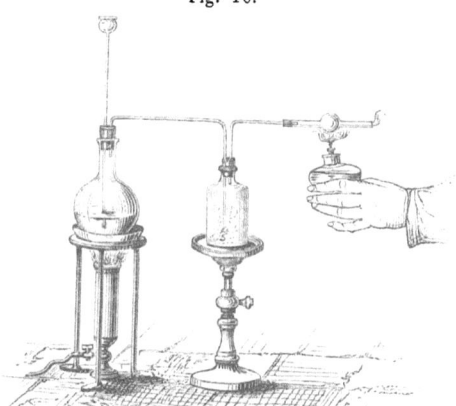

Mit Natrium kann man den Versuch ebenfalls anstellen, nur bedarf es in diesem Falle einer viel höheren Temperatur. Der Versuch gestaltet sich alsdann aber weit einfacher, wenn man statt des reinen Natriums eine Lösung dieses Metalles in Quecksilber auf das Salzsäuregas einwirken lässt. Man erhält diese Lösung — die Chemiker nennen sie Natriumamalgam —, indem man die beiden Metalle in einem Porzellanmörser zusammenreibt, wobei sie sich unter starker Erwärmung bisweilen selbst unter Feuererscheinung mit einander vereinigen; oder man erhitzt das Quecksilber gelinde in einer Flasche und trägt das Natrium in kleinen Stücken ein, welche sich unter Erglühen lösen. In grösserem Maassstabe müssen diese Operationen unter einem gut ziehenden Schornsteine ausgeführt werden, durch welchen die bei dem Auflösen des Natriums stets reichlich entwickelten, der Gesundheit nachtheiligen Quecksilberdämpfe entweichen können. In Folge der starken Vertheilung, in welcher das Natrium in dem Natriumamalgam vorhanden ist, verstärkt sich die an vielen Punkten gleichzeitig eintretende Wechselwirkung zwischen Metall und Gas, und die Zersetzung der Salzsäure geht schon bei gewöhnlicher Temperatur von Statten. Es genügt in der That, statt der im vorigen Versuche angewendeten Kugelröhre eine mit Natriumamalgam gefüllte Flasche einzuschieben. Das aus dem Metall aufsteigende Gas ist Wasserstoffgas, welches man entweder an der Mündung der Entbindungsröhre an-

Fig. 11.

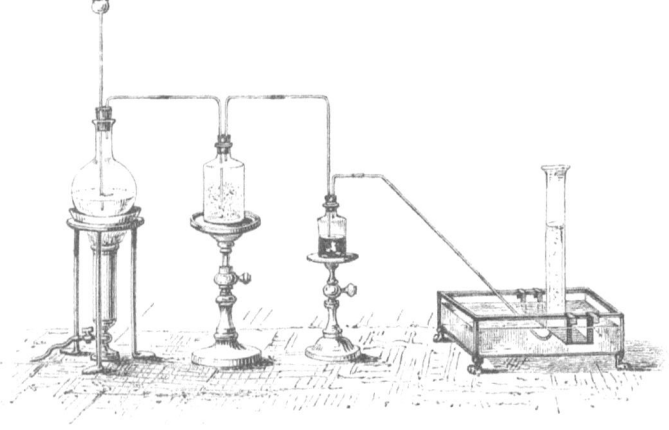

zünden oder über Wasser auffangen kann (Fig. 11). Wir erkennen es ohne Schwierigkeit an seinen Eigenschaften wieder.

seine Eigenschaften. 13

Das reine Ammoniak ist wie die Salzsäure ein gasförmiger Körper; die Ammoniakflüssigkeit des Handels ist die Lösung dieses Gases in Wasser. Schon beim gelinden Erwärmen dieser Flüssigkeit entwickelt sich das Gas in reichlicher Menge und wird sogleich durch seinen stechenden Geruch bemerkbar. Zur Darstellung des Ammoniakgases bedienen wir uns desselben Apparates, der uns das Salzsäure-

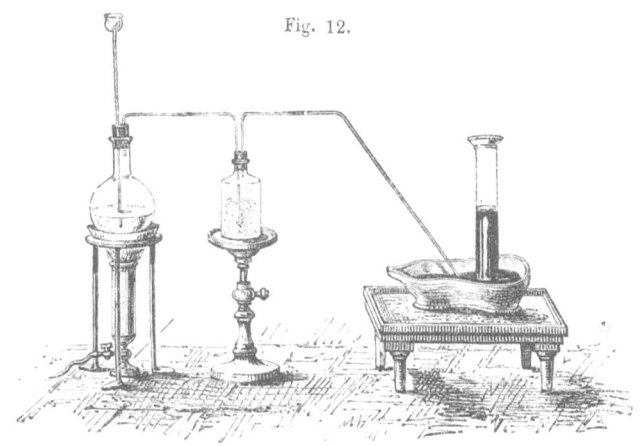

Fig. 12.

gas geliefert hat; nur enthält — aus später zu erläuternden Gründen — die Trockenflasche diesmal nicht eine schwefelsäuregetränkte Bimssteinsäule, sondern kleine Stücke gebrannten Kalks, welcher das Wasser ebenfalls mit grosser Begierde anzieht.

Fig. 13.

Das aus der Kalkflasche entweichende farblos-durchsichtige Gas ist reines trockenes Ammoniakgas, welches wir, wie das Salzsäuregas, über Quecksilber auffangen (Fig. 12) da es ebenfalls vom Wasser und selbst mit noch grösserer Heftigkeit verschluckt wird (Fig. 13).

Das Ammoniakgas unterscheidet sich von dem Wasserstoffgas dadurch, dass es sich an einer Kerzenflamme nicht entzünden lässt, ferner durch seinen stechenden Geruch und seine Löslichkeit in Wasser; von der atmosphärischen Luft durch die beiden letztgenannten Eigenschaften; von dem Salzsäuregas endlich durch seinen Geruch, durch seine Wirkungslosigkeit auf blaue Pflanzenfarben, und das Nichtauftreten weisser Nebel, wenn es mit der Luft in Berührung kommt. Charakteristisch für das Ammoniak ist noch seine Fähigkeit, als Gas sowohl als in wässeriger Lösung manche rothe Pflanzenfarben zu bläuen. Ein Streifen Lackmuspapier, welcher durch Salzsäuregas roth geworden ist, nimmt in Ammoniak alsbald seine blaue Farbe wieder an.

Die Einwirkung des Kaliums oder Natriums auf das Ammoniakgas erfolgt in demselben Apparate, den wir für den analogen Versuch mit Salzsäuregas angewendet haben (Fig. 14).

Fig. 14.

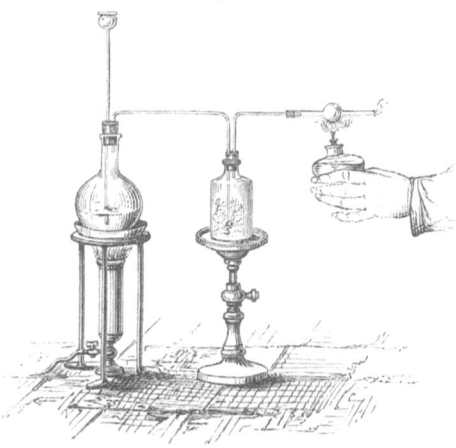

Das Kalium ist in diesem Falle seiner kräftigeren Wirkung halber vorzuziehen. Sobald das Metall in der Kugel geschmolzen ist, überzieht es sich mit einer braun-grünen Kruste und entwickelt Wasserstoff, welcher, angezündet, an der Mün-

seine Zersetzung durch Kalium. 15

dung der Röhre fortbrennt. Will man das Gas auffangen, so geschieht dies am sichersten, indem man einen Glascylinder zur Hälfte mit Quecksilber füllt, Wasser aufgiesst und denselben in einer Quecksilberwanne umstürzt. Bringt man nun die Entbindungsröhre unter den Cylinder (Fig. 15), so steigt das Gas zuerst durch das Quecksilber und hierauf durch das

Fig. 15.

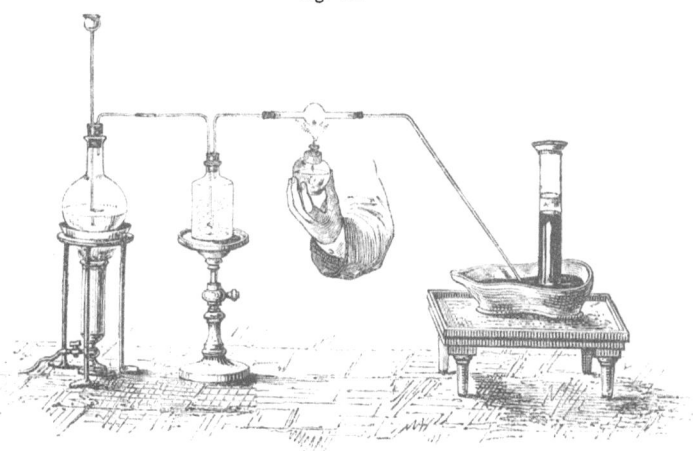

Wasser, welches kleine Mengen dem Wasserstoffgas noch beigemengten unzersetzten Ammoniakgases auflöst. Liesse man die Entbindungsröhre direct in Wasser tauchen, so könnte das der Zersetzung entgangene Ammoniakgas in Folge seiner grossen Anziehung für das Wasser ein Aufsteigen desselben in die Kugelröhre bewirken, welche das glühende Metall enthält, und eine mit Gefahr verbundene Zertrümmerung des Apparates veranlassen. Diese Gefahr liesse sich auch in der Art beseitigen, dass man zwischen die Kugelröhre und die Entbindungsröhre ein der Trockenflasche ähnliches, Quecksilber und Wasser enthaltendes Gefäss einschöbe. Man könnte alsdann das Gas über Wasser auffangen.

Die betrachteten Methoden der Darstellung des Wasser-

16 Darstellung des Wasserstoffs.

stoffs — Einwirkung des Kaliums oder Natriums auf die Salzsäure, das Wasser, das Ammoniak — sind weder die einfachsten noch die billigsten, welche wir besitzen; sie beanspruchen unsere Aufmerksamkeit vorwiegend deshalb, weil sie uns wichtige Einblicke in die Natur der Salzsäure, des Wassers und des Ammoniaks gestatten. Wenn sich der Chemiker grössere Mengen Wasserstoffgas verschaffen will, so bedient er sich anderer Processe. Granulirtes Zink, welches man in Salzsäureflüssigkeit wirft, veranlasst alsbald die reichliche Entwicklung eines Gases, welches sich an der Mündung des Gefässes entzünden (Fig. 16) und so ohne Schwierigkeit als Wasserstoffgas erkennen lässt. Wirkt das Zink auf die Salzsäure in einer zweihalsigen, mit Trichter- und Entbindungsröhre versehenen Flasche, so lässt sich das Gas über Wasser in Cylindern aufsammeln (Fig. 17). Auf diese Weise kann man jede beliebige Menge Wasserstoffgas rasch und billig darstellen. Statt der Salzsäure endlich dient häufig, und mit Vortheil, verdünnte Schwefelsäure als Wasserstoffquelle. Alle diese

Fig. 16.

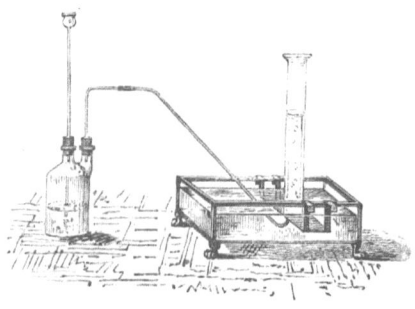

Fig. 17.

Processe aber, welche wir in der Folge eingehend betrachten wollen, haben im Augenblick für uns nur ein untergeordnetes Interesse.

Rückblick.

Für unseren gegenwärtigen Zweck genügt es, durch den Versuch nachgewiesen zu haben, dass man den Wasserstoff aus drei verschiedenen Körpern, der Salzsäure, dem Wasser und dem Ammoniak, erhalten kann, und dass er aus diesen drei Körpern durch die Einwirkung derselben Metalle, des Kaliums oder des Natriums, in Freiheit gesetzt wird.

II.

Einwirkung des elektrischen Stromes auf die Salzsäure, das Wasser, das Ammoniak. — Elektrolyse der Salzsäure. — Entwicklung einer Mischung von Wasserstoff und Chlor. — Absonderung des Chlors. — Haupteigenschaften des Chlors. — Rückbildung der Salzsäure aus Wasserstoff und Chlor, woher der Name Chlorwasserstoff. — Analyse und Synthese. — Elektrolyse des Wassers. — Entwicklung einer Mischung von Wasserstoff und Sauerstoff. — Absonderung des Sauerstoffs. — Haupteigenschaften des Sauerstoffs. — Ausscheidung des Sauerstoffs aus dem Wasser durch das Chlor. — Synthese des Wassers aus Wasserstoff und Sauerstoff. — Elektrolyse des Ammoniaks. — Entwicklung einer Mischung von Wasserstoff und Stickstoff. — Absonderung des Stickstoffs. — Haupteigenschaften des Stickstoffs. — Ausscheidung des Stickstoffs aus dem Ammoniak durch das Chlor. — Directe Synthese des Ammoniaks aus seinen Elementen bis jetzt unausführbar. — Beweise für die Zusammensetzung des Ammoniaks. — Einfache und zusammengesetzte Stoffe. — Tabelle der Elemente.

Das Wasserstoffgas, welches wir aus der Salzsäure, dem Wasser und dem Ammoniak bei der Berührung mit gewissen Metallen sich entwickeln sahen, lässt sich aus diesen Körpern auch durch die Einwirkung der Elektricität entbinden.

Unter den bemerkenswerthen Eigenschaften, welche die elektrischen Kräfte charakterisiren, finden wir auch diese, dass sie in den Körpern Veränderungen hervorzurufen im Stande sind, welche wir im Eingange dieser Vorträge als chemische bezeichnet haben.

Es liegt ausser dem Bereiche dieser Umrisse, das Wesen der Elektricität näher zu erörtern, noch weniger können wir uns auf die Beschreibung der zur Entwicklung der elektrischen Kraft dienenden Apparate einlassen. Der Plan dieser

Elektrische Wirkungen. 19

Vorträge erlaubt uns nicht auf Fragen einzugehen, welche ganz eigentlich dem Gebiete der Physik angehören.

In logisch geordneter Reihenfolge sollte das Studium der Physik dem der Chemie vorangehen, und wir dürfen daher eine gewisse Bekanntschaft mit den physikalischen Kräften und den Gesetzen, nach denen sie wirken, voraussetzen. Jedenfalls mag es hier genügen, an einige Ausdrücke zu erinnern, über welche wir frei verfügen müssen, wenn nicht der Gang unserer Darstellung durch oft wiederholte weitschweifige Umschreibung gehemmt werden soll.

Der Apparat, dessen wir uns zur Entwicklung der elektrischen Kraft bedienen, heisst die elektrische Säule oder Batterie. Die Metalldrähte, in denen sich die entwickelte Kraft, der elektrische Strom, fortbewegt, nennen wir die Poldrähte, die Endpunkte derselben, in denen die Wirkung zur Anschauung kommt, die Pole, oder Elektroden. In jeder Batterie bezeichnet man den einen Pol als den positiven, den andern als den negativen. In der Batterie, welche bei unseren Versuchen dienen soll (und welche aus Zink-Kohle-Elementen besteht), geht der positive Pol von dem Kohlenende, der negative von dem Zinkende aus. Da die Poldrähte häufig in ätzende Flüssigkeiten eintauchen, so bestehen die äussersten Enden zweckmässig aus schwerveränderlichen Körpern wie Platin oder Kohle.

Wir wollen nunmehr die Elektricität nacheinander auf die Salzsäure, auf das Wasser und auf das Ammoniak einwirken lassen; die Erscheinungen, welche wir beobachten, sind von ganz besonderem Interesse, insofern sie auf die Natur dieser drei Körper ein helles Licht werfen.

Zur Entwicklung des elektrischen Stromes bedienen wir uns einer Zink-Kohle-Batterie von 2 oder 3 Elementen, deren Pole in dünnen Platinplatten endigen. Taucht man die Pole einer solchen Batterie in concentrirte Salzsäure (Fig. 18 a. f. S.), so sieht man alsbald an denselben dünne Gasblasen aufsteigen, während die Flüssigkeit einen eigenthümlichen, erstickenden

20 Elektrolyse der Salzsäure.

Geruch annimmt. Wird der Versuch in einem geschlossenen Gefässe, z. B. in einem kleinen Glascylinder, vorgenommen, dessen Kork eine Entbindungsröhre trägt und gleichzeitig den

Fig. 18.

Polen Durchgang gestattet, so lässt sich das entwickelte Gas in mit warmem Wasser gefüllten Cylindern auf die gewöhnliche Weise aufsammeln (Fig. 19); nur muss man Sorge tragen, im zerstreuten Tageslichte zu arbeiten, weil das Gas dem directen Sonnenlichte ausgesetzt, eine eigenthümliche, später zu betrachtende Veränderung erleidet. Das so erhaltene Gas

Fig. 19.

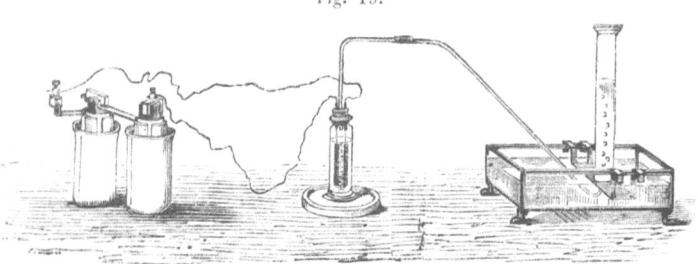

ist entzündlich, eine Eigenschaft, welche uns sogleich an den Wasserstoff erinnert; allein die Heftigkeit, mit welcher das Gas abbrennt, und sein eigenthümlicher Geruch beweisen zur Genüge die Gegenwart eines zweiten Körpers, den wir bis jetzt nicht kennen gelernt haben. Die Gegenwart eines zweiten Körpers verräth sich ferner durch die bleichenden

Zerlegung der Salzsäure in Wasserstoff und Chlor. 21

Eigenschaften des entwickelten Gasgemenges. Ein mit Wasser befeuchteter Streifen blauen oder rothen Lackmuspapiers verliert in Berührung mit dem Gase alsbald seine Farbe. Ertheilt man der Salzsäure, welche dem Versuche unterworfen wird, durch Zusatz von ein paar Tropfen Indigolösung eine blaue Farbe, so verschwindet dieselbe schon wenige Augenblicke nachdem die Gasentwicklung begonnen hat. Reines Wasserstoffgas ist ohne alle Einwirkung auf Pflanzenfarben.

Es ist nunmehr unsere Aufgabe, das dem Wasserstoff beigemengte zweite Gas zu sondern, um seine Eigenschaften studiren zu können. Diese Sonderung lässt sich mittelst einer V-förmig gebogenen Glasröhre bewerkstelligen. Der eine Schenkel dieser Röhre, welche auf einem geeigneten Stative steht, ist offen, der andere geschlossen und mit einem in das Glas eingeschmolzenen, in die Röhre hinabreichenden Platindraht versehen, dessen unteres Ende in der Nähe des Bugs eine Platinplatte trägt. In diese V-Röhre giessen wir mit Indigolösung blau gefärbte Salzsäure (am besten von 1,1 specifischem Gewicht), so dass der geschlossene Schenkel seiner ganzen Länge nach, der offene zur Hälfte gefüllt ist. Wir lassen nun den elektrischen Strom in der Weise durch die Salzsäure gehen, dass wir den aus dem geschlossenen Ende hervorragenden Platindraht mit dem negativen Pole der Säule verbinden, während der positive Pol, gleichfalls in einer Platinplatte endigend, in den offenen Schenkel taucht (Fig. 20 a. f. S.). Wir beobachten, dass sich fast ausschliesslich an dem negativen Pole Gas entbindet; an dem positiven Pole ist die Gasentwicklung so gering, dass sie der Beobachtung entgehen könnte, wenn nicht das Auftreten des bereits erwähnten erstickenden Geruchs und die rasche Entfärbung der indigoblauen Flüssigkeit unsere Aufmerksamkeit den langsam und spärlich aufsteigenden Gasbläschen zulenkte. Dem an dem negativen Pole entbundenen Gase, welches sich in dem geschlossenen Schenkel ansammelt, geht diese Bleichkraft ab; die Flüssigkeit bleibt blau. Sobald sich eine hinreichende Menge dieses Gases angesammelt hat — acht bis zehn Mi-

22 Zerlegung der Salzsäure

nuten sind in der Regel hinreichend — unterbrechen wir den elektrischen Strom und lassen das Gas in den offenen, nunmehr bis zur Mündung mit Wasser angefüllten und mit

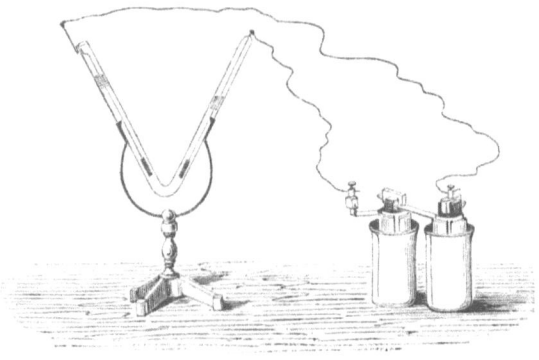

dem Daumen geschlossenen Schenkel übertreten (Fig. 21). Es ist entzündlich und wir erkennen es ohne Schwierigkeit als Wasserstoff.

Fig. 21.

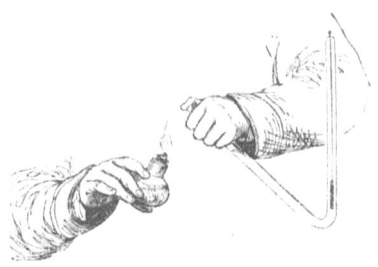

Der Versuch wird nun in umgekehrter Weise wiederholt; jetzt ist der positive Pol mit dem geschlossenen Schenkel in Verbindung gesetzt, während der negative in den offenen taucht (Fig. 22). Sogleich beobachtet man eine reichliche Wasserstoffentwicklung aus der offenen Mündung, während sich die Flüssigkeit in dem geschlossenen Theile des Apparates alsbald entfärbt. Diese einfache Abänderung des

in Wasserstoff und Chlor.

Versuches liefert uns wichtige Aufschlüsse über die Natur des zweiten bei der elektrischen Zersetzung der Salzsäure

Fig. 22.

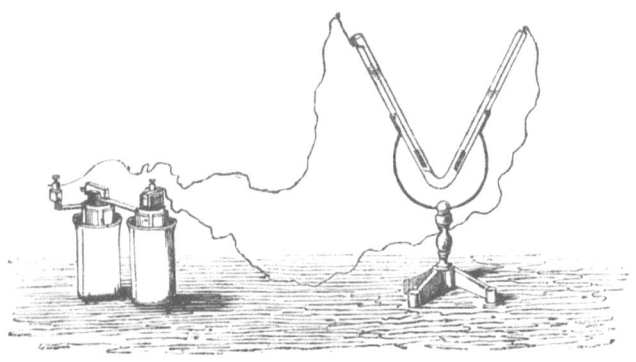

entbundenen Gases, welches sich so spärlich entwickelte und dessen Gegenwart wir bis jetzt fast ausschliesslich an seinem erstickenden Geruch und an seinem Bleichvermögen erkannt haben. Lässt man den Strom einige Minuten lang andauern, so beobachtet man wie die anfangs kaum bemerkbare Gasentwicklung allmälig reichlicher wird; nach zehn bis fünfzehn Minuten ist der grössere Theil der Röhre mit einem durchsichtigen gelblich-grünen Gase erfüllt. Der Strom wird nun unterbrochen und das Gas zur näheren Untersuchung in den offenen Schenkel übergefüllt. Bei Annäherung einer Kerze erweist es sich als unentzündlich; dass ihm der stechende Geruch angehöre, erhellt zur Genüge beim Oeffnen der Röhre. Dieses eigenthümliche Gas hat den Namen Chlor erhalten, von $\chi\lambda\omega\varrho\acute{o}\varsigma$ (gelblich-grün).

Man kann das Chlor aus der Salzsäure auch noch auf einem anderen Wege gewinnen, welcher sich von dem elektrischen Verfahren insofern unterscheidet, als das gleichzeitige Auftreten des Wasserstoffs vermieden ist. Erhitzt man die Salzsäure in einem Glaskolben mit gepulvertem Braunstein, einem in der Natur weit verbreiteten und daher überall leicht zugänglichen Mineral, so entwickelt sich das Chlorgas in

24   Chlor. — Darstellung aus Salzsäure

reichlicher Menge und kann in Cylindern über lauwarmem Wasser aufgefangen werden. Es ist dies in der That die Methode, deren man sich bei der Darstellung grösserer Mengen von Chlorgas stets bedient. Nur muss man, wenn es sich darum handelt, das Chlor im reinen Zustande zu erhalten, das zuerst entwickelte Gas entweichen lassen, da es durch die Luft des Apparates verunreinigt ist; auch empfiehlt es sich, zwischen dem Entwicklungskolben und der Entbindungsröhre eine theilweise mit Wasser gefüllte mehrhalsige Flasche, eine Waschflasche, einzuschieben. Etwa mit dem Chlor fortgerissene Salzsäure würde in dem Wasser gelöst und auf diese Weise festgehalten werden (Fig. 23). Später, wenn wir diesen

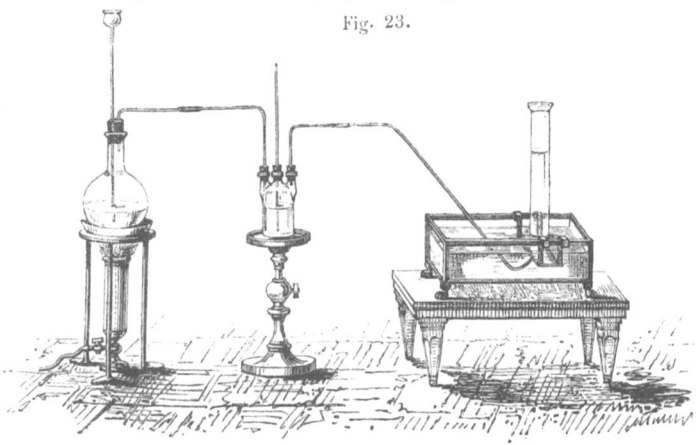

Fig. 23.

wichtigen Körper einer eingehenden Prüfung unterziehen, werden wir auf dieses Verfahren besonders zurückkommen; für den Augenblick interessirt es uns nur vorübergehend, als Mittel das Chlor aus der Salzsäure mit Leichtigkeit und in hinreichender Menge darzustellen, damit wir von seinen wichtigsten Eigenschaften durch den Versuch Kenntniss nehmen können.

Das Chlorgas ist in etwa einem Drittheil seines Volums Wasser löslich, eine Eigenschaft, welche uns sein langsames

mittelst Braunstein. — Eigenschaften. 25

und spärliches Auftreten in sichtbaren Blasen im Anfange der elektrischen Zersetzung der Salzsäure erklärt, sowie die reichlichere Entbindung in späterer Periode des Versuches, als sich die Flüssigkeit bereits mit Chlor gesättigt hatte. Die lösende Kraft des Wassers für das Chlor wird durch die Wärme beträchtlich vermindert, weshalb es sich empfiehlt, das Gas über lauem Wasser aufzusammeln. Eine Kerze brennt im Chlorgas mit stark russender Flamme, die bei Luftzutritt erlischt. Mit Hülfe dieses Verhaltens können wir uns einigermaassen über das Volumgewicht des Chlors unterrichten. Hängt man einen chlorgefüllten Cylinder mit nach unten gerichteter offener Mündung einige Minuten lang in der Luft auf, so verschwindet Farbe und Geruch des Gases und am Brennen einer nunmehr eingeführten Wachskerze (Fig. 24) erkennt man, dass das Chlor in dem Cylinder durch

Fig. 24.

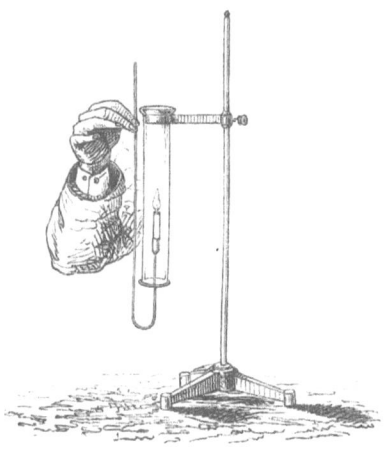

atmosphärische Luft ersetzt ist. Lässt man eine Kerze am Boden eines mit Luft erfüllten Cylinders brennen (Fig. 25 a. f. S.) und neigt einen chlorgefüllten Glascylinder gegen die Mündung gerade so, als ob man Wasser umgiessen wolle, so erkennt

26 Chlor. — Eigenschaften.

man an dem Flickern der Flamme unter reichlicher Ausscheidung von Russ und ihrem endlichen Erlöschen, dass das Chlor auf die Kerze herabfliesst. Das Chlor ist also schwerer als

Fig. 25.

die atmosphärische Luft und mithin sehr viel schwerer als der Wasserstoff. Genaue Versuche, welche mit Berücksichtigung aller hier in Betracht kommenden Verhältnisse angestellt wurden, haben gezeigt, dass ein gegebenes Volum Chlor 35,5 mal schwerer ist, als ein gleiches Volum Wasserstoff. In anderen Worten: das Volumgewicht des Wasserstoffs als Einheit gesetzt, hat das Chlor das Volumgewicht 35,5.

Nach diesen Erfahrungen dürfte es nicht schwer fallen, das Chlor, unter welchen Umständen immer wir ihm begegnen, an seinen Eigenschaften zur erkennen. Wir wollen gleichwohl noch ein weiteres eigenthümliches Verhalten desselben nicht unerwähnt lassen. Das Chlorgas wird von einer wässerigen Auflösung von Jodkalium — in dem wir später einen dem Kochsalz ähnlichen Körper kennen lernen werden — begierig verschluckt; die Flüssigkeit nimmt gleichzeitig eine tiefbraune Färbung an, deren Auftreten wir daher ebenfalls als einen Hinweis auf die Gegenwart des Chlors betrachten dürfen.

Unter geeigneten Bedingungen der Einwirkung des elektrischen Stromes ausgesetzt, liefert uns also die Salzsäure zwei in ihrem Wesen durchaus verschiedene Gase, von denen

Rückbildung der Salzsäure aus Wasserstoff u. Chlor. 27

das eine, der uns bereits aus früheren Versuchen wohl bekannte Wasserstoff, sich an dem negativen Pole entbindet, während das neuerkannte Gas, das Chlor, an dem positiven Pole der Säule entwickelt wird. Wir wissen überdies, dass sich ein jedes dieser Gase gesondert — das erstere durch die Einwirkung des Natriums, das letztere durch die Einwirkung des Braunsteins — aus der Salzsäure gewinnen lässt, und wir sind daher berechtigt, den Wasserstoff und das Chlor als Bestandtheile der Salzsäure zu betrachten.

Dass Wasserstoff und Chlor die einzigen Bestandtheile der Salzsäure sind, muss durch einen weiteren Versuch dargethan werden.

Zu dem Ende ist es nothwendig, eine Mischung der beiden Gase in dem Verhältnisse zu bereiten, in welchem sie in der Salzsäure vereinigt sind. Eine solche Mischung erhält man am besten durch die Zersetzung der Salzsäure selbst, wie wir sie in der elektrischen Spaltung oder Elektrolyse derselben kennen gelernt haben. Wir lassen das Gasgemisch über warmem Wasser in einen hohen, mit einem Glasstöpsel verschliessbaren Cylinder (Fig. 26) treten, indem wir Sorge tragen, eine reichliche Menge Gas entweichen zu lassen, ehe wir das Aufsammeln beginnen. Der mit dem Gase gefüllte Cylinder wird geschlossen, einige Stunden lang dem zerstreuten Tageslichte und dann schliesslich einige Minuten lang der directen Einwirkung der Sonnenstrahlen ausgesetzt. (Vergl. S. 20.)

Fig. 26.

Nach dieser Behandlung findet man, dass die gelbe Farbe des Gasgemenges vollkommen verschwunden ist. Oeffnet man nunmehr den Cylinder, so zeigt es sich, dass das zurückgebliebene farblose Gas unentzündlich geworden ist und nicht länger bleichend wirkt; dagegen röthet es blaue Lackmusstreifen, bildet mit feuchter Luft in Berührung weisse Nebel und wird, wenn man die Oeffnung des Cylinders unter Wasser taucht, mit der grössten Begierde von demselben verschluckt. Dies sind aber die Eigenschaften des Salzsäuregases, und wir erkennen ohne Schwierigkeit, dass sich der Wasserstoff und das Chlor wieder zu dem Körper vereinigt haben, aus dem sie ursprünglich abgeschieden wurden.

Ein ganz ähnliches Ergebniss wird natürlich beobachtet, wenn die Gase auf anderem, als elektrischem Wege, der Wasserstoff z. B. durch Natrium, das Chlor durch Braunstein, aus der Salzsäure entwickelt worden sind. Lässt man die beiden in kleinen Cylindern aufgefangenen Gase sich in der Weise mischen, dass man die Gefässe mit einander zugekehrten Mündungen auf einander stellt, und alsdann die Deckplatten zwischen den Cylindern wegzieht (Fig. 27), so wird die Vereinigung

Fig. 27.

des Wasserstoffs und Chlors zu Salzsäure augenblicklich bewerkstelligt, wenn man, nachdem beide Gase durch Hin- und Herschwenken hinreichend gemischt worden sind, die Mündungen der Cylinder einer brennenden Kerze nähert. Mit einem eigenthümlichen Geräusch schlägt die Flamme in die Gefässe, aus denen sich alsbald dichte Salzsäurewolken erheben (Fig. 28).

Wir haben uns im Vorhergehenden auf zwei verschiedenen Wegen Aufschluss über die Natur der Salzsäure zu verschaffen gesucht, einmal, indem wir dieselbe durch geeignete

Chlorwasserstoff. — Elektrolyse des Wassers. 29

Mittel in ihre Bestandtheile zerlegten, das andere Mal, indem wir dieselbe aus den abgeschiedenen Bestandtheilen wieder

Fig. 28.

zusammensetzten. Man nennt den einen Weg die Methode der Zerlegung, die Analyse, den anderen Weg die Methode der Zusammensetzung, die Synthese.

Die Analyse hat uns den Wasserstoff und das Chlor als Bestandtheile der Salzsäure kennen gelehrt; die Synthese bezeichnet diese beiden Gase als die einzigen Bestandtheile der Salzsäure, welche wir fortan unter Hindeutung auf diese Bestandtheile mit dem Namen Chlorwasserstoff oder Chlorwasserstoffsäure bezeichnen dürfen.

Wenden wir nun diese Methoden auf die weitere Erforschung des Wassers an, von dem wir bis jetzt nur wissen, dass es unter dem Einflusse des Natriums, gerade so wie die Salzsäure, Wasserstoffgas entwickelt.

Die bei dem Studium des Chlorwasserstoffs gewonnene Erfahrung zeigt uns unzweideutig den Weg an, welchen wir bei der analytischen Untersuchung des Wassers einzuhalten haben.

Lässt man den elektrischen Strom in Wasser eintreten, dessen Leitfähigkeit für die Elektricität durch Zusatz einiger Tropfen Schwefelsäure erhöht worden ist, so giebt sich durch Gasentwicklung an den Polenden alsbald eine lebhafte Wirkung zu erkennen (Fig. 29 a. f. S.). Wird der Versuch, ähnlich wie bei der entsprechenden Behandlung des Chlorwasserstoffs, in einem geschlossenen Gefässe, z. B. in dem kleinen uns be-

30 Elektrolyse des Wassers.

reits bekannten Cylinder (Fig. 30) vorgenommen, so erhält man ein farblos-durchsichtiges Gas, dessen Entzündlichkeit an

Fig. 29.

den Wasserstoff erinnert. Allein, die explosive Heftigkeit, mit der das Gas verbrennt, das blitzartige Niederschlagen der

Fig. 30.

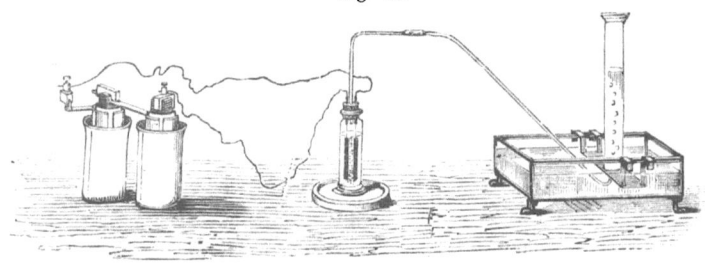

Flamme bis auf den Boden des Gefässes zeigt zur Genüge, dass dem aus der Zersetzung des Wassers hervorgehenden Wasserstoff gerade wie dem bei der Elektrolyse des Chlorwasserstoffs entwickelten, ein zweites Gas beigemengt ist. Zur Trennung der beiden Gase bedienen wir uns wieder der V-Röhre, die wir bereits in den vorhergehenden Versuchen angewendet haben. Die Röhre wird mit angesäuertem Wasser gefüllt, und alsdann, wie vorher, der negative Pol mit dem geschlossenen Schenkel verbunden, während der positive in den offenen eintaucht (Fig. 31). Alsbald entwickeln sich gleichzeitig an

Spaltung des Wassers in Wasserstoff u. Sauerstoff. 31

beiden Polen Ströme von Gasblasen, jedoch in reichlicherem
Maasse am negativen Pol. Die Untersuchung des im geschlos-

Fig. 31.

senen Schenkel angesammelten Gases (Fig. 32) zeigt, dass es,
gerade wie in dem entsprechenden Versuche mit der Salzsäure,
Wasserstoff ist.

Fig. 32.

Der Versuch wird nunmehr wie früher mit umgekehrten
Polen (Fig. 33 a. f. S.) wiederholt, indem man den am negativen Pole entbundenen Wasserstoff in die Luft entweichen
lässt. Das Gas, welches früher an dem positiven Pol in dem
offenen Schenkel auftrat, und so verloren ging, sammelt sich
jetzt in dem geschlossenen Schenkel des Apparates.

Dieses Gas ist farblos-durchsichtig und geruchlos, wie
der Wasserstoff, von dem es sich jedoch ohne Schwierigkeit
unterscheiden lässt. Es ist nicht entzündlich, senkt man

32 Sauerstoff.

aber einen brennenden Körper, einen Wachsfaden z. B., in dasselbe ein (Fig. 34), so brennt er mit erhöhtem Glanze fort; ein

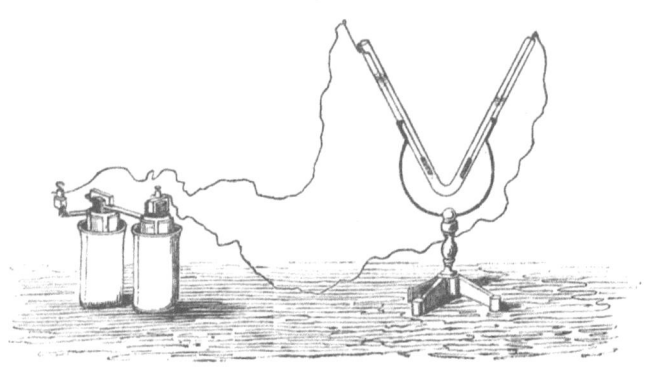
Fig. 33.

eben noch glimmender Holzspan, mit dem Gase in Berührung gebracht, zeigt lebhaftes Erglühen, welches sich fast augen-

Fig. 34.

blicklich bis zur Entflammung steigert. Man hat diesem Gase, aus Gründen, die wir später werden kennen lernen, den Namen Sauerstoff gegeben. Der Sauerstoff kommt in seinen Eigenschaften der atmosphärischen Luft näher, als die beiden vorher betrachteten Gase. Auch mag schon hier bemerkt werden, dass der Sauerstoff ein wesentlicher Bestandtheil der atmosphärischen Luft ist.

Sauerstoff. Darstellung. 33

Der Sauerstoff ist etwas schwerer als Luft. Wir lernen dies aus einem einfachen Versuche. Von zwei mit Sauerstoff gefüllten offenen Cylindern stellen wir den einen mit nach oben gerichteter Mündung auf (Fig. 35), während der zweite so aufgehängt ist, dass die Mündung nach unten gekehrt ist (Fig. 36). Prüft man das Gas nach einigen Minuten mit-

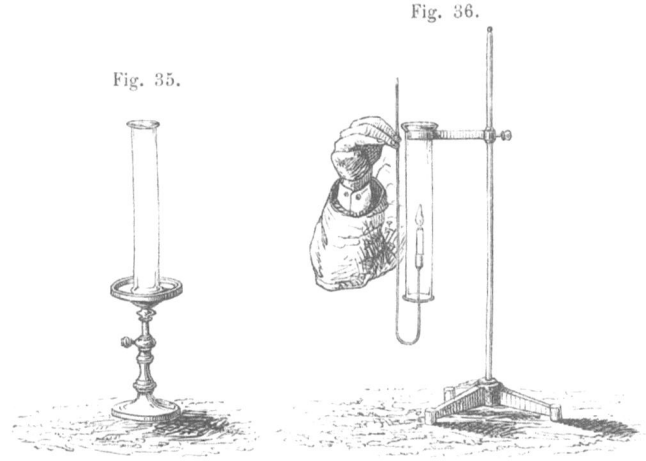

Fig. 36.

Fig. 35.

telst der brennenden Kerze oder des glimmenden Spans, so findet man, dass der aufrecht stehende Cylinder noch Sauerstoff enthält, während er in dem umgekehrten Cylinder durch atmosphärische Luft verdrängt ist. Genaue Versuche haben indessen ergeben, dass der Sauerstoff nur wenig schwerer ist, als Luft. Auf den Wasserstoff als Einheit bezogen, ist das Volumgewicht des Sauerstoffs 16, während die Luft, wie bereits bemerkt, das Volumgewicht 14,438 besitzt.

Man kann den Sauerstoff auf vielen anderen Wegen leichter und reichlicher gewinnen, als durch die Elektrolyse des Wassers. Für den Augenblick müssen wir aber auf die Betrachtung der Mehrzahl dieser Methoden verzichten und uns begnügen, ein Verfahren kennen zu lernen, welches den Sauerstoff aus dem Wasser abzuscheiden erlaubt, ohne gleich-

34 Darstellung d. Sauerstoffs durch Einwirkung d. Chlors

zeitig den Wasserstoff desselben zu entwickeln. Es wurde bereits der grossen Anziehung gedacht, welche das Chlor auf den Wasserstoff ausübt, und der Leichtigkeit, mit welcher sich beide Gase zu Chlorwasserstoff vereinigen. Dürfen wir, dieses Verhaltens eingedenk, erwarten, dass das Chlor fähig sei, dem Wasser den Wasserstoff in der Form von Chlorwasserstoff zu entziehen und den Sauerstoff in Freiheit zu setzen? Bei gewöhnlicher Temperatur und selbst bei gelindem Erhitzen, wissen wir, findet diese Zersetzung nicht statt; haben wir ja doch das Chlor über warmem Wasser aufgefangen. Diese Umsetzung vollendet sich gleichwohl bei sehr hoher Temperatur. Es lässt sich dies mittelst eines Apparates zeigen, welcher, obwohl scheinbar etwas complicirt, im Principe dennoch einfach und leicht verständlich ist. In der grösseren Flasche (Fig. 37) entwickeln wir Chlor mittelst

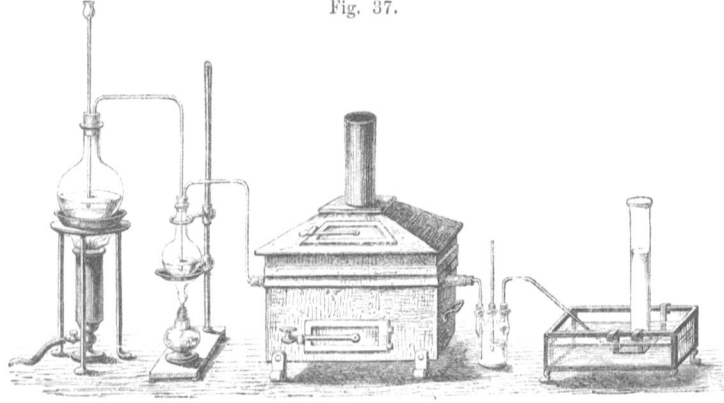

Fig. 37.

Braunstein und Chlorwasserstoffsäure und leiten dasselbe durch Wasser, welches in der kleineren Flasche mittelst einer Spirituslampe im Sieden erhalten wird. Das mit Wasserdampf gesättigte Chlor streicht alsdann durch eine Porzellanröhre, welche in einem Ofen zum Rothglühen erhitzt wird.

Das Gas, welches auf der anderen Seite des Rohres aus-

auf das Wasser. — Synthese des Wassers.

tritt, lässt sich ohne Schwierigkeit als eine Mischung von Sauerstoff und Chlorwasserstoff erkennen. Um beide Gase zu trennen, braucht man das gemischte Gas nur durch eine mit Wasser (oder besser noch Natronlauge) gefüllte Waschflasche zu leiten; der Chlorwasserstoff wird alsdann von der Flüssigkeit verschluckt und zurückgehalten, während der Sauerstoff sich entwickelt und an den aus früheren Versuchen uns bereits bekannten Eigenschaften leicht erkannt werden kann.

Wir haben auf diese Weise versucht, die Zusammensetzung des Wassers auf dem Wege der Analyse zu ermitteln. Indem wir einerseits mittelst des elektrischen Stromes gleichzeitig den Wasserstoff und Sauerstoff, andererseits aber durch die Einwirkung des Natriums den Wasserstoff, durch die Einwirkung des Chlors den Sauerstoff aus dem Wasser in Freiheit setzten, haben wir analytisch den Wasserstoff und Sauerstoff als Bestandtheile des Wassers nachgewiesen.

Um den Beweis zu liefern, dass Wasserstoff und Sauerstoff die einzigen Bestandtheile des Wassers sind, bedarf es noch eines synthetischen Versuchs; wir müssen das Wasser aus dem Wasserstoff und Sauerstoff wieder zurückbilden, in derselben Weise wie wir den Chlorwasserstoff aus dem Wasserstoff und Chlor wieder zusammengesetzt haben.

Für diesen Zweck bedienen wir uns einer zweihalsigen Flasche, in deren einen Hals eine Trichterröhre einpasst, während der andere eine mit schwefelsäure-getränktem Bimsstein gefüllte Trockenröhre trägt; an dem weiten Ende der letzteren ist mittelst eines Korkes eine zu einer engen Spitze ausgezogene Entbindungsröhre befestigt. Man giebt nunmehr Zink in die Flasche und giesst durch die Trichterröhre verdünnte Schwefelsäure zu; sogleich entwickelt sich Wasserstoffgas, welches beim Durchgang durch die Trockenröhre seine Feuchtigkeit verliert und vollkommen getrocknet aus der Entbindungsröhre ausströmt. Nachdem das Gas einige Zeit lang sich entwickelt hat, zündet man es an und führt die Wasserstoffflamme in eine mit trocknem Sauerstoff ge-

36 Elektrolyse

füllte Glasglocke (Fig. 38). Sogleich beschlagen sich die Wände des Gefässes mit einem Anfluge von Feuchtig-

Fig. 38.

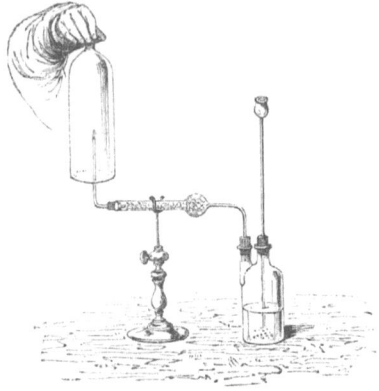

keit, welche sich allmälig zu kleinen Wassertröpfchen vereinigt.

Nach den Aufschlüssen, welche wir diesen Versuchen über den Chlorwasserstoff und über das Wasser verdanken, fühlen wir uns natürlich veranlasst, dieselbe Untersuchungsweise auf das Ammoniak, die dritte unserer Wasserstoff liefernden Substanzen, auszudehnen.

Wie der Chlorwasserstoff, wie das Wasser lässt sich auch das Ammoniak durch die Elektricität zerlegen, nur geht die Einwirkung des Stromes in diesem Falle etwas langsamer von Statten. Der starken Ammoniaklösung, welche wir für diesen Versuch anwenden, setzen wir ein paar Tropfen Schwefelsäure oder besser noch etwas Kochsalz zu; beide beschleunigen die Wirkung. Beim Eintauchen der Elektroden (Fig. 39) in die Flüssigkeit beobachten wir alsbald, wie dieselbe aufperlt. Wenn sich die Einwirkung in einem geschlossenen Gefässe vollendet, so entwickelt sich aus der Entbindungsröhre (Fig. 40) ein farblos-durchsichtiges entzündliches Gas, welches wir geneigt sind, für Wasserstoff zu halten. Allein der

des Ammoniaks. 37

Ergebnisse eingedenk, welche die gleichartige Untersuchung des Chlorwasserstoffs und des Wassers uns lieferten, fühlen

Fig. 39.

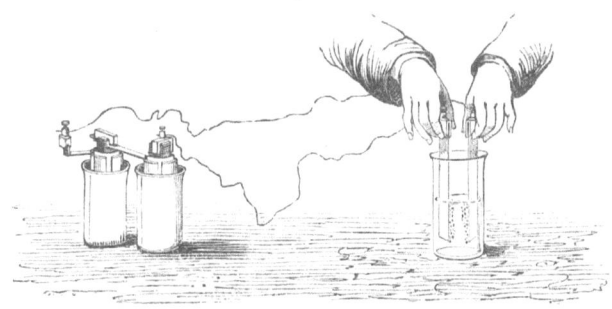

wir uns berechtigt, die Gegenwart eines zweiten Gases für wahrscheinlich zu halten und nehmen daher nochmals unsere

Fig. 40.

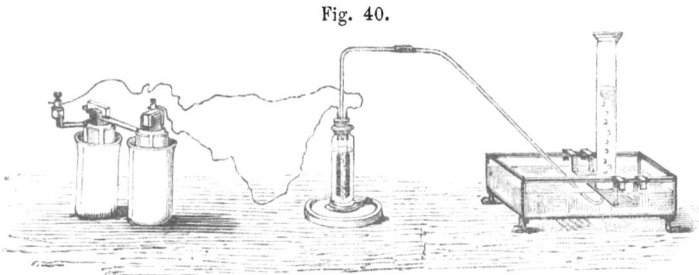

Zuflucht zu der bereits mehrfach erprobten V-Röhre, welche uns in früheren Versuchen die Trennung der an den beiden Polen entwickelten Gase erlaubte. Auch jetzt verbinden wir zunächst wieder den negativen Pol mit dem geschlossenen Schenkel (Fig. 41, a. f. S.); das rasch sich ansammelnde Gas wird ohne Weiteres als Wasserstoff erkannt (Fig. 42, a. f. S.). Wir zögern daher nicht, den Versuch mit umgekehrten Polen zu wiederholen (Fig. 43, a. S. 39) und es fällt uns sogleich die sparsame Gasentwicklung auf, welche an dem positiven Pole stattfindet und uns nöthigt, die Einwirkung mindestens

38 Das Ammoniak enthält Wasserstoff und Stickstoff.

eine viertel Stunde andauern zu lassen, um ein zur Untersuchung hinreichendes Gasvolum zu erhalten.

Fig. 41.

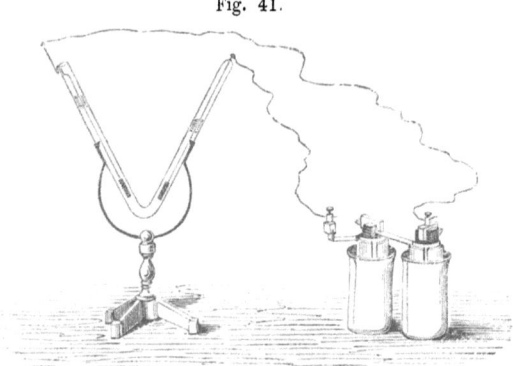

Das so erhaltene Gas ist farblos-durchsichtig wie der Wasserstoff, von dem es sich aber wesentlich unterscheidet;

Fig. 42.

denn bei Annäherung einer Flamme finden wir es unentzündlich. Auch mit dem Chlor und dem Sauerstoff kann dieses Gas nicht verwechselt werden. Abwesenheit von Geruch und Farbe unterscheiden es von dem ersteren, sein Verhalten zu brennenden Körpern von dem letzteren. Eine Kerzenflamme, welche man in das Gas einsenkt (Fig. 44), erlischt augenblicklich. Dieses neue Gas, dem die Chemiker den Namen Stickstoff gegeben haben, ist mehr durch die Abwesenheit besonderer, in die Augen fallender Kennzeichen, als durch den Be-

Eigenschaften des Stickstoffs.

sitz irgend welcher hervortretender Eigenschaften ausgezeichnet. Dieser Charakter ist selbst in dem Volumgewichte dieses

Fig. 43.

Gases ausgesprochen. Während der Wasserstoff so viel leichter, das Chlor so viel schwerer ist als atmosphärische Luft, während selbst der Sauerstoff noch merklich schwerer wiegt, zeigt der Stickstoff nahezu dasselbe Volumgewicht wie die

Fig. 44.

Luft. Auf den Wasserstoff als Einheit bezogen, hat sich das Volumgewicht des Stickstoffs zu 14 ergeben, während das Volumgewicht der Luft, wie bereits angeführt, zu 14,438 gefunden worden ist. Diese grosse Annäherung wird uns nicht mehr befremden, wenn wir in der Folge den Stickstoff als

40   Zersetzung des Ammoniaks durch Chlor.

vorherrschenden Bestandtheil der atmosphärischen Luft kennen lernen werden.

Der Stickstoff lässt sich aus dem Ammoniak auch mittelst des Verfahrens abscheiden, welches uns erlaubte, den Sauerstoff aus dem Wasser zu entwickeln, nämlich durch die Einwirkung des Chlors. Schon bei gewöhnlicher Temperatur verbindet sich das Chlor mit dem Wasserstoff des Ammoniaks und macht den Stickstoff frei. Zu dem Ende behandeln wir die stärkste Ammoniakflüssigkeit des Handels in einer geräumigen mehrhalsigen Flasche mit Chlorgas (Fig. 45), indem wir Sorge tragen, dass die Menge des angewendeten Ammoniaks im Verhältniss zu dem entwickelten Chlorstrome eine

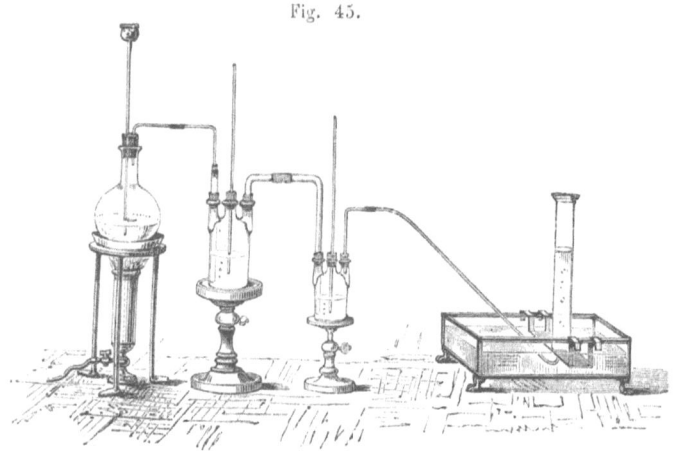

Fig. 45.

möglichst grosse sei. Heftige Einwirkung giebt sich alsbald durch die Bildung weisser Dämpfe zu erkennen, welche den oberen Theil der Flasche erfüllen; die Flüssigkeit perlt von aufsteigendem Gase und ein eigenthümliches, blitzartiges Leuchten bezeichnet den Eintritt jeder Chlorblase. Die weissen Dämpfe gehören einem festen Körper an, den wir jedoch für den Augenblick nur deshalb beachten müssen, weil seine Bildung die Wahl weiter Verbindungsröhren bedingt, da enge sich durch die Verdichtung dieser Dämpfe in kürzester Frist verstopfen würden. Das entwickelte Gas wird durch eine Waschflasche geleitet und über Wasser aufgefangen; es zeigt sich, dass es weder Wasserstoff, noch Chlor, noch Sauerstoff ist, sondern dasselbe eigenthümliche Gas, Stickstoff, welches wir bei der Elektrolyse des Ammoniaks erhielten.

Durch den elektrischen Strom haben wir analytisch den Wasserstoff und Stickstoff als Bestandtheile des Ammoniaks dargethan; die Gegenwart dieser beiden Gase in dem Ammoniak bewiesen wir überdies, die des Wasserstoffs durch die Einwirkung des Natriums, die des Stickstoffs durch die Einwirkung des Chlors auf das Ammoniak.

Es wäre jetzt, um den bei der Untersuchung des Chlorwasserstoffs und des Wassers befolgten Gang einzuhalten, noch nöthig, durch die Synthese festzustellen, dass der Wasserstoff und der Stickstoff die einzigen Bestandtheile des Ammoniaks sind. Leider ist indessen bis jetzt kein Mittel bekannt, die Rückbildung des Ammoniaks aus dem Wasserstoff und Stickstoff auf einfache Weise zu bewerkstelligen, und wir müssen uns daher für den Augenblick mit der Bemerkung begnügen, dass man den Wasserstoff und Stickstoff aus eiuem bekannten Gewichte Ammoniak abgeschieden und gewogen hat, und dass sich die Gewichte der beiden Gase zu dem Gewichte des zerlegten Ammoniaks ergänzen, eine Thatsache, welche den unwiderleglichen Beweis liefert, dass das Ammoniak neben Wasserstoff und Stickstoff keine anderen wägbaren Bestandtheile enthält.

Das Studium der drei Verbindungen, Chlorwasserstoff, Wasser, Ammoniak, hat uns in den Besitz einer Reihe von Thatsachen gesetzt, deren volle Bedeutung sich uns erst später enthüllen wird. Wir haben gleichwohl bereits einen Einblick in das Gebiet gewonnen, welches sie wie eben so viele Schlüssel uns eröffnen sollen. Eine flüchtige Rückschau auf die bereits durchmessene Bahn scheint am besten geeignet,

42 Verbindungen und einfache Körper. Elemente.

weiteres Eindringen in dieses Gebiet zu erleichtern und zu beschleunigen.

Unter dem Einflusse der Elektricität, der Wärme und gewisser chemischer Agentien, haben wir eine kleine Anzahl wohlbekannter Körper eine Reihe der seltsamsten Verwandlungen durchlaufen sehen. Durch geeignete Behandlung gelang es, den Chlorwasserstoff in Wasserstoff und Chlor, das Wasser in Wasserstoff und Sauerstoff, das Ammoniak in Wasserstoff und Stickstoff zu spalten. Diese ausgeschiedenen Bestandtheile vermochten wir, für den Fall des Chlorwasserstoffs und des Wassers wenigstens, direct wieder mit einander zu verbinden und auf diese Weise die zerlegten Körper zurückzubilden; die directe Synthese des Ammoniaks wollte uns bis jetzt allerdings nicht gelingen, allein wir sahen, dass die Chemiker die Aufgabe in diesem Falle in anderer Form mit Hülfe der Wage gelöst haben. Eine Beweisführung, wie sie nicht schärfer gedacht werden kann, ermächtigt uns also, Wasserstoff und Chlor, Wasserstoff und Sauerstoff, endlich Wasserstoff und Stickstoff, als die wahren und einzigen Bestandtheile, beziehungsweise des Chlorwasserstoffs, des Wassers und des Ammoniaks zu betrachten. Diese Erkenntniss führt aber unvermeidlich auf die Frage nach der Natur, nach der Zusammensetzung dieser Bestandtheile selbst.

Sind wir im Stande, Wasserstoff, Chlor, Sauerstoff, Stickstoff in einfachere Formen der Materie zu zerlegen?

Auf diese Frage, welche die Forscher der Gegenwart sowohl wie der Vergangenheit mit Vorliebe an die Natur gestellt haben, ist bis jetzt nur eine Antwort erfolgt: Der Wasserstoff, das Chlor, der Sauerstoff, der Stickstoff sind keiner weiteren Zerlegung fähig durch irgend welche Mittel, die uns gegenwärtig zu Gebote stehen. Den mächtigen Einflüssen der Elektricität und der Wärme, selbst wenn ihre Wirkung bis zur äussersten Höhe gesteigert ward, haben diese Gase bisher siegreich widerstanden; aus allen chemischen Reactionen, wie mannigfaltig sie, für die Zwecke weiterer Zerlegung in einfachere Stoffformen, der Scharfsinn der

Classification der Elemente. 43

Chemiker ersann und combinirte, sind diese Gase stets unverändert hervorgegangen. Wir sind daher berechtigt, den Wasserstoff, das Chlor, den Sauerstoff, den Stickstoff als **unzerlegbare oder einfache Körper**, als **Elemente** zu betrachten, im Gegensatz zu zerlegbaren oder zusammengesetzten Körpern, zu Verbindungen, wie wir sie in dem Chlorwasserstoff, in dem Wasser, in dem Ammoniak kennen gelernt haben.

Wie viele solcher einfachen und zusammengesetzten Körper giebt es? Die zusammengesetzten finden wir zu Tausenden in der **unorganischen Natur** vertreten, in den verschiedenartigen Gesteinen und Mineralsubstanzen, welche die Rinde unseres Erdballs bilden; wir finden sie ferner ungezählt und in unbegrenzter Mannigfaltigkeit in der **organischen Natur**, in den endlosen Gebilden der Pflanzenwelt und der Thierwelt. Und doch gestaltet sich dieser unendliche Reichthum der verschiedenartigsten Stoffformen, soweit dieselben im Augenblicke (Januar 1869) erforscht sind, durch die Vereinigung von nur 63 einfachen Körpern oder Elementen. Selbst die Himmelskörper scheinen aus denselben einfachen Stoffen zusammengesetzt wie die Erde. In den Meteoriten, welche von Zeit zu Zeit unseren Planeten erreichen, hat man keine anderen Bestandtheile gefunden, und die Forschungen der allerneuesten Zeit haben zu dem kühnen, aber wohlberechtigten Schlusse geführt, dass viele der irdischen Elemente auch in der Sonne und in den übrigen Fixsternen enthalten sind.

Die Namen dieser 63 Elemente, alphabetisch geordnet, sind in der folgenden Tabelle verzeichnet, in welcher sie sich in drei durch verschiedene Typen erkennbare Gruppen ordnen. Die erste dieser Gruppen, durch grossen Druck ausgezeichnet, enthält ausser den vier uns aus der Einleitung bereits bekannten Elementen noch 14 andere, welche man als die an der Oberfläche unseres Planeten am weitesten verbreiteten Körper betrachten darf. Diese Klasse umfasst die Hauptbestandtheile des Meeres (Sauerstoff und Wasserstoff), der

Classification der Elemente.

Luft (Sauerstoff und Stickstoff), der Erdrinde (Sauerstoff in Verbindung mit Silicium, Kohlenstoff und den metallischen Elementen der Erden und Alkalien). Neben diesen stehen andere Elemente, welche, wie das Brom und das Jod z. B., obwohl viel weniger massig auftretend, doch kaum minder weit in der Natur verbreitet sind.

In einer zweiten Gruppe, typographisch weniger hervortretend, finden wir die Namen von 23 Elementen vereinigt, welche nicht in gleichem Maasse verbreitet sind, wie die Glieder der ersten, aber alle in den Künsten und Gewerben mehr oder weniger ausgedehnte Anwendung gefunden haben, wie uns denn viele der hier aufgeführten Körper, Gold, Kupfer, Silber, Zink, Zinn u. s. w., aus dem Alltagsleben zur Genüge bekannt sind.

Eine dritte Reihe endlich, typographisch noch untergeordneter, umfasst 22 weitere Elemente, welche man als Naturseltenheiten bezeichnen könnte, — Körper, welche entweder so vereinzelt oder in so geringer Menge gefunden worden sind, dass man sich bisher vergebens bemüht hat, ihre Rolle im Haushalte der Natur zu ergründen, oder sie für die Zwecke der Industrie dienstbar zu machen. Die Seltenheit ihres Vorkommens ist Ursache gewesen, dass mehrere Glieder dieser Gruppe erst in neuester Zeit entdeckt worden sind, nachdem der Fortschritt der Wissenschaft die Forschung mit neuen, den bisher angewendeten überlegenen Methoden bereichert hatte. Dieser letzten Gruppe würde man die Namen einiger angeblichen Elemente, des Terbiums und Noriums, einzureihen haben, wenn nicht die Existenz dieser Körper durch neuere Versuche so zweifelhaft geworden wäre, dass wir Anstand nehmen mussten, sie in einem Verzeichnisse von Elementen, deren Natur mit Sicherheit ermittelt ist, mit aufzuführen.

Alphabetische Tabelle der Elemente.

Aluminium.	Iridium.	**Sauerstoff.**
Antimon.	**Kalium.**	**Schwefel.**
Arsen.	Kobalt.	Selen.
Barium.	**Kohlenstoff.**	Silber.
Beryllium.	Kupfer.	Silicium.
Blei.	Lanthan.	**Stickstoff.**
Bor.	Lithium.	Strontium.
Brom.	**Magnesium.**	Tantal.
Cadmium.	**Mangan.**	Tellur.
Caesium.	Molybdän.	Thallium.
Calcium.	**Natrium.**	Thorium.
Cerium.	Nickel.	Titan.
Chlor.	Niob.	Uran.
Chrom.	Osmium.	Vanadin.
Didym.	Palladium.	**Wasserstoff.**
Eisen.	**Phosphor.**	Wismuth.
Erbium.	Platin.	Wolfram.
Fluor.	Quecksilber.	Yttrium.
Gold.	Rhodium.	**Zink.**
Indium.	Rubidium.	**Zinn.**
Jod.	Ruthenium.	Zirkonium.

Es braucht kaum bemerkt zu werden, dass die Gruppirung der Elemente, welche wir in der vorstehenden Tabelle versucht haben, keiner scharfen Begründung fähig ist, sondern lediglich den Zweck hat, zu zeigen, wie ungleiche Wichtigkeit verschiedene Elemente für uns haben können. Zwischen diesen Gruppen finden in unmerkbarer Stufenfolge Uebergänge statt, und nicht selten könnten die auf der Grenze stehenden Glieder fast mit gleichem Rechte in die eine oder die andere Gruppe eingereiht werden. Die Tabelle zeigt gleichwohl auf einen Blick, dass weniger als ein Drittel der Elemente von erster und eine etwas grössere Anzahl von

Mögliche Zerlegung der Elemente.

zweiter Bedeutung sind. Auf diese beiden Klassen muss sich unsere Aufmerksamkeit fast ausschliesslich beschränken. Die seltenen Körper können nur ganz flüchtige Beachtung finden.

Aus der Art und Weise, wie wir zu dem Begriffe des Elementes gelangt sind, ergiebt es sich schon, dass dieser Ausdruck mit gewisser Einschränkung zu gebrauchen ist.

Die in der vorstehenden Liste verzeichneten Körper sind Elemente für uns, weil wir die Mittel nicht besitzen, sie weiter zu zerlegen. Möglich, dass der Fortschritt der Wissenschaft einer künftigen Generation diese Mittel enthüllen wird, und dass manche der jetzt für Elemente geltenden Körper aufhören werden, unseren Nachfolgern Elemente zu sein.

Von dem Zeitalter der „Klassischen Elemente", welche alle aufgehört haben, für uns Elemente zu sein, abwärts bis auf verhältnissmässig neue Zeit finden wir zahlreiche Beispiele solcher fortschreitenden Vereinfachung in den Annalen der Wissenschaft verzeichnet, und es wäre Anmaassung, an der Möglichkeit der Wiederkehr solcher Vereinfachungen zweifeln zu wollen.

47

III.

Zusammengesetzte Körper. — Volumverhältniss und Verdichtung der Bestandtheile in denselben, veranschaulicht durch die volumetrische Analyse des Chlorwasserstoffs, des Wassers und des Ammoniaks. Chemische Verbindung im Gegensatze zu mechanischer Mischung. Unterscheidende Kennzeichen derselben durch Versuche nachgewiesen. Zersetzung des Chlorwasserstoffs durch Natriumamalgam. Trennung der elektrolytisch entwickelten Bestandtheile des Chlorwasserstoffs durch Jodkalium. Wiedervereinigung derselben durch Belichtung. 2 Vol. Chlorwasserstoffgas enthalten 1 Vol. Wasserstoff und 1 Vol. Chlor. Trennung der Bestandtheile des Wassers durch Elektrolyse. Wiedervereinigung derselben durch den elektrischen Funken. 2 Vol. Wassergas enthalten 2 Vol. Wasserstoff und 1 Vol. Sauerstoff. Zerlegung des Ammoniaks durch Chlor. Bestimmung des durch ein gegebenes Chlorvolum aus dem Ammoniak entwickelten Stickstoffvolums. Zerlegung des Ammoniaks in seine Bestandtheile durch den Funkenstrom der Inductionsmaschine. 2 Vol. Ammoniakgas enthalten 3 Vol. Wasserstoff und 1 Vol. Stickstoff. Gleichzeitige Zerlegung des Chlorwasserstoffs, des Wassers, des Ammoniaks durch den elektrischen Strom. Mischung und Verbindung der elementaren Bestandtheile des Chlorwasserstoffs und des Wassers. Constanz der chemischen Zusammensetzung. Verschiedenheit der Eigenschaften einer chemischen Verbindung von den Eigenschaften ihrer Bestandtheile. Bedingungen, unter denen mechanische Mischungen in chemische Verbindungen übergehen.

Zur Gewinnung weiterer Gesichtspunkte nehmen wir das Studium der Verbindungen Chlorwasserstoff, Wasser und Ammoniak, mit denen wir unsere Betrachtungen eröffneten, wieder auf, und wollen jetzt die Volumverhältnisse untersuchen, in denen sich die Elemente Wasserstoff, Chlor, Sauerstoff und Stickstoff an der Bildung dieser Verbindungen betheiligen.

48 Volumverhältnisse d. Elemente in d. Chlorwasserstoff.

Erforschen wir zunächst, in welchem Volumverhältnisse sich Wasserstoff und Chlor zu Chlorwasserstoff vereinigen. Dies gelingt leicht, indem wir die Zersetzung des Chlorwasserstoffgases durch Natrium unter Bedingungen wiederholen, welche uns die Messung des entwickelten Wasserstoffgases gestatten.

Zu dem Ende bedienen wir uns einer etwa 50 Centimeter langen und 1,5 Centim. weiten, U-förmig gebogenen, auf einem Stativ in geeigneter Weise befestigten Glasröhre, deren einer Schenkel offen, der andere durch einen Glashahn geschlossen ist. Etwas oberhalb des Bugs ist der offene Schenkel mit einem dünnen, vor der Lampe angeblasenen Auslassröhrchen versehen. Dieses Röhrchen trägt einen kleinen Kautschukschlauch, welcher durch einen elastischen Metallbogen (Quetschhahn) oder eine Schraube zusammengeklemmt ist, wodurch die Röhre nach Belieben geschlossen oder geöffnet werden kann. Der Quetschhahn lässt sich auch zweckmässig durch einen wohleingeschliffenen Glashahn ersetzen.

Im vorliegenden Falle erleichtert die mit einem Quetsch- oder Glashahn geschlossene Ansatzröhre wesentlich das Einbringen des Gases in den Apparat. Zu dem Ende wird die U-Röhre zuerst vollkommen mit Quecksilber gefüllt und das Metall alsdann durch den Hahn aus dem offenen Schenkel abgelassen. Hierauf senkt man die Entbindungsröhre eines Apparates für die Entwicklung trocknen Chlorwasserstoffs (vergl. S. 8), an deren Ende man zweckmässig ein kurzes Kautschukröhrchen befestigt, durch den offenen Schenkel in den Bug der Röhre, so dass die Gasblasen in dem geschlossenen Schenkel aufsteigen, aus dem das Quecksilber, Volum für Volum, austritt, um durch den geöffneten Hahn abzufliessen. Nachdem auf diese Weise eine hinreichende Menge trocknen Gases in den Apparat eingefüllt ist, wird der Hahn geschlossen und wieder Quecksilber in den Apparat eingegossen, bis es sich in beiden Schenkeln ins Niveau gestellt hat. Der gaserfüllte Raum in der Röhre wird alsdann in passender Weise, z. B. durch einen übergeschobenen Kaut-

Elektrolyse des Chlorwasserstoffs. 49

schukring, bezeichnet (Fig. 46). Nunmehr wird der leere Raum des offenen Schenkels mit Natriumamalgam (vergl. S. 11) gefüllt und die Mündung mittelst eines Glasstöpsels geschlossen. Man lässt alsdann das Gas durch geschicktes Neigen des Apparates in diesen Schenkel übertreten und vollendet die beim Durchgang durch das Natriumamalgam eingeleitete Zersetzung durch mehrmaliges Schütteln, welches alle Gastheilchen mit dem Natrium in Berührung bringt. Schliesslich trägt man Sorge, das ganze Gasvolum wieder in den geschlossenen Schenkel zurücksteigen zu lassen. Beim Wegnehmen des Stöpsels sinkt das Quecksilber, und sobald man es durch Oeffnen des Hahns in beiden Schenkeln wieder ins Niveau gebracht hat, zeigt es sich, dass die Röhre nur noch

Fig. 46.   Fig. 47.

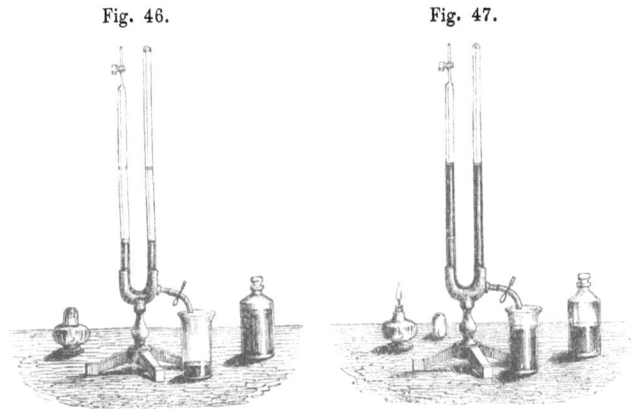

halb so viel Gas enthält, als am Anfang des Versuches (Fig. 47). Dieses Gas, wie kaum bemerkt zu werden braucht, ist reines Wasserstoffgas; indem wir Quecksilber in den offenen Schenkel eingiessen, tritt das Gas aus dem geöffneten Glashahn aus und lässt sich an seiner Entzündlichkeit ohne Schwierigkeit erkennen.

Wir lernen aus diesem Versuche, dass 1 Volum Chlorwasserstoff $^1/_2$ Volum Wasserstoffgas enthält. Wieviel Chlor ist nun aber mit diesem $^1/_2$ Vol. Wasserstoff verbunden? Auf

50 Elektrolyse des Chlorwasserstoffs.

den ersten Blick scheint dies fast eine überflüssige Frage. Man könnte sich zu der Annahme berechtigt halten, dass eine aus Wasserstoff und Chlor bestehende Verbindung, welche, wie der Versuch nachgewiesen hat, in 1 Vol. $^1/_2$ Vol. Wasserstoff enthält, nothwendiger Weise auch $^1/_2$ Vol. Chlor enthalten müsse. Allein in 1 Vol. Chlorwasserstoff könnte gleichwohl $^1/_2$ Vol. Wasserstoff mit mehr oder weniger als $^1/_2$ Vol. Chlor verbunden sein, wenn sich die Bestandtheile bei der Vereinigung zu der Verbindung entweder verdichtet oder ausgedehnt haben. Es ist also keineswegs überflüssig, dass wir die Frage aufwerfen: wie viel Chlor ist in 1 Vol. Chlorwasserstoff mit $^1/_2$ Vol. Wasserstoff verbunden? Die Antwort auf diese Frage wird durch einen zweiten Versuch gegeben.

Eine Lösung von Chlorwasserstoff in Wasser wird von Neuem in dem bereits früher angewendeten Apparate unter den angegebenen Vorsichtsmaassregeln und mit bekanntem Erfolge der Elektrolyse unterworfen (vergl. S. 20 und 27). Der Wasserstoff tritt reichlich an dem negativen Pole auf, während sich gleichzeitig Chlor an dem positiven Pole entwickelt, welches aber im Anfang des Versuches beinahe vollkommen von der Flüssigkeit verschluckt wird. Erst wenn diese Flüssigkeit gesättigt ist, beobachtet man an dem positiven ebenso reichliche Gasentwicklung wie an dem negativen Pole. In diesem Stadium des Versuches wird die Entbindungsröhre des Apparates durch einen Kautschukschlauch mit einer horizontal liegenden 40 bis 50 Centimeter langen und 1,5 Centimeter weiten Glasröhre in Verbindung gesetzt, deren Enden in enge, mit gut schliessenden Glashähnen versehene Röhren ausmünden (Fig. 48). Die Röhre füllt sich auf diese Weise langsam mit der Mischung von Wasserstoff und Chlor, welche bei der Elektrolyse des Chlorwasserstoffs frei wird. Damit jede Spur Luft ausgetrieben werde, muss man das Gasgemisch eine geraume Zeit lang durch die Röhre streichen lassen. Um die Verbreitung des unerträglichen Chlorgases zu verhindern, leiten wir die Gase bei ihrem Austritte aus der Röhre in den Fuss eines Glasthurmes, in welchem

Füllen der Absorptionsröhre. 51

sie aufwärts durch eine mit Natronlauge getränkte Bimssteinsäule streichen müssen. Nach Verlauf von etwa 1 bis 2 Stunden ist die Operation vollendet und die Röhre kann abgenommen werden, nachdem die Glashähne sorgfältig geschlossen worden sind.

Wir haben nunmehr den gasförmigen Inhalt der Röhre zu untersuchen. Zu dem Ende bringen wir das Gasgemenge mit einer Flüssigkeit in Berührung, welche fähig ist, das Chlor, aber nicht den Wasserstoff zu absorbiren. Dies könnte mittelst Wasser geschehen; wir finden es aber zweckmässig, statt reinen Wassers eine Lösung von Jodkalium anzuwenden, welche, wie wir bereits wissen (vergl. S. 26), das Chlor mit Begierde verschluckt und zugleich den Vortheil bietet, dass sich die Gegenwart des Chlors durch die tiefbraune Farbe,

Fig. 48.

welche die Flüssigkeit alsbald annimmt, dem Auge sichtbar macht. Um das Volumverhältniss der beiden in der Röhre befindlichen Gase zu ermitteln, füllen wir eine der Spitzen, in welche sie ausläuft, mit ziemlich starker Jodkaliumlösung und setzen einen dünnen Kork auf, den wir nach dem Oeffnen des Hahns in das Ende einpressen. Sogleich treten ein paar Tropfen der Flüssigkeit in die Röhre, und wenn wir nunmehr den Hahn schliessen, so ist eine kleine Menge Jodkaliumlösung in dem Gasvolum abgefangen. Durch geeignetes Neigen verbreiten wir die Flüssigkeit über die Wände der Röhre, so dass dem Gasgemenge eine ausgedehnte Oberfläche geboten ist. Die Absorption vollendet sich auf diese Weise mit ausserordentlicher Schnelligkeit. Wenn die Röhre nunmehr in eine verdünnte Jodkaliumlösung, welche einen nach oben sich erweiternden Cylinder erfüllt, eingesenkt und der Hahn geöffnet wird, so steigt die Flüssigkeit, und wir beobachten, sobald dieselbe Aussen und Innen ins Niveau getreten ist, dass sie die Röhre genau bis zur halben Höhe erfüllt (Fig. 49). Es ist also die Hälfte des ursprünglichen Gasvolums absorbirt worden, und dass das absorbirte Gas Chlor war, ergiebt sich unzweideutig aus der braunen Färbung der Jodkaliumlösung.

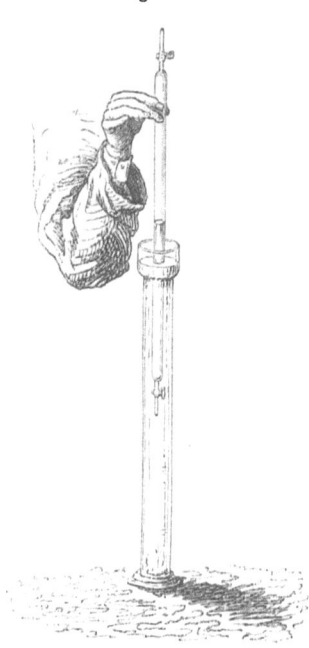

Fig. 49.

Die Natur des rückständigen Gases wird nicht weniger leicht erkannt. Man braucht nur die Röhre noch etwas tiefer in die Flüssigkeit des Cylinders einzusenken und alsdann auch den oberen Hahn zu öffnen. Das unter dem Druck der Flüssigkeitssäule aus der Spitze austretende Gas entzündet sich an einem brennenden Wachsfaden (Fig. 50) und verbrennt mit der charakteristischen farblosen Flamme des Wasserstoffs.

Diese Erscheinungen beantworten in befriedigender Weise die Frage, welche uns der vorhergehende Versuch aufgedrängt hatte.

Die Einwirkung des Natriums auf den Chlorwasserstoff

Volumverhältniss d. Elemente in d. Chlorwasserstoff. 53

hatte uns gelehrt, dass 2 Vol. Chlorwasserstoff 1 Vol. Wasserstoff enthalten; die Elektrolyse der Chlorwasserstoffsäure zeigt

Fig. 50.

uns, dass sich bei der Bildung des Chlorwasserstoffs 1 Vol. Wasserstoff mit 1 Vol. Chlor verbindet.

Beide Versuche zusammengenommen liefern uns gerade diejenigen Aufschlüsse über die Natur des Chlorwasserstoffs, welche uns noch fehlten, und die früheren Ergebnisse mit den jetzt gewonnenen zusammenfassend, besitzen wir die Beweise dafür, erstens, dass der Chlorwasserstoff aus Wasserstoff und Chlor zusammengesetzt ist; zweitens, dass diese beiden Elemente seine einzigen Bestandtheile sind; drittens, dass sie sich in gleichen Volumen vereinigt haben; und endlich viertens, dass die beiden Bestandtheile ohne Verdichtung in dem Chlorwasserstoff enthalten sind, indem das Volum der gebildeten gasförmigen Verbindung gleich ist der Summe der Volume seiner elementaren Bestandtheile.

Die zuletzt erwähnte Thatsache, die Vereinigung des

Synthese des Chlorwasserstoffs

Wasserstoffs mit dem Chlor ohne Verdichtung, lässt sich noch durch einen anderen, nicht minder schlagenden Versuch zur Anschauung bringen. Während der elektrolytische Apparat, dessen wir uns in dem vorhergehenden Versuche bedienten, noch immer Wasserstoff und Chlor in dem Verhältnisse entwickelt, in welchem die beiden Gase in dem Chlorwasserstoff vorhanden sind, wollen wir statt der eben angewendeten weiten Glasröhre eine andere von gleicher Länge anhängen, allein dicker im Glase und von geringerem, einen halben Centimeter nicht übersteigendem Durchmesser. Die beiden Enden der Röhre sind aber diesmal nicht mit Glashähnen versehen, sondern vor der Lampe in feine Spitzen ausgezogen, auch streichen die Gase, welche für diesen Versuch vollkommen trocken sein müssen, ehe sie sich in der Röhre sammeln, durch ein U-Röhrchen, welches schwefelsäuregetränkten Bimsstein enthält. Sobald man annehmen darf, dass jede Spur von Luft ausgetrieben ist, und die Röhre ausschliesslich die gasförmigen Bestandtheile des Chlorwasserstoffs enthält, werden die ausgezogenen Spitzen vor dem Löthrohre zugeschmolzen.

Bei explosiven Mischungen, wie diejenige, mit der wir es hier zu thun haben, erheischt das Zuschmelzen der Spitzen ganz besondere Vorsicht. Worauf es ankommt, ist, zu verhindern, dass das Gasgemenge mit der Flamme selbst in Berührung komme. Um diese Berührung zu vermeiden, in anderen Worten, um eine Glasschicht zwischen Gas und Flamme zu behalten, muss letztere nicht auf die Spitze, sondern auf den langen zwischen der Röhre und ihrer Mündung sich erstreckenden Hals gerichtet werden. Der dünne Hals erweicht, seine Wände fliessen zusammen, verstopfen den feinen Canal und schliessen die Röhre. Die jenseits des Schlusses liegenden Endstücke werden alsdann abgeschmolzen und lassen eine abgerundete, nette Spitze zurück. Auf diese Weise ausgeführt, bietet das Zuschmelzen von Röhren, zumal wenn die Enden hinreichend ausgezogen sind, kaum irgend Gefahr; gleichwohl sollte man es niemals unterlassen,

durch Sonnenlicht. 55

durch Einhüllen der Röhre in ein Tuch das Umherschleudern von Glassplittern unmöglich zu machen, falls sie dennoch durch Ueberhitzen des Glases explodirte.

Es bleibt jetzt noch übrig, das in der Röhre eingeschmolzene Gemenge von Wasserstoff und Chlor durch Belichtung in die chemische Verbindung Chlorwasserstoff zu verwandeln. Dies lässt sich entweder durch natürliches oder durch künstliches Licht erzielen. Directe Sonnenstrahlen bewirken augenblickliche Verbindung. Solche Strahlen sind aber nicht aller Zeit und allerwärts zu unserer Verfügung; die Londoner Novembersonne versagt in der Regel ihren Dienst, und es ist desbalb von Interesse, mit einem künstlichen Lichte bekannt zu werden, welches hinreichend intensiv ist, um dieselbe Wirkung hervorzubringen. Ein solches Licht besitzen wir in der blauen Flamme, welche sich bei der Verbrennung des Schwefelkohlenstoffs in Stickstoffoxid entwickelt. Diese beiden Körper werden uns später genauer bekannt werden; hier wollen wir nur kurz anführen, wie man den Versuch anstellt.

Fig. 51.

(Natürliche Grösse.)

Zu dem Ende werden 8 bis 10 Cubikcentimeter Schwefelkohlenstoff in einen hohen, mit Stickstoffoxid gefüllten Cylinder gebracht. Dies geschieht recht zweckmässig in dünnen Glaskugeln, welche von passender Grösse vor der Lampe ausgeblasen (Fig. 51), mit Schwefelkohlenstoff gefüllt und zugeschmolzen werden. Man schiebt die Glasplatte, welche den mit Stickstoffoxid gefüllten Cylinder deckt, ein wenig zur Seite, lässt eine solche Kugel hineinfallen und schliesst den Cylinder wieder. Man braucht alsdann den Cylinder nur einige

Male auf- und abzuschwenken, um die Glaskugel zu zerbrechen und sofort eine innige Mischung von Stickstoffoxid und Schwefelkohlenstoff zu erhalten. Diese Mischung entzündet sich an einer der offenen Mündung des Cylinders genäherten Kerze und verbrennt mit glänzender, intensiv blauer, in den Cylinder niedersteigender Flamme. Die Strahlen dieses Lichtes bewirken die augenblickliche Vereinigung des Wasserstoffs mit dem Chlor, welche durch einen leichten Schlag in der Röhre angedeutet wird.

Die Anordnung des Apparates erhellt hinreichend aus der Zeichnung (Fig. 52). Zur Linken steht der Glascylinder mit

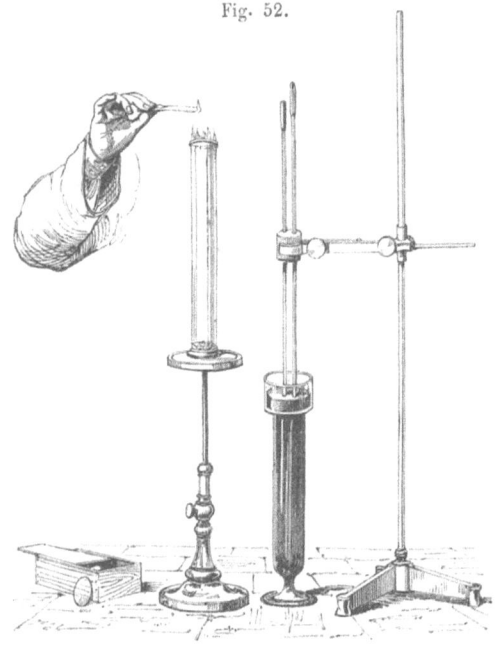

Fig. 52.

der lichtgebenden Mischung, zur Rechten befindet sich ein zweiter höherer, an der Mündung sich schalenartig erweiternder Glascylinder, der bis zur halben Höhe der Erweiterung mit

Quecksilber gefüllt ist. Ueber letzterem, der lichtgebenden Mischung möglichst nahe, ist die Glasröhre, welche das zu explodirende Gasgemenge enthält, mittelst eines Halters in der Art befestigt, dass eine der Röhrenspitzen unter den Spiegel des Quecksilbers taucht. Will man ganz sicher gehen, so ist es räthlich, zwei Röhren auf einmal anzuwenden, da aus kaum hinreichend ermittelten Gründen der Versuch bisweilen fehlschlägt.

Statt der blauen Schwefelkohlenstoffflamme kann man sich, um die Verbindung der beiden Gase zu bewirken, auch des intensiv weissglänzenden Lichtes bedienen, welches sich bei der Verbrennung des Metalles Magnesium entwickelt. Das im Handel vorkommende Magnesiumband wird zweckmässig zu diesem Versuche verwendet. Das Magnesiumlicht ist leichter zu handhaben und lässt sich überdies dem zu beleuchtenden Gasgemenge möglichst nahe bringen.

Zur Untersuchung des durch die Vereinigung der beiden Gase gebildeten Productes wird eine der beiden Spitzen der Röhre unter Quecksilber abgebrochen. Wir sehen weder Gas aus der Röhre entweichen, noch Quecksilber in dieselbe eintreten; mithin ist es klar, dass die Verbindung der Gase ohne Zusammenziehung oder Ausdehnung ihres Volums erfolgt ist. Es bleibt jetzt nur noch übrig nachzuweisen, dass die Verbindung auch wirklich vor sich gegangen ist. Zu dem Ende giessen wir Wasser, welches durch einige Tropfen Lackmustinctur blau gefärbt ist, auf das Quecksilber und heben die Röhre, bis ihre offene Mündung statt in Quecksilber in Wasser taucht. Alsbald beobachten wir eine auffallende Erscheinung: kaum mit dem Wasser in Berührung, wird das Gas gelöst, das Wasser steigt und erfüllt die Röhre beinahe augenblicklich. Die so erhaltene Flüssigkeitssäule ist nichts anderes, als verdünnte Chlorwasserstoffsäure, welche wir an den bereits mehrfach beobachteten Eigenschaften und zumal an dem Umstande wieder erkennen, dass die blaue Färbung der Lösung in Roth übergegangen ist. Dieser Versuch liefert eine neue Bestätigung der schon früher erwor-

58 Wasserstoff und Chlor sind in dem Chlorwasserstoff

benen Erfahrung, dass sich 1 Vol. Wasserstoff und 1 Vol. Chlor zu 2 Vol. Chlorwasserstoff mit einander vereinigen.

Bei Anstellung des Versuches, ob man sich des Sonnenlichtes oder des Schwefelkohlenstofflichtes bediene, dürfen einige Vorsichtsmaassregeln nicht ausser Acht gelassen werden. Die Verbindung der beiden Gase ist von beträchtlicher Wärmeentwicklung begleitet und der gebildete Chlorwasserstoff wird daher so stark ausgedehnt, dass die Glasröhren bisweilen zerschmettert werden. Man versäume deshalb nicht, wenigstens das Auge zu schützen; eine Scheibe starken Spiegelglases mit einem Holzgriffe eignet sich trefflich für solchen Zweck. Auf diese Weise ist jede Gefahr beseitigt, auch wenn die ganze Röhre explodirte. Dies ist indessen nur selten der Fall; in der Regel wird, wenn überhaupt ein Unfall stattfindet, nur eine der Spitzen abgeschlagen, wodurch allerdings der Versuch verloren geht. Um solchem Verluste zu begegnen, kann man der oberen Spitze durch Umhüllung mit Siegellack grössere Festigkeit geben. Der Siegellack wird in einem Glasröhrchen geschmolzen und die zu schützende Spitze in die Flüssigkeit eingetaucht, welche beim Abkühlen erstarrend das Röhrchen auf der Spitze festkittet (siehe Fig. 52). Die untere Spitze taucht in einen hohen Quecksilbercylinder, so dass selbst im Fall des Abbrechens ein Gasverlust kaum zu befürchten steht.

Vorbereitung und Anstellung des Versuchs in der beschriebenen Weise sind nicht ganz einfach; man bedient sich deshalb auch wohl mit Vortheil einer gleichfalls $1/2$ Centimeter weiten, etwa 75 Centimeter langen Röhre aus dickem Glas, welche an beiden Enden mit gut schliessenden Glashähnen versehen und in geringer Entfernung von dem einen Ende zu einer dickwandigen Glaskugel von etwa 2 Centimeter Durchmesser aufgeblasen ist. Die Füllung mit den durch die Elektrolyse des Chlorwasserstoffs erhaltenen Gasen erfolgt wie vorher, allein wir sind nunmehr des schwierigen und nicht ganz ungefährlichen Zuschmelzens der Röhrenspitzen über-

ohne Verdichtung vereinigt. 59

hoben. Die Belichtung geschieht ebenfalls, wie früher, mittelst der im Stickstoffoxide brennenden Schwefelkohlenstoffflamme, oder mittelst eines brennenden Magnesiumbandes. Die Röhre braucht aber jetzt nicht mehr in Quecksilber zu tauchen, sondern wird einfach in der Nähe des mit der Mischung von Stickstoffoxid und Schwefelkohlenstoff erfüllten Cylinders, oder des brennenden Magnesiumbandes, an einem Bindfaden

Fig. 53.

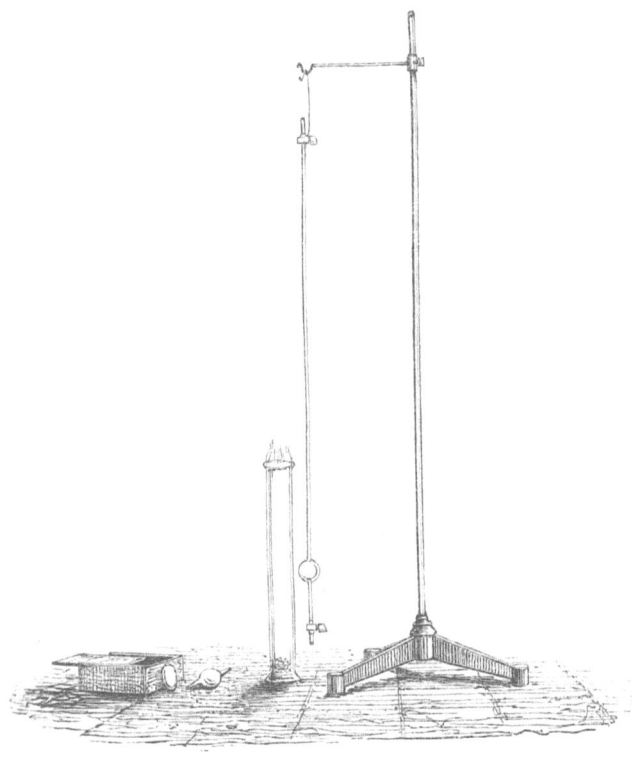

aufgehängt (Fig. 53). Die Vereinigung des Wasserstoffs mit dem Chlor erfolgt unter Feuererscheinung mit einem gelinden Schlag. Ueber die Untersuchung des gebildeten Chlorwasser-

60 Volumverhältniss des Wasserstoffs

stoffs braucht nach der eingehenden Beschreibung des vorhergehenden Versuches kein Wort mehr hinzugefügt zu werden.

Das Volumverhältniss, in welchem die beiden elementaren Gase im Wasser enthalten sind, ergiebt sich am einfachsten und anschaulichsten aus der Elektrolyse dieser Verbindung.

Wir haben uns bereits des elektrischen Stromes bedient, um die Natur der Bestandtheile des Wassers kennen zu lernen (vergl. S. 29), und wir beobachteten schon bei dieser Gelegenheit, dass sich der Wasserstoff reichlicher entwickelte, als der Sauerstoff. Eine geeignete Abänderung des damals angewendeten Apparates gestattet uns jetzt, das Verhältniss der Volume zu ermitteln, in dem die beiden Gase bei der Elektrolyse des Wassers frei werden.

Zu diesem Zwecke haben wir zwei Glasröhren von gleichem Durchmesser, das eine Ende geschlossen, das andere offen, mit schwefelsäurehaltigem Wasser gefüllt, und über einer gleichfalls mit angesäuertem Wasser gefüllten Glasschale in der Weise aufgehängt, dass die Mündungen der Röhren unter den Spiegel der Flüssigkeit tauchen. Der Versuch hat gezeigt, dass Wasser, dessen Volumgewicht durch Schwefelsäurezusatz von 1,0 auf 1,1 erhöht worden ist, für diesen Zweck sich am besten eignet. Die Leitungsdrähte der Batterie liegen in einem Guttapercha-Streifen, aus dem die Polenden unterhalb der Röhren hervortreten. Beide Polenden tragen kleine Platinplatten, deren oberer Theil in die Mündung der umgestülpten Röhren hineinragt (Fig. 54).

Die Leitungsdrähte werden nunmehr mit einer Säule verbunden, und alsbald beginnt der zwischen den Platinplatten durch die Flüssigkeit gehende Strom das Wasser zu zersetzen, dessen Bestandtheile als Gasbläschen emporsteigen. Auch jetzt beobachten wir wieder, dass sich das Gas an dem negativen Pole unverkennbar in reichlicherer Menge entbindet.

Da sich die beiden Gase in den über den Platinplatten hängenden Röhren sammeln, so zeigt es sich bald, dass für jedes Volum des spärlicher entbundenen Bestandtheils zwei

und Sauerstoffs im Wasser. 61

Volume des reichlicher auftretenden entwickelt werden. Nun wissen wir aber aus früheren Versuchen, dass der vorwaltende

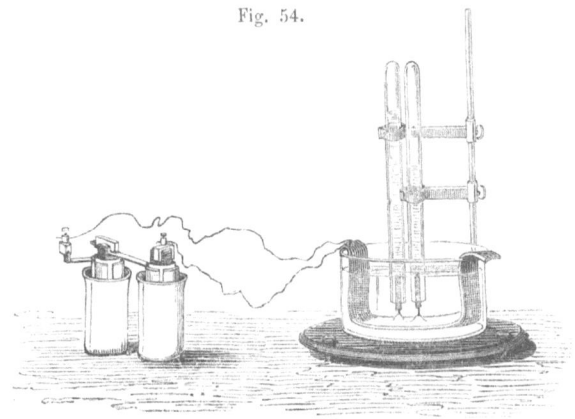

Fig. 54.

Bestandtheil, (welcher an dem negativen Pole entbunden wird), Wasserstoff, der in geringerer Menge vorhandene, (welcher an dem positiven Pole auftritt), Sauerstoff ist. Nichts hindert uns indessen, diese Erfahrung nochmals durch den Versuch zu bestätigen; wir brauchen nur eine Röhre nach der anderen aus der Schale zu entfernen und ihren Inhalt nach der uns bereits bekannten Methode zu prüfen. Es ist auf diese Weise festgestellt, dass im Wasser 2 Vol. Wasserstoff mit 1 Vol. Sauerstoff verbunden sind.

In Fig. 55 (a. f. S.) ist ein für den Nachweis dieser wichtigen Thatsache noch geeigneterer Apparat abgebildet. Statt der beiden einzeln in der Glasschale umgestülpten Röhren haben wir es hier mit einer einzigen dreischenkligen Röhre zu thun. Der längere oben kugelförmig sich erweiternde Schenkel ist am unteren Ende umgebogen und mündet in eine etwas kürzere U-Röhre, deren beide Schenkel am oberen Ende durch Glas- oder Kautschukhähne geschlossen sind; diese Schenkel dienen zur Aufsammlung der Gase, welche sich an in das Glas eingeschmolzenen Elektroden entwickeln. Der Apparat wird

Volumverhältniss des Wasserstoffs

mit angesäuertem Wasser gefüllt, und die Flüssigkeit der Einwirkung des elektrischen Stromes ausgesetzt. Die in den

Fig. 55.

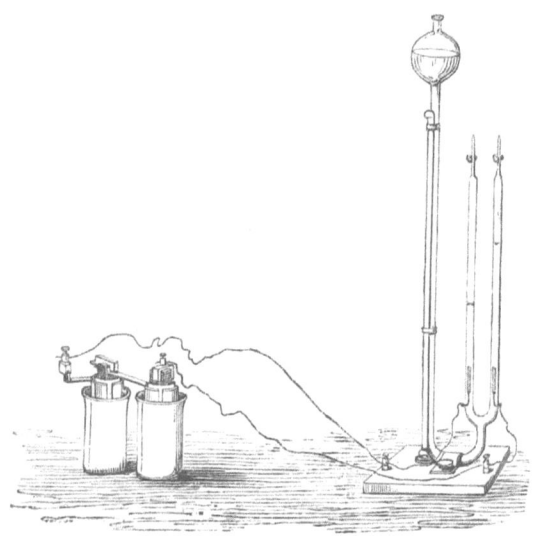

Schenkeln der U-Röhre aufsteigenden Gase verdrängen das Wasser, welches, in dem längeren Rohre emporsteigend und in der Kugel sich ansammelnd, eine Drucksäule liefert, deren Gewicht uns die entwickelten Gase, sobald die Hähne geöffnet werden, zur genaueren Untersuchung aus den Spitzen austreibt.

Ein besonderer Vortheil dieses Apparates besteht darin, dass man die Gase einige Zeit lang aus den geöffneten Hähnen ausströmen lassen kann, ehe man sie aufsammelt. Die Gase, welche sich bei der Elektrolyse des Wassers entwickeln, sind nicht ganz unlöslich in Wasser; namentlich wird, wie wir später genauer kennen lernen werden, im Anfange des Versuches eine kleine Menge Sauerstoff von dem Wasser aufgenommen. In dem zuerst beschriebenen Apparate beobachtet man daher häufig etwas mehr als 2 Vol. Wasserstoff auf 1 Vol.

und Sauerstoffs im Wasser. 63

Sauerstoff, während in dem zuletzt erwähnten das Verhältniss scharf zu Tage tritt, wenn man, zur Sättigung derFlüssigkeiten, die Gase längere Zeit hat entweichen lassen, ehe man sie aufsammelt.

Noch müssen wir untersuchen, ob die Verbindung des Wasserstoffs und Sauerstoffs, gerade so wie die Verbindung des Wasserstoffs und Chlors, dasselbe Volum einnimmt wie die zusammentreffenden Gase, oder ob eine Volumveränderung stattfindet.

Um diese Frage zu entscheiden, ist es nothwendig, das Volum der elementaren Wasserbestandtheile mit dem des gebildeten Wassers bei einer Temperatur zu vergleichen, welche hoch genug ist, um letzteres im gasförmigen Zustande zu erhalten.

Zu dem Versuche dient eine U-Röhre, derjenigen ähnlich, welche wir zur Analyse des Chlorwasserstoffs angewendet haben (S. 48). Das geschlossene Ende ist aber diesmal nicht mit einem Hahn versehen; auch sind dicht am Ende des geschlossenen Schenkels zwei Platindrähte in das Glas eingeschmolzen, deren innere Spitzen sich in einer Entfernung von einigen Millimetern gegenüber stehen, während die äusseren Enden zu Oesen umgebogen sind, in welche man die Leitungsdrähte der Säule einhängen kann. Derartige für das Ueberschlagen des elektrischen Funkens bestimmte Vorrichtungen sind in Fig. 56 besonders gegeben; in der zweiten abgebildeten Röhre schmiegen sich die inneren Platindrähte der Rundung des Glases an, wodurch das Reinigen der Röhre erleichtert wird.

Fig. 56.

Fig. 57 (a. f. S.) zeigt die Zusammenstellung des ganzen Apparates, und zwar ist die Inductionsmaschine mit der Säule auf der linken, die U-Röhre mit Zubehör auf der rechten Seite aufgestellt. Die Platindrähte der letzteren sind mit der Inductionsmaschine in Verbindung, so dass bei geeignetem Spiele derselben der elektrische Funken zwischen den Metallspitzen überschlägt. Wir beginnen den Versuch in der

64 Verdichtung der Elementargase.

Weise, dass wir in den mit Quecksilber gefüllten geschlossenen Schenkel der U-Röhre eine etwa 25 bis 30 Centimeter hohe Säule der Elementargase des Wassers eintreten lassen, und zwar genau in dem Verhältnisse, in dem sie Wasser bilden. Man kann sich zu dem Ende eine künstliche Mischung beider Gase in dem bekannten Verhältnisse bereiten, allein man erhält die Gase, vollkommen rein und genau in dem erforderlichen Volumverhältniss, weit leichter durch Elektrolyse des Wassers in dem bereits beschriebenen Apparat (S. 30,

Fig. 57.

Fig. 30), indem man auch hier Sorge trägt, die Gase sich kurze Zeit entwickeln zu lassen, ehe man sie auffängt. Der gaserfüllte Schenkel der U-Röhre ist mit einem hohen Glascylinder umgeben, dessen untere Mündung mittelst eines Korkes um die Röhre befestigt ist, während die obere, gleichfalls mit einem Kork versehene Mündung sich etwa 5 Centimeter über das geschlossene Ende der U-Röhre erhebt. Der zwischen beiden Glaswänden gebildete Raum steht durch eine gebogene, in das obere Ende einmündende Glasröhre mit einer Flasche in Verbindung, in welcher eine Flüssigkeit von beträchtlich höherem Siedepunkte als dem des Wassers zum Sieden erhitzt wird; Amylalkohol, der bei 132^0 siedet, eignet sich vortrefflich für diesen Zweck. Bei längere Zeit fortgesetztem Sieden erfüllt der aus der Flasche entweichende Dampf den Raum zwischen Cylinder und Röhre, welche auf diese Weise in kürzester Frist eine gleichförmige Temperatur von 132^0 annimmt. Um die Verbreitung der starkriechenden Amylalkoholdämpfe in der Luft zu verhindern, werden dieselben aus dem unteren Theile des Cylinders in eine mit kaltem Wasser

im Wasser. 65

umgebene gläserne Kühlschlange geleitet, in welcher sie sich verdichten. Unter dem Einfluss der Hitze dehnt sich die

Fig. 57.

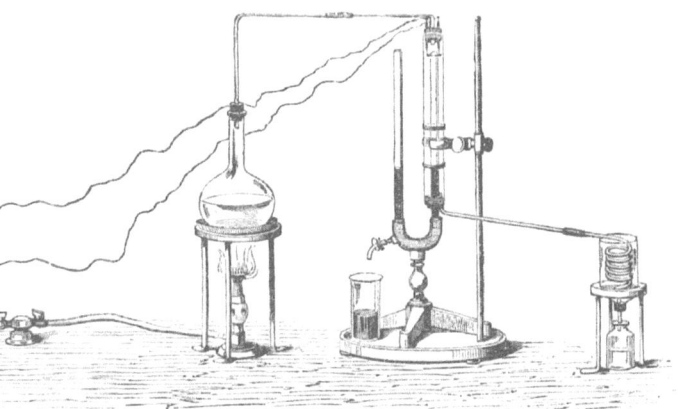

(aus Wasserstoff und Sauerstoff bestehende) Gassäule in der U-Röhre aus; sobald keine weitere Volumvergrösserung mehr eintritt, wird die Höhe der Säule in geeigneter Weise, am einfachsten durch einen Kautschukring bezeichnet, indem man Sorge trägt, entweder durch Eingiessen oder durch Ablassen von Quecksilber den Spiegel des Metalles in beiden Röhren vorher ins Niveau zu bringen. Man giesst alsdann noch etwas mehr Quecksilber in den offenen Schenkel, in welchen schliesslich ein gut passender Kork eingepresst wird. Zwischen diesem Kork und dem Quecksilberspiegel ist eine 8 bis 10 Centimeter hohe Luftsäule abgesperrt, deren Elasticität beim Schlusse des Versuchs in Anspruch genommen wird. Es bleibt jetzt nur noch übrig, das in dem geschlossenen Schenkel befindliche Gemenge von Wasserstoff und Sauerstoff zu entzünden, indem man den Funken der Inductionsmaschine zwischen den Platinspitzen überspringen lässt. Die beiden Gase vereinigen sich mit einer ziemlich heftigen Explosion, deren Stoss indessen durch die Federkraft der abgesperrten Luftsäule gebrochen wird. Bei der hohen Temperatur (132^0) bleibt das

66   Verdichtung der Elementargase

gebildete Wasser gasförmig, und wenn man nach Entfernung des Korks das Quecksilber aus dem Quetschhahn ausfliessen lässt, bis es wieder in beiden Schenkeln der U-Röhre ins Niveau getreten ist, so beobachtet man, dass sich das ursprüngliche Volum der gemischten Gase um ein Dritttheil vermindert hat. Die übrig gebliebenen zwei Dritttheile sind Wassergas, welches sich beim Erkalten der Röhre zu tropfbarflüssigem Wasser verdichtet.

Es kommt bei diesem Versuche wesentlich darauf an, das Volum der Mischung von Wasserstoff und Sauerstoff mit dem Volum des gebildeten Wasserdampfes unter Bedingungen zu vergleichen, unter welchen sich der Wasserdampf wie ein wahres Gas verhält. Wir erreichten diesen Zweck, indem wir die unter dem Druck der Atmosphäre befindlichen Gasvolume auf den Siedepunkt des Amylalkohols, also weit über die Temperatur erhitzten, bei welcher das Wasser unter gewöhnlichem Luftdruck siedet. Dasselbe Ergebniss hätte sich auch bei der Temperatur des siedenden Wassers erzielen lassen, wenn man Sorge getragen hätte, bei einem niedrigeren als dem Atmosphärendrucke zu arbeiten. In diesem Sinne lösen wir unsere Aufgabe mit Hülfe des in Fig. 58 abgebildeten Apparates.

Eine etwa 1 Meter lange und 12 bis 15 Millimeter weite Glasröhre ist oben geschlossen und mit Funkendrähten versehen. Von oben nach unten sind drei gleich grosse Volume

Fig. 58.

(von etwa 20 Centimeter Länge) auf der Röhre abgemessen, und durch in das Glas eingebrannte schwarze Streifen be-

im Wasser. 67

zeichnet. Um den grösseren Theil dieser Röhre ist mittelst eines Korkes eine zweite etwas weitere in der Weise befestigt,

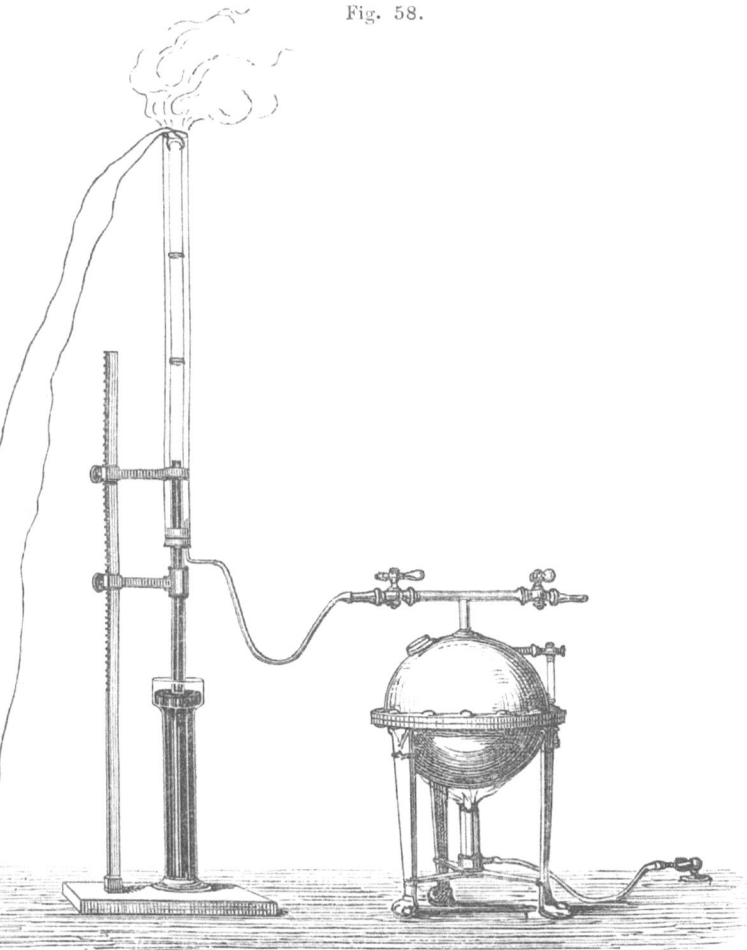

Fig. 58.

dass die freien Platinenden zugänglich bleiben. Durch den zwischen beiden Röhren gebildeten Zwischenraum kann der

Dampf siedenden Wassers strömen, welchen man aus einem Metallgefässe mittelst eines Kautschukschlauchs einleitet. Die Röhre wird nunmehr mit Quecksilber gefüllt, in einer vollkommen mit Quecksilber gefüllten Cylinderwanne umgestülpt, und durch einen an einem Stative auf- und niederbeweglichen Schraubenarm in verticaler Stellung befestigt. Damit der Schraubenarm sich möglichst leicht und sicher auf- und niederbewege, ist er mit einem Triebrade versehen, welches in eine an dem Stative angebrachte Zahnstange eingreift. Nach einigen Schwankungen ist das Quecksilber auf der Barometerhöhe zur Ruhe gekommen. Nun lassen wir, während ein starker Strom von Wasserdampf die Röhre umspült, die elektrolytisch entwickelten (vergl. Fig. 30, S. 30) Elementargase des Wassers in die Barometerleere steigen, bis die drei abgemessenen Volume von dem Gase erfüllt sind und bezeichnen den Stand des Quecksilbers durch einen die äussere Röhre federnd umspannenden Metallring, welcher von einem gleichfalls an dem Stative auf- und abbeweglichen Arm gehalten wird. Das auf diese Weise aufgesammelte Gasvolum ist demnach bei 100^0 und unter einem Drucke gemessen, welcher um die noch immer in der Röhre schwebende Quecksilbersäule geringer ist als der Druck der Atmosphäre. Nunmehr lassen wir den elektrischen Funken durch das Gemenge von Wasserstoff und Sauerstoff schlagen, indem wir gleichzeitig sorgen, auf der äusseren Kuppe der Röhre eine Verdichtung von Wasser zu vermeiden, welche der Elektricität einen unwillkommenen Uebergang bieten könnte. Die beiden Gase verwandeln sich in Wassergas, ein Uebergang, welcher trotz des beträchtlichen Gasvolums ohne alle Gefahr erfolgt, da dasselbe einerseits verdünnt ist, andererseits aber sich nur wenig zusammenzieht. Unter den gegebenen Bedingungen behauptet das gebildete Wasser den gasförmigen Zustand, allein das Volum des entstandenen Wassergases ist mit dem ursprünglichen Volume der Elementargase des Wassers nicht mehr vergleichbar, da wohl die Temperatur dieselbe geblieben ist, der Druck aber um die über dem Metallringe aufgestiegene Quecksilber-

des Wassergases. 69

säule sich vermindert hat. Nichts ist aber leichter, als auch den ursprünglichen Druck wieder herzustellen. Zu dem Ende senken wir die Röhre in die Cylinderwanne, wobei etwas Quecksilber überfliesst, bis die Kuppe der Quecksilbersäule wieder wie zu Anfang des Versuches mit dem unverrückt gebliebenen Metallringe gleichsteht. Wir beobachten jetzt, dass sich die Elementargase bei der Wasserbildung von drei Volumen genau auf zwei Volume zusammengezogen haben. Das Ergebniss des Versuchs ist in hohem Grade befriedigend, obwohl ein sehr kleiner Fehler durch den Umstand herbeigeführt wird, dass am Schlusse des Versuchs ein grösserer Theil der schwebenden Quecksilbersäule der Temperatur des siedenden Wassers ausgesetzt ist, als am Anfange desselben.

Wir haben auf diese Art durch den Versuch nachgewiesen, zunächst dass Wasserstoff und Sauerstoff bei ihrem Uebergang in Wasser eine Verdichtung erleiden; dann dass das Volum des gebildeten Wassergases in einer höchst einfachen Beziehung steht zu dem Volum der gasförmigen Bestandtheile: **2 Vol. Wasserstoff und 1 Vol. Sauerstoff verdichten sich bei ihrer Vereinigung zu 2 Vol. Wassergas.**

Fig. 59.

Die Ermittlung des Volumverhältnisses, in welchem Wasserstoff und Stickstoff sich zu Ammoniak vereinigen, ist weniger einfach als die entsprechende Untersuchung des Chlorwasserstoffs und des Wassers.

Wir bedienen uns zu diesem Ende des Chlors, welches, wie wir bereits wissen (vergl. S. 40), den Stickstoff aus dem Ammoniak in Freiheit setzt; es handelt sich nur darum, den Versuch unter Bedingungen anzustellen, welche gestatten, gleichzeitig das Volum des entwickelten Stickstoffs und des mit ihm verbundenen gewesenen Wasserstoffs zu bestimmen.

Der Versuch wird in einer Glasröhre von 1 bis 1,5 Meter Länge angestellt, deren eines Ende geschlossen, während das andere offen und in einer Entfernung von etwa 5 Centimetern von der Mündung mit einem

70 Volumverhältniss des Wasserstoffs

gut eingeschliffenen Glashahn versehen ist (Fig. 59 a. v. S). Das durch den Hahn abgeschlossene Volum ist in drei gleiche Theile getheilt, welche durch übergeschlungene Kautschukringe angedeutet sind. Zur Anstellung des Versuchs wird die Chlorröhre mit kaltem Wasser gefüllt, in der Wasserwanne umgestülpt, durch einen Halter befestigt und auf die gewöhnliche Weise mit reinem Chlor (vergl. S. 24) gefüllt (Fig. 60). Nach dem Füllen lässt man sie noch einige Mi-

Fig. 60.

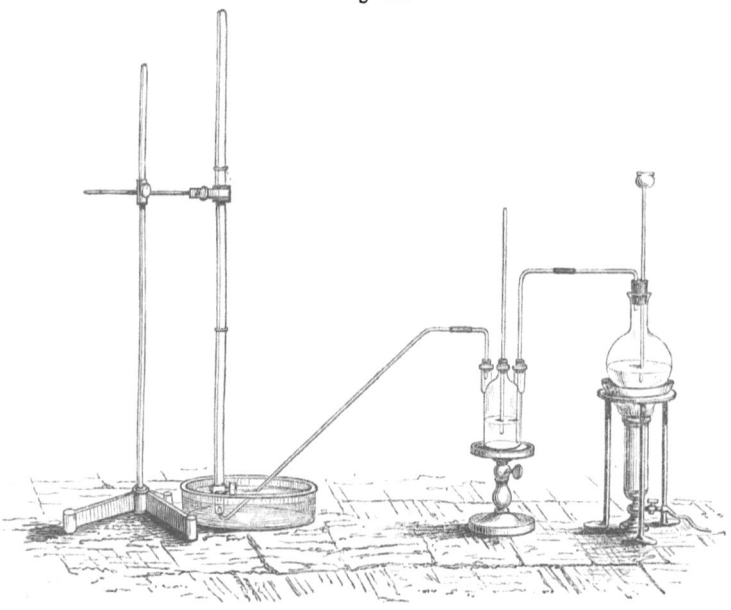

nuten über der Chlorentwicklungsröhre stehen, damit die an der inneren Wand anhaftende Schicht von Chlorwasser möglichst abtropfe. Der Hahn wird nunmehr geschlossen, wodurch das Chlorgas von der Luft abgesperrt ist, und die Chlorröhre aus der Wanne entfernt und umgedreht, so dass die Mündung nach oben gekehrt ist. Das über dem Hahn befindliche Mündungsrohr wird jetzt etwa zu zwei Drittthei-

und Stickstoffs in dem Ammoniak. 71

len mit stärkster Ammoniakflüssigkeit gefüllt, welche man, nachdem der Stöpsel aufgesetzt worden ist, durch momentanes Oeffnen des Hahns (Fig. 61) tropfenweise in das Chlorgas eintreten lässt. Eine kleine leckende, gelblich-grüne Flamme unmittelbar unter dem Hahn bezeichnet das Zusammentreffen des Chlors mit dem Ammoniak. Bei geeigneter Stellung des Hahns tritt die Ammoniaklösung Tropfen um Tropfen in Zwischenräumen von einigen Secunden oder selbst als feiner Strahl in die Chlorröhre, und wird alsbald unter blitzartigem Leuchten und Bildung dicker weisser Wolken in Chlorwasserstoff und Stickstoff verwandelt. Der Eintritt von Ammoniak in die Röhre muss natürlich fortdauern bis die ganze vorhandene Chlormenge auf Kosten des Ammoniaks mit Wasserstoff versehen ist. Man lässt zweckmässig einen kleinen Ueberschuss einfliessen; eine Säule von 6 bis 8 Centimetern ist vollkommen ausreichend. Der gebildete Chlorwasserstoff vereinigt sich alsdann mit dem überschüssigen Ammoniak zu einer Verbindung, welche wir später ausführlicher zu betrachten haben; hier genügt es zu bemerken, dass diese Verbindung in Gestalt eines weissen Anflugs auftritt, welcher das Innere der Chlorröhre bekleidet. Dieser Anflug löst sich mit Leichtigkeit im Wasser, durch gelindes Auf- und Abschwenken wird er von den Wänden der Röhre entfernt, welche nunmehr den

Fig. 61.

72 Volumverhältniss des Wasserstoffs

von dem Chlor in Freiheit gesetzten Stickstoff als Gas enthält.

Dieser Stickstoff braucht jetzt nur noch auf mittlere Temperatur- und Druckverhältnisse gebracht und von beigemengten Ammoniakdämpfen befreit zu werden, um messbar zu sein.

Die Temperatur, welche in Folge der Handhabung der Röhre eine etwas erhöht ist, wird durch Eintauchen in Wasser auf die mittlere herabgestimmt. Um den Druck im Inneren der Röhre mit dem Drucke der Atmosphäre ins Gleichgewicht zu bringen und gleichzeitig die Ammoniakdämpfe zu entfernen, lassen wir durch den Hahn stark verdünnte Schwefelsäure in die Röhre treten, welche das Ammoniak in eine im Wasser lösliche, keine Dämpfe mehr bildende Verbindung verwandelt. Dies geschieht zweckmässig auf die Weise, dass wir das Mündungsstück der Röhre mit verdünnter Schwefelsäure füllen, in die Mündung selbst aber den kürzeren Schenkel eines zweimal knieförmig gebogenen Rohrs befestigen. Der längere Schenkel dieses Rohrs taucht in ein Becherglas, welches gleichfalls verdünnte Schwefelsäure enthält, deren Oberfläche dem Atmosphärendrucke zugänglich ist (Fig. 62). Dass der Atmosphärendruck ein grösserer ist als der Druck in der Röhre, zeigt sich alsbald, wenn man den Hahn derselben öffnet. Sogleich tritt die Flüssigkeit in feinem Strahle in dieselbe ein und das Einströmen dauert fort, bis der Druck innen und aussen ins Gleichgewicht getreten ist. Nachdem auf diese Weise die anfänglichen Temperatur- und Druckverhältnisse wieder hergestellt sind, ist es nur noch nöthig, das Volum des Stickstoffs zu messen. Die Beobachtung zeigt, dass der entwickelte Stickstoff genau eine der im Beginn des Versuches auf der Röhre angemerkten drei Abtheilungen erfüllt.

Erinnern wir uns nun, dass diese drei Abtheilungen mit Chlor erfüllt waren, und dass wir dieses Chlor durch den Wasserstoff des Ammoniaks in Chlorwasserstoff verwandelt haben; erinnern wir uns ferner, dass sich Wasserstoff und Chlor Volum für Volum verbinden, so erhellt, dass das in der

und Stickstoffs in dem Ammoniak. 73

Röhre zurückgebliebene Volum Stickstoff von einer Quantität Ammoniak geliefert worden ist, welche das dreifache Volum Wasserstoff enthielt.

Fig. 62.

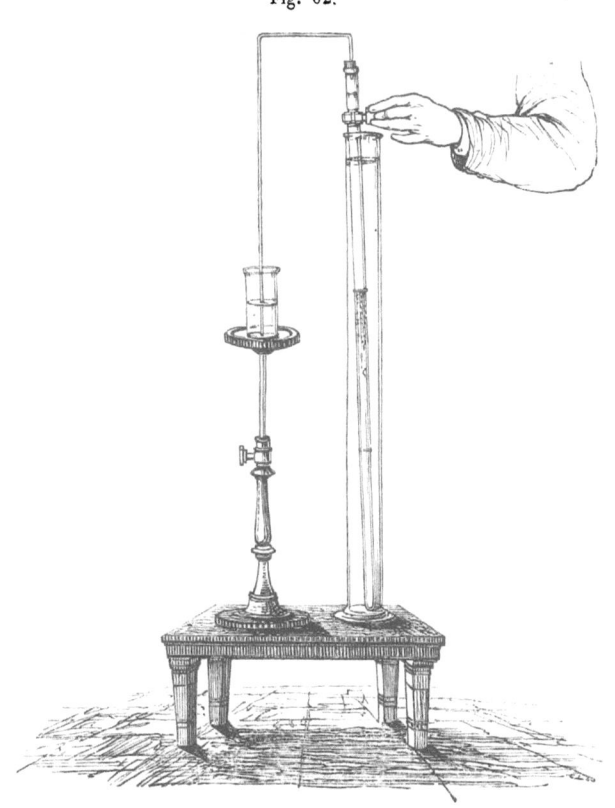

Es ist somit durch den Versuch festgestellt, dass sich bei der Bildung des Ammoniaks 3 Vol. Wasserstoff mit 1 Vol. Stickstoff verbunden haben.

Es bleibt jetzt nur noch übrig, zu ermitteln, ob das Volum der Bestandtheile bei ihrem Uebergang in Ammoniak

74   Verdichtung der Elementargase

eine Verdichtung erlitten hat, und, wenn dem so ist, das Maass dieser Verdichtung zu bestimmen.

Ein einfacher Versuch beantwortet diese Fragen. Wir können allerdings in diesem Falle nicht denselben Weg einschlagen, welcher bei der Erforschung des Chlorwasserstoffs und des Wassers zum Ziele führte. Vergeblich würden wir es versuchen, die im geeigneten Volumverhältnisse gemischten Bestandtheile zu vereinigen, um das Volum des gebildeten Productes zu messen. Es ist, wie bereits bemerkt, den Chemikern bis jetzt nicht gelungen, das Ammoniak durch directe Synthese der Elemente zu erhalten. Wir sind demnach auf die Analyse hingewiesen und müssen das Volum der elementaren Bestandtheile ermitteln, welches ein gewisses Volum

Fig. 63.

Ammoniak bei seiner Zersetzung liefert. Dieser Weg bietet keine Schwierigkeit, da sich das Ammoniak schon bei mässiger Temperaturerhöhung in seine Elemente spaltet.

Zur Aufnahme des Ammoniaks dient wieder die schon öfters in Anspruch genommene U-Röhre; als Wärmequelle benutzen wir den Funkenstrom der Inductionsmaschine (Fig. 63).

Der geschlossene Schenkel der U-Röhre ist etwa bis zu einem Dritttheile mit Ammoniak gefüllt, dessen Volum, nachdem das Quecksilber in beiden Schenkeln ins Niveau getreten ist, durch einen Kautschukring angemerkt wird. Nun lässt man den Funkenstrom zwischen den Platinspitzen überspringen, und alsbald beobachtet man, wie sich das abgesperrte Gasvolum ausdehnt. Diese Ausdehnung dauert, je nach der dem Versuche

in dem Ammoniak. 75

unterworfenen Ammoniakmenge, etwa 5 bis 10 Minuten lang fort. Sobald keine weitere Volumvergrösserung mehr bemerkbar ist, wird das Quecksilber, welches durch die Ausdehnung des Gases in dem offenen Schenkel gestiegen ist, ins Niveau gebracht; man beobachtet nunmehr, dass sich das ursprüngliche Volum des Gases verdoppelt hat. Lässt man jetzt eine kleine Menge Gas aus dem für diesen Zweck angebrachten Hahne austreten, so gewahrt man, dass der stechende Geruch des Ammoniaks verschwunden ist, während sich die Gegenwart von Wasserstoff in dem ausströmenden Gase durch seine Entzündung an einer genäherten Kerzenflamme zu erkennen giebt.

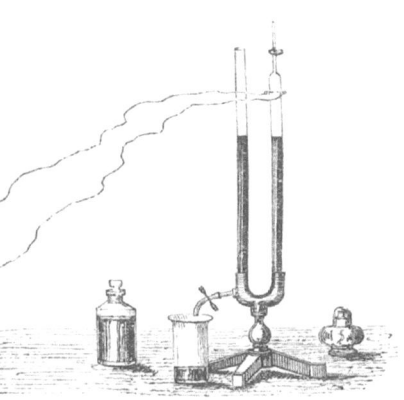
Fig. 63.

Aus diesem Versuche erfahren wir, dass Wasserstoff und Stickstoff, zu Ammoniak vereinigt, nur halb so viel Raum einnehmen, als sie im freien Zustande erfüllen; mit anderen Worten: 4 Volume der gemischten elementaren Ammoniakbestandtheile (wie wir bereits wissen, 3 Vol. Wasserstoff und 1 Vol. Stickstoff enthaltend) verdichten sich in dem Acte der Verbindung zu 2 Vol. Ammoniak.

Die Ergebnisse unserer Untersuchungen über die Zusammensetzung des Chlorwasserstoffs, des Wassers, des Ammoniaks lassen sich in folgender Weise zusammenfassen:

1 Vol. Wasserstoff + 1 Vol. Chlor = 2 Vol. Chlorwasserstoff.
2 Vol. „ + 1 Vol. Sauerst. = 2 Vol. Wassergas.
3 Vol. „ + 1 Vol. Stickst. = 2 Vol. Ammoniak.

Wir erfahren somit, dass sich Chlorwasserstoff, Wasser und Ammoniak nicht nur durch die Volumverhältnisse von

76 Volumetrische Elektrolyse

einander unterscheiden, in denen die Elemente zusammentreten, sondern auch durch das Verhältniss des Volums der fertigen Verbindung zu dem Volum der unverbundenen Elementargase. Dieses Verhältniss steigt von $^2/_2 = 1$ bei dem Chlorwasserstoff (Verbindung ohne Verdichtung), durch $^3/_2$ bei dem Wasser (Verdichtung auf $^2/_3$), auf $^4/_2 = 2$ bei dem Ammoniak (Verdichtung auf $^1/_2$), und es wächst somit der Grad der Verdichtung in diesen Fällen pari passu mit der complexen Zusammensetzung der Verbindung.

Wenn wir die Versuche, durch welche diese bemerkenswerthen Thatsachen ermittelt wurden, nochmals flüchtig an unserem Geiste vorüberziehen lassen, so muss uns die Verschiedenartigkeit der Methode, durch welche wir bei der Erforschung unserer drei Wasserstoffverbindungen analoge Fragen zu lösen suchten, einigermaassen befremden. Die Verschiedenartigkeit tritt zumal hervor bei der Feststellung der Volumverhältnisse, in denen sich Wasserstoff mit Chlor, mit Sauerstoff, mit Stickstoff vereinigt. Warum verschmähten wir es — diese Frage drängt sich uns unabweisbar auf —, die einfache elektrolytische Volumanalyse, welche uns die Zusammensetzung des Wassers so anschaulich vor Augen führt, auch für die Erforschung des Chlorwasserstoffs und des Ammoniaks zu verwerthen, obwohl uns frühere Versuche bereits gelehrt hatten, dass diese beiden Verbindungen unter dem Einflusse des elektrischen Stromes, die eine in Wasserstoff und Chlor, die andere in Wasserstoff und Stickstoff, gespalten werden, gerade so wie wir unter denselben Bedingungen Wasser in Wasserstoff und Sauerstoff hatten zerfallen sehen. Der Vorzug, den wir in diesen Fällen anderen als elektrischen Methoden gaben, wurde durch den Umstand bestimmt, dass sich der Elektrolyse der genannten Verbindungen grössere Schwierigkeiten in den Weg stellen, als der des Wassers. Nebenumstände, deren Beseitigung viel Mühe und Zeit beansprucht, würden uns verhindert haben, die Erscheinungen alsbald in ihrer ganzen Reinheit zu beobachten. Jetzt, nachdem uns

des Chlorwasserstoffs. 77

dieselben bereits auf anderem Wege zur Anschauung gekommen sind, wollen wir nicht zögern, sie nochmals unter erschwerten, aber gerade deshalb um so lehrreicheren Bedingungen zu betrachten.

Schon bei der volumetrischen Erforschung des Wassers (vergl. S. 60 u. 62) waren besondere Vorsichtsmaassregeln erforderlich, um die beiden Gase im richtigen Volumverhältnisse zu erhalten, da leicht eine kleine Menge Sauerstoff von dem Wasser zurückgehalten wird. Ungleich schwieriger ist es, die beiden Elemente in ihrem wahren Volumverhältnisse elektrolytisch aus dem Chlorwasserstoffe zu entwickeln. Wir wissen bereits, dass sich das Chlorgas in etwa einem Dritttheil seines Volums Wasser auflöst (vergl. S. 24). Versucht man es, den Chlorwasserstoff in dem für die Elektrolyse des Wassers verwendeten Apparate (vergl. Fig. 55) durch den elektrischen Strom zu zersetzen, so lässt sich in dem ersten Stadium der Operation an dem positiven Pole gar kein Chlor beobachten; es wird in der That von der Flüssigkeit vollkommen absorbirt. Erst nachdem man die Gase bei geöffneten Hähnen so lange hat entweichen lassen, bis die Flüssigkeit in dem Chlorschenkel mit Gas gesättigt ist, beginnen Blasen von Chlor in der Röhre aufzusteigen. Aber auch jetzt erhält man nicht gleiche Volume der beiden Elementargase, sondern in der Regel mehr Wasserstoff; einestheils weil sich ein Theil des Chlors mit der Platinelektrode verbindet, anderentheils aber weil sich die chlorgesättigte Flüssigkeit des Chlorschenkels allmälig in den Wasserstoffschenkel verbreitet, wodurch dem entwickelten Wasserstoffe leicht eine kleine Menge Chlor beigemengt wird. Es empfiehlt sich daher statt Platinpolen Kohle-Elektroden anzuwenden. Als solche dienen zweckmässig die prismatischen oder cylindrischen Kohlespitzen, aus Gaskohle geschnitten, wie sie zur Erzeugung des Flammenbogens beim elektrischen Lichte angewendet werden. Solche Gaskohlestäbchen von $0^m,005$ Dicke und $0^m,050$ Länge werden mit Platindraht umwickelt, und nachdem man den unteren Theil, um die Poren auszufüllen, mit geschmolzenem Wachs getränkt hat, zur Hälfte in etwas

78 Volumetrische Elektrolyse

weitere, an beiden Enden offene Glasröhrchen eingeschoben. Der Zwischenraum zwischen Kohle und Glas wird mit Wachs oder Schellack verkittet. Diese Glasröhren, aus deren oberen Enden die Kohlecylinder hervorragen, während an den unteren die Platindrähte heraushängen, werden nun mit durchbohrten Korken umfangen, mittelst deren sie, wie aus der in Fig. 64 gegebenen grösseren Abbildung ersichtlich, in die unten offenen Schenkel des Zersetzungsapparates eingeführt werden. Der Zersetzungsapparat besteht in diesem Falle aus zwei Röhren von $0^m,45$ Länge und $0^m,015$ Durchmesser, oben Glashähne tragend, unten offen zur Aufnahme der Elektroden; beide Röhren sind endlich etwa $0^m,03$ über den Mündungen durch ein kurzes Verbindungsstück mit einander vereinigt, an welchem ein kugelförmig endigendes Steigrohr angeblasen ist. Der ganze Apparat ist auf einem geeigneten Stativ befestigt und man hat Sorge getragen, die Glasröhren so hoch in die Röhren einzuschieben, dass die Gaskohle-Elektroden ziemlich beträchtlich über dem Verbindungsrohre der beiden Schenkel stehen. In so construirtem Apparate ist die Absorption des Chlors durch das Material der Elektrode vollkommen beseitigt. Um auch die Absorptionsfähigkeit der Flüssigkeit für Chlor zu vermindern, wendet man statt reinen Chlorwasserstoffs eine gesättigte Kochsalzlösung an, welche man mit nicht mehr als etwa einem Zehntel Volum concentrirter Chlorwasserstoffsäure versetzt, und um schliesslich die Verbreitung des gelösten Chlors bis in den Wasserstoffschenkel zu vermeiden, schiebt man in das zwischen beiden Schenkelröhren angeblasene Verbindungsstück einen Pfropf von Baumwolle ein, welcher allerdings dem Strome einen nicht ganz unbeträchtlichen Widerstand entgegenstellt, aber auch die unregelmässigen Bewegungen in der Flüssigkeit fast vollstän-

Fig. 64.

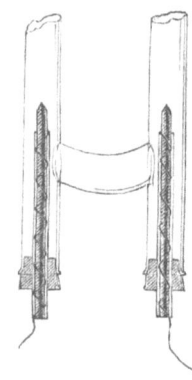

des Ammoniaks. 79

dig aufhebt. Lässt man durch einen so hergerichteten Apparat bei geöffneten Hähnen den von sechs bis acht Zink-Kohle-Elementen erregten Strom etwa eine Stunde lang circuliren, so beobachtet man nach dem Schluss der Hähne, dass sich Wasserstoff und Chlor zu gleichen Volumen entwickeln. Man braucht nach Beendigung des Versuches die Gase nur an den Hähnen austreten zu lassen, um sie alsbald an ihren Eigenschaften zu erkennen.

In ganz ähnlicher Weise lässt sich nun unter Beobachtung der geeigneten Vorsichtsmaassregeln auch die volumetrische Elektrolyse des Ammoniaks bewerkstelligen. Es wurde bereits früher darauf hingewiesen, dass die Lösung des Ammoniaks in Wasser nur langsam durch den elektrischen Strom zerlegt wird (vergl. S. 36), dass man aber die Wirkung durch Zusatz von etwas Kochsalz beschleunigen kann. Die Erfahrung hat gelehrt, dass eine Mischung von reiner gesättigter Kochsalzlösung mit nicht mehr als etwa einem zehntel Volum stärkster Ammoniakflüssigkeit sich am besten zu diesem Versuche eignet. Bei Anwendung von Kochsalz wird aber, in Folge von secundären Reactionen, deren eingehendes Studium uns im Augenblick von dem eigentlichen Ziele unserer Untersuchung allzuweit ablenken würde, die positive Platinelektrode ebenfalls stark angegriffen, und es empfiehlt sich daher für die elektrische Zersetzung des Ammoniaks, denselben Apparat mit Gaskohle-Elektroden anzuwenden, dessen wir uns für die Zerlegung des Chlorwasserstoffs bedient haben. Damit der Versuch gelinge, lassen wir auch jetzt wieder den Strom etwa eine halbe Stunde lang bei geöffneten Hähnen durch den Apparat gehen. Die in den beiden Schenkeln befindlichen Flüssigkeitssäulen haben alsdann soviel Gas absorbirt, als sie aufnehmen können; werden jetzt die Hähne geschlossen, so erscheinen für je 1 Volum Stickstoff, welches an dem elektropositiven Pole auftritt, 3 Volume Wasserstoff an dem elektronegativen Pole. Beim Austreten aus den geöffneten Hähnen werden die beiden Gase schliesslich ohne Schwierigkeit an ihren Eigenschaften erkannt.

80 Elektrolyse des Chlorwasserstoffs, Wassers und

Wir sind auf diese Weise elektrolytisch zu demselben Ergebniss gelangt, welches wir früher auf anderem Wege gewonnen hatten, und es könnte scheinen, dass wir über die Natur des Chlorwasserstoffs, des Wassers und des Ammoniaks zur Genüge unterrichtet seien. Wir können uns gleichwohl das Vergnügen nicht versagen, die Elektrolyse der drei Verbingungen nochmals gleichzeitig, und zwar durch denselben Strom zu bewerkstelligen. Zu dem Ende sind drei Apparate neben einander aufgepflanzt (Fig. 65); diese sind, die beiden äusseren, Gaskohle-Elektroden führenden, mit Chlorwasserstoff und Ammoniak, der mittlere, in dessen Wände Platin-Elektroden eingeschmolzen sind, mit Wasser unter den angegebenen Vorsichtsmaassregeln beschickt. Nun wird der von dem Kohle-Ende der Batterie ausgehende positive Pol mit dem Chlorwasserstoffapparate, der von dem Zink-Ende ausgehende negative Pol mit dem Ammoniakapparat verbunden und weiter Leitungsdrähte zwischen den Chlorwasserstoff- und Wasserapparat einerseits, sowie zwischen diesen letzteren und den Ammoniakapparat andererseits eingeschaltet, indem man die Drähte entweder direct oder der grösseren Bequemlichkeit halber mittelst in dem Fuss des Stativs eingesetzter isolirter Klemmschrauben mit einander in Berührung bringt. Alsbald setzt sich der Strom in Bewegung, den wir diesmal, um die zahlreichen im Wege liegenden Widerstände zu überwinden, durch eine Batterie von mindestens 12 bis 16 Zink-Kohle-Elementen erregen. Für die Erscheinungen, welche sich nunmehr dem Auge bieten, sind wir durch die bereits angesammelten Erfahrungen hinreichend vorbereitet; wir könnten indessen gleichwohl im Zweifel sein, ob wir in den drei Apparaten am positiven Pole gleiche Volume Chlor, Sauerstoff und Stickstoff und an dem negativen Pole das

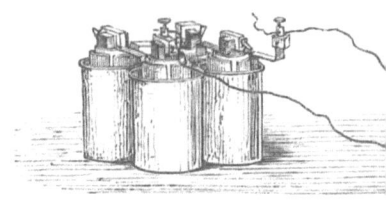

Fig. 65.

Ammoniaks durch denselben Strom. 81

einfache, zweifache und dreifache Volum Wasserstoff zu erwarten haben, oder ob sich an sämmtlichen negativen Polen dasselbe Volum Wasserstoff, an den positiven Polen dagegen das gleiche Volum Chlor, $^1/_2$ Vol. Sauerstoff und $^1/_3$ Vol. Stickstoff entwickeln werde. Der Versuch zeigt, dass in allen Apparaten dasselbe Volum Wasserstoff an dem negativen Pole auftritt, und dass sich in dem ersten Apparat ein gleiches

Fig. 65.

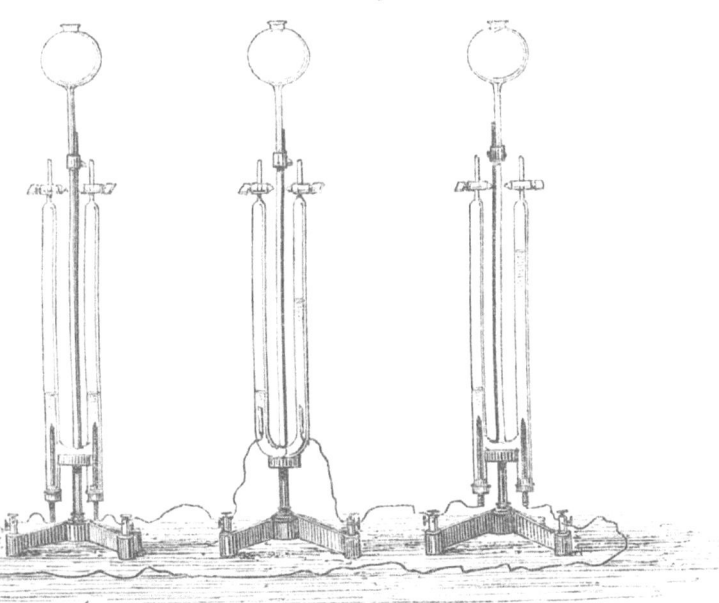

Volum Chlor, in dem zweiten das halbe Volum Sauerstoff, in dem dritten endlich ein drittel Volum Stickstoff entbindet. Mit Interesse registriren wir für spätere Verwerthung diese Thatsache, für deren Wichtigkeit wir schon jetzt ein klares Vorgefühl haben, ohne dass wir bereits im Stande wären, die Nothwendigkeit dieser Erscheinung zu erfassen, oder die Tragweite der aus ihr fliessenden Folgerungen zu überschauen.

82 Allgemeine Charaktere chemischer Verbindungen.

Die eingehende Experimental-Untersuchung, welche wir dem Chlorwasserstoff, dem Wasser und dem Ammoniak gewidmet haben, kann über die bemerkenswerthe Verschiedenheit der chemischen Construction der drei Verbindungen keinen Zweifel lassen.

Trotz dieser grossen Verschiedenheit veranschaulichen uns aber diese drei Verbindungen in gleicher Weise gewisse allgemeine Gesetze von grosser Wichtigkeit, welche unser besonderes Interesse beanspruchen. Sie zeigen uns

1) die Unveränderlichkeit der Verhältnisse, in denen sich die Elemente, wenn sie Verbindungen eingehen, mit einander gesellen, und

2) die völlige Einbusse ihrer charakteristischen Eigenschaften, welche die Elemente bei dem Uebergange in Verbindungen erleiden.

Wasserstoff und Chlor, Wasserstoff und Sauerstoff, Wasserstoff und Stickstoff lassen sich in jedem beliebigen Verhältnisse mit einander mischen, ohne dass die jedem Elemente zugehörigen Eigenschaften aufhörten erkennbar zu sein; in den Verbindungen dagegen, welche wir beziehungsweise Chlorwasserstoff, Wasser und Ammoniak nennen, sind die Elemente in ganz bestimmten, unter allen Bedingungen sich gleichbleibenden Verhältnissen verbunden und haben, was ihre Eigenschaften anlangt, Veränderungen erlitten, welche, wie uns der Versuch gelehrt hat, nicht grösser gedacht werden können.

Diese Beständigkeit der Zusammensetzung chemischer Verbindungen, diese Verschiedenheit ihrer Eigenschaften von den Eigenschaften ihrer Elemente, hat sich uns bis jetzt ohne Ausnahme in allen Fällen bewahrheitet. Was zunächst die Unveränderlichkeit der Verhältnisse anlangt, in denen die Elemente bei ihrer Vereinigung zu Verbindungen zusammentreten, so findet dieselbe in der Bildung des Chlorwasserstoffs und des Wassers die schlagendste Veranschaulichung. Zu ihrer Bethätigung bedienen wir uns, für den Fall des Chlorwasserstoffs, einer Röhre, welche durch einen Glashahn

Unveränderlichkeit der Zusammensetzung. 83

in zwei Abtheilungen von ungleichem Inhalt getheilt ist (Fig. 66). Mit diesem Apparate, dessen beide Enden durch Glasstöpsel geschlossen sind, wollen wir zwei Versuche anstellen.

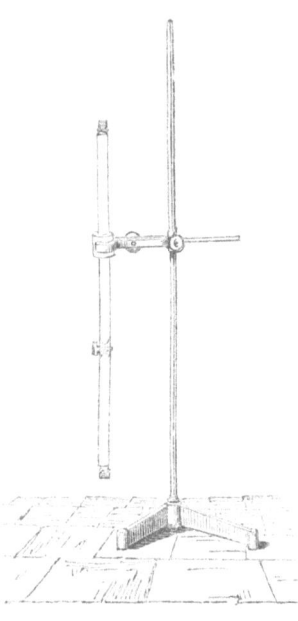

Fig. 66.

In dem ersten Versuch füllen wir die kürzere Abtheilung, welche nur etwa den halben Rauminhalt der längeren hat, mit trockenem Wasserstoffgas, die längere mit trockenem Chlorgas. Nun wird der Hahn geöffnet und der Apparat der Einwirkung des zerstreuten Tageslichtes ausgesetzt. Die beiden Gase mischen sich nach und nach und beginnen sich zu verbinden. Zur Vollendung der Reaction lässt man die Röhre einige Minuten lang vom directen Sonnenlichte bestrahlen. Wird jetzt die Röhre unter Wasser geöffnet, so steigt die Flüssigkeit und erfüllt genau den doppelten Raum der kürzeren Abtheilung. Das rückständige Gas ist Chlor, dessen Volum sich jedoch in Folge der Löslichkeit dieses Gases in Wasser schnell vermindert.

In dem zweiten Versuche füllen wir die kürzere Abtheilung mit Chlor, die längere mit Wasserstoff und lassen die Gase gerade wie vorher unter dem Einflusse des Lichtes aufeinander wirken. Das Wasservolum, welches, nachdem sich die Gase mit einander verbunden haben, in den Apparat eindringt, ist dem vorher beobachteten vollkommen gleich. Das rückständige Gas ist aber diesmal Wasserstoff.

In diesen entgegengesetzten Versuchen haben sich Was-

6*

84 Allgemeine Charaktere chemischer Verbindungen.

serstoff und Chlor, obwohl nach ganz verschiedenen Verhältnissen gemischt, dennoch stets in demselben Verhältniss mit einander vereinigt; der Ueberschuss, ob des einen, ob des anderen Gases, hat sich an der Verbindung nicht betheiligt.

Ganz ähnliche Erscheinungen beobachtet man bei der Bildung des Wassers aus Wasserstoff und Sauerstoff.

In diesem Falle dienen uns drei U-Röhren, welche mit Funkendrähten und Ablassröhren und theilweise wenigstens auch mit Glashähnen versehen, im Uebrigen aber den früher angewendeten ganz ähnlich sind. Sie sind mit Quecksilber gefüllt und an geeigneten Stativen befestigt (Fig. 67). Durch Elektrolyse des Wassers in dem bereits beschriebenen Apparate (vergl. S. 30) erhalten wir eine Mischung von Wasserstoff und Sauerstoff in dem Verhältnisse, wie die beiden Gase im Wasser vorhanden sind. Von dieser Mischung lassen wir, nach dem aus früheren ähnlichen Versuchen bereits bekannten Verfahren, in den geschlossenen Schenkel einer jeden der drei U-Röhren eine etwa 8 bis 9 Centimeter hohe Säule

Fig. 67.

steigen, deren Volum, wenn das Quecksilber nach gewohnter Art in beiden Schenkeln ins Niveau gebracht worden ist, durch Kautschukringe bezeichnet wird. In die eine der U-Röhren leiten wir überdies noch etwas Wasserstoff, in die andere noch etwas Sauerstoff; die zugefügten Volume werden alsdann gleichfalls durch Kautschukringe angemerkt.

Von den drei U-Röhren enthält jetzt die eine — in unserem Versuche die mittlere — eine Mischung von Wasserstoff und Sauerstoff, wie sie die Elektrolyse des Wassers liefert,

Unveränderlichkeit der Zusammensetzung. 85

die zweite dieselbe Mischung mit einem Zusatz von Wasserstoff, die dritte endlich dieselbe Mischung nochmals, aber mit einem Zusatz von Sauerstoff. Nunmehr lassen wir, um die Wasserbildung zu bewerkstelligen, den elektrischen Funken nacheinander oder gleichzeitig durch die drei Röhren springen, deren Mündungen wir zur Verminderung der Erschütterung zuvor durch Korke verschlossen haben. Nach Entfernung dieser Korke

Fig. 67.

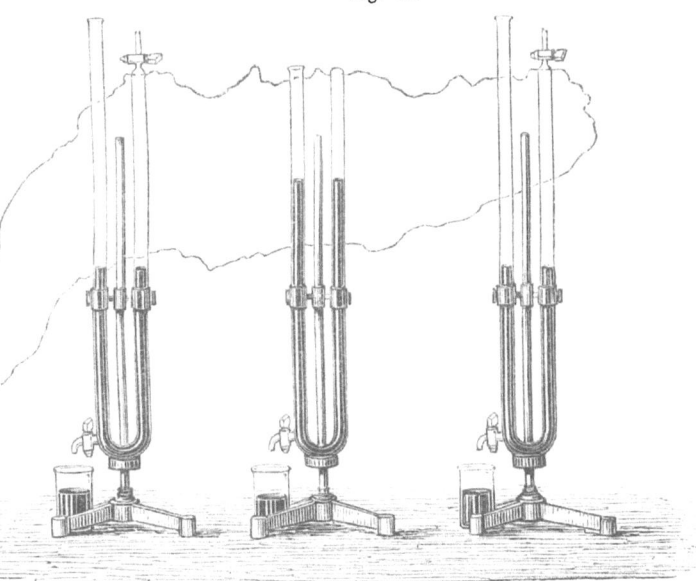

zeigt es sich, dass in der mittleren Röhre jede Spur von Gas verschwunden ist; das Quecksilber erfüllt die Röhre bis in die äusserste Kuppe hinauf. In der zweiten und dritten Röhre dagegen sind Gasvolume zurückgeblieben, welche sich nach geeigneter Einstellung des Quecksilberniveaus als den nachträglich zugesetzten Volumen gleich erweisen, und welche man beim Ausströmen aus den für diesen Zweck angebrachten Glashähnen mittelst der oft erprobten Methoden beziehungsweise als Wasserstoff und Sauerstoff erkennt.

86 Veränderung der Eigenschaften der Elemente

Man sieht also, dass sich in den drei Versuchen Wasserstoff und Sauerstoff ausschliesslich in dem Verhältnisse verbunden haben, in welchem sie ursprünglich aus dem Wasser entwickelt wurden. Der nachträglich zugeführte Ueberschuss von Wasserstoff oder Sauerstoff ist bei der Wasserbildung unbetheiligt geblieben.

Bei Anstellung dieser Versuche sind einige kleine Vorsichtsmaassregeln nicht ausser Acht zu lassen. Um die Erschütterung der Apparate bei der Verpuffung zu vermindern, sperren wir in den Röhren, in denen der eine oder der andere elementare Bestandtheil des Wassers im Ueberschuss vorhanden ist, mittelst in die offenen Schenkel eingesetzter Korke eine Luftsäule über dem Quecksilber ab, deren Elasticität, wie in einem früheren Versuche (vergl. S. 65), die Heftigkeit des Stosses bricht. In dem mittleren Apparate, der Wasserstoff und Sauerstoff in dem Verhältnisse enthält, in welchem sie im Wasser existiren, könnte trotz dieser Vorsicht das Quecksilber bei der Verdichtung des Wassers an das Gewölbe der Röhre anschlagen und das Instrument zertrümmern. Man vermeidet indessen leicht jeden Unfall, indem man den offenen Schenkel bis zur Mündung mit Quecksilber füllt, einen Kork aufsetzt und alsdann das Metall aus der Abzugsröhre ausströmen lässt, bis sein Niveau in dem geschlossenen Schenkel nur noch etwa 10 bis 12 Centimeter über dem Bug der U-Röhre steht. Die abgesperrte Gassäule ist auf diese Weise beträchtlich ausgedehnt und ihre Spannung so wesentlich vermindert worden, dass sie selbst durch die momentane Temperaturerhöhung während der Verpuffung den Druck der Atmosphäre kaum beträchtlich überschreiten dürfte. Die Möglichkeit eines Anpralls der Quecksilbersäule an das Gewölbe der Röhre ist aber vollständig beseitigt, insofern derselbe nur unter gleichzeitiger Bildung eines leeren Raumes zwischen dem Quecksilber und dem Korke gedacht werden kann. Nach der Explosion wird der Kork langsam und sorgfältig abgenommen, damit die Luft nur allmälig eindringe, weil auch jetzt ein zu rasches Steigen

beim Uebergang in chemische Verbindungen. 87

des Quecksilbers in dem geschlossenen Schenkel den Apparat noch zerschmettern könnte.

Die wesentliche Veränderung, welche die Eigenschaften der Elemente bei ihrem Uebergange in chemische Verbindungen erleiden, hat sich schon zur Genüge aus unseren früheren Versuchen ergeben.

Es würde schwer sein, ein lehrreicheres Beispiel solcher Veränderungen anzuführen, als uns in der Umwandlung einer Mischung von Wasserstoff und Chlor in Chlorwasserstoff bereits bekannt geworden ist. In der Mischung der beiden Gase, wie sie die Elektrolyse liefert, lässt sich der Charakter einer jeden der beiden elementaren Bestandtheile mit Leichtigkeit erkennen. Die Mischung zeigt die Fundamentaleigenschaft des Wasserstoffs, sie ist entzündlich. Die gelbe Farbe des Chlors, sein Geruch, seine Bleichkraft sind nicht weniger wahrnehmbar. Behandelt man die Mischung mit Wasser, so wird der lösliche Bestandtheil verschluckt, Farbe, Geruch und Bleichkraft werden schwächer und schwächer, bis zuletzt der farblose, geruch- und geschmacklose Wasserstoff zurückgeblieben ist. Nun werde die Mischung nach einer der uns bereits geläufigen Methoden in eine chemische Verbindung verwandelt, und statt des gelblich-grünen, bleichenden, erstickend riechenden, in Wasser nur wenig löslichen Chlors, statt des geruch- und geschmacklosen, brennbaren Wasserstoffs, haben wir ein farbloses Gas, welches nicht die geringste Bleichkraft mehr besitzt, von Wasser mit Begierde verschluckt wird, stechenden Geruchs und Geschmacks und vollkommen unentzündlich.

In ganz ähnlicher Weise bieten sich uns bei flüchtiger Vergleichung der Eigenschaften des Wasserstoffs und Sauerstoffs mit denen des aus ihnen entstandenen flüssigen Wassers Verschiedenheiten, welche nicht auffallender gedacht werden können; aber selbst in dem Wassergas sind die Fundamentaleigenschaften des Wasserstoffs (Entzündlichkeit) und des Sauerstoffs (Fähigkeit, die Verbrennung zu unterhalten) gänzlich verloren gegangen.

Nicht weniger bemerkenswerth ist die Umwandlung in den Eigenschaften des Wasserstoffs und Stickstoffs, wenn sich diese Gase zu Ammoniak vereinigen. Zwei elementare Gase, geruch- und geschmacklos, unlöslich in Wasser, ohne irgend welche Einwirkung auf Pflanzenfarben, liefern bei ihrer Vereinigung eine gasförmige Verbindung von stechendem Geruch und Geschmack, fähig, geröthetem Lackmuspapier die ursprüngliche blaue Farbe wiederzugeben, und so ausserordentlich löslich in Wasser, dass diese Flüssigkeit in ein mit Ammoniak erfülltes Gefäss wie in einen luftleeren Raum hineinstürzt.

Die vorstehend erwähnten Thatsachen charakterisiren mit hinreichender Schärfe den Unterschied zwischen mechanischer Mischung und chemischer Verbindung. In mechanischer Mischung können die Elemente nach allen Verhältnissen zusammentreten, in chemischer Verbindung sind sie in bestimmten, unwandelbaren Verhältnissen dem Volum und Gewicht nach miteinander vereinigt. Eine mechanische Mischung zeigt die mittleren Eigenschaften der Bestandtheile, in der chemischen Verbindung sind die Eigenschaften der Elemente erloschen, ihre Individualität ist in der Bildung eines neuen Körpers mit neuen Eigenschaften untergegangen.

Die Erkenntniss der Unterschiede zwischen mechanischer Mischung und chemischer Verbindung führt uns naturgemäss zur Untersuchung der Bedingungen, unter denen sich erstere in letztere verwandelt. Auch in diesem Falle bietet uns die Bildung des Chlorwasserstoffs und des Wassers willkommene Anhaltspunkte.

Eine mechanische Mischung von Wasserstoff und Chlor, wie sie die Elektrolyse des Chlorwasserstoffs liefert, lässt sich bei sorgfältigem Ausschluss des Lichtes beliebig lange aufbewahren, ohne die geringste Veränderung zu erleiden. Unter dem Einflusse des gewöhnlichen zerstreuten Tageslichtes vollendet sich der Uebergang der mechanischen Mischung in die chemische Verbindung im Verlauf von wenigen Stunden. Directes Sonnenlicht sowie gewisse künstliche Lichtquellen bewirken die Umwandlung augenblicklich (vergl. S. 55); die Verbindung erfolgt alsdann unter heftiger Explosion, welche nicht selten die Gefässe zertrümmert. Endlich lässt sich die augenblickliche Vereinigung auch noch durch Annäherung eines brennenden Körpers oder durch das Ueberspringen des elektrischen Funkens bewerkstelligen. Auch in diesen Fällen findet sie unter heftiger Explosion statt.

Die Verwandlung einer mechanischen Mischung von Wasserstoff und Sauerstoff in die chemische Verbindung Wasser erfolgt nicht ganz so leicht. Es ist bis jetzt nicht gelungen, die Vereinigung der beiden Gase durch die Einwirkung des Sonnenlichtes zu bewerkstelligen. Allein bei Annäherung eines brennenden Körpers, oder beim Durchschlagen eines elektrischen Funkens wird die Mischung alsbald unter Verpuffung in Wasser verwandelt.

Hiernach scheint es, dass sich mechanische Mischungen häufig durch die Einwirkung des Lichtes, noch häufiger durch die der Wärme in chemische Verbindungen verwandeln. Die beim Studium des Chlorwasserstoffs und des Wassers erworbenen Erfahrungen lassen sich leider nicht durch eine ähnliche Prüfung des Ammoniaks erweitern, da wir, wie bereits bemerkt, kein Mittel besitzen, um eine Mischung von Wasserstoff und Stickstoff in die chemische Verbindung Ammoniak überzuführen. Allein gerade dieses ausnahmsweisen Verhaltens wegen verdient hier ausdrücklich hervorgehoben zu werden, dass die Bedingungen, welche die Bildung des Chlorwasserstoffs und des Wassers aus einer mechanischen Mischung ihrer Elementarbestandtheile veranlassen, in einer zahllosen Reihe von Fällen zu ähnlichen Ergebnissen führen, und dass es zumal die Wärme ist, welche bei der Bildung chemischer Verbindungen eine Hauptrolle spielt.

Wenn wir später zu dem speciellen Studium der einzelnen Elemente übergehen, werden wir häufig auf die Bedingungen zurückkommen müssen, unter denen sich die Bildung chemischer Verbindungen vollendet. Es wird sich uns alsdann auch

90 Bedingungen der Bildung chemischer Verbindungen.

Gelegenheit bieten, die merkwürdigen Erscheinungen in den Kreis unserer Betrachtung zu ziehen, welche, wie die in verschiedenen unserer Versuche bereits beobachtete Entwicklung von Wärme und Licht, die Bildung chemischer Verbindungen begleiten.

IV.

Chemische Symbole. — Wesen und Bedeutung derselben. — Graphische Symbole, buchstaben- und zahlenführende. — Zusammenstellung derselben in Gleichungen. Daraus abgeleitete Formeln. — Uebersicht der in chemischen Formeln enthaltenen Erfahrungen. — Uebergang von den Symbolen und Formeln zu absoluten Volum- und Gewichtswerthen. — Nothwendigkeit der Wahl eines Maass- und Gewichtssystems für die Einheit der auszudrückenden absoluten Werthe. — Schwierigkeit dieser Wahl wegen Mangels eines allgemein angenommenen Maass- und Gewichtssystems. — Dieser Mangel ein Hemmniss für den Fortschritt der Wissenschaft im Allgemeinen. — Das metrische System. — Gründe für dessen Annahme. — Darlegung seiner Ableitung und seines Nomenclaturprincips. — Vergleichung mit dem Preussischen und Englischen Maasse. — Wasserstoff-Liter-Gewicht oder Krith. — Die Gasvolumgewichte der Elemente und ihrer Verbindungen, in Krithen gelesen, drücken die absoluten Gewichte von 1 Liter Gas bei 0^0 C. und $0^m,76$ Druck aus.

Die Thatsachen, welche wir bezüglich der Zusammensetzung des Chlorwasserstoffs, des Wassers und des Ammoniaks durch den Versuch ermittelt haben, lassen sich klar und bündig in wenigen glücklich gewählten Symbolen zusammenfassen, und es ist aus dieser symbolischen Darstellung ein so unschätzbares Hülfsmittel der chemischen Forschung, eine so unentbehrliche Stütze der chemischen Nomenclatur hervorgegangen, dass wir unter den mannigfaltigen Gegenständen, die schon jetzt unsere Aufmerksamkeit dringend beanspruchen, der chemischen Zeichensprache mit Fug und Recht den Vorrang einräumen.

Wir wollen zu dem Ende gleiche Volume Wasserstoff, Chlor, Sauerstoff und Stickstoff (unter denselben Bedingungen der Temperatur und des Drucks gemessen) durch gleiche Quadrate darstellen, in welche wir die Anfangsbuchstaben der lateinischen Namen dieser Elemente, also H für Wasserstoff (*Hydrogenium*), Cl für Chlor, O für Sauerstoff (*Oxygenium*) und N für Stickstoff (*Nitrogenium*) einschreiben, indem wir

Chemische Symbole,

aus Gründen, welche der Verlauf unserer Betrachtungen enthüllen wird, für diesen Zweck die von den gewöhnlichen Typen leicht unterscheidbare luftige Umrissschrift wählen. Es lässt sich alsdann die volumetrische Zusammensetzung des Chlorwasserstoffs, des Wassers und des Ammoniaks in folgender Weise ausdrücken:

Chlorwasserstoff.   Wasser.   Ammoniak.

Verzeichnen wir nun in diesen Quadraten, statt der Anfangsbuchstaben der Elemente, ihre Volumgewichte, so erhalten wir eine Reihe zahlenführender Symbole, welche, den buchstabenführenden gegenübergestellt, die folgenden lehrreichen Gleichungen liefern, einerseits die Volume, andererseits die Gewichte bezeichnend, nach denen sich die Elemente in den drei vielgenannten Verbindungen miteinander vereinigen.

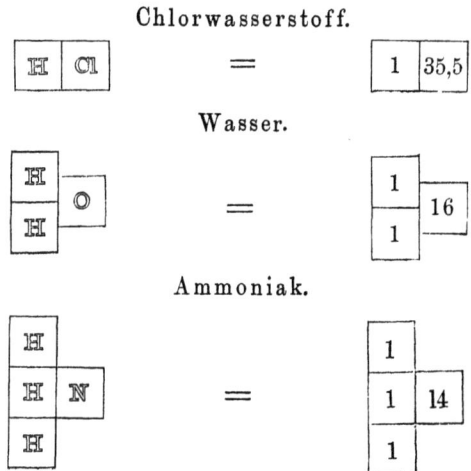

buchstabenführende, zahlenführende. 93

Hiermit ist der Uebergang von der Zusammensetzung dem Volum nach zur Zusammensetzung dem Gewichte nach gegeben; wir brauchen nur die Zahlen in jeder der drei Quadratgruppen zu addiren:

$$1 + 35{,}5 = 36{,}5$$
$$1 + 1 + 16 = 18$$
$$1 + 1 + 1 + 14 = 17$$

um die Zusammensetzung dem Gewichte nach beziehungsweise von 36,5 Theilen Chlorwasserstoff, 18 Theilen Wasser und 17 Theilen Ammoniak zu erfahren. Aus diesen Zahlen folgt dann die procentische Zusammensetzung der drei genannten Verbindungen ohne Weiteres durch einfachste Rechnung. Für den Chlorwasserstoff hat man:

$$36{,}5 : 1 = 100 : x$$
$$x = \frac{100}{36{,}5} = 2{,}74 \text{ Gew.-Thle Wasserstoff,}$$
und 100 — 2,74 = 97,26 Gew.-Thle Chlor,
enthalten in 100,00 Gew.-Thln Chlorwasserstoff.

Für das Wasser:

$$18 : 2 = 100 : y$$
$$y = \frac{200}{18} = 11{,}11 \text{ Gew.-Thle Wasserstoff,}$$
und 100 — 11,11 = 88,89 Gew.-Thle Sauerstoff,
enthalten in 100,00 Gew.-Thln Wasser.

Und endlich für das Ammoniak:

$$17 : 3 = 100 : z$$
$$z = \frac{300}{17} = 17{,}64 \text{ Gew.-Thle Wasserstoff,}$$
und 100 — 17,64 = 82,36 Gew.-Thle Stickstoff,
enthalten in 100,00 Gew.-Thln Ammoniak.

Gewöhnen wir uns daran, im Gedächtnisse das **Volumgewicht** der genannten Elemente mit den **Anfangsbuchstaben** ihrer Namen zu verknüpfen, so tritt uns Alles, was wir über die Vereinigung der Elemente, dem Volum und Gewicht nach, zu Chlorwasserstoff, Wasser und Ammoniak ermittelt haben, aus den einfachen Symbolen

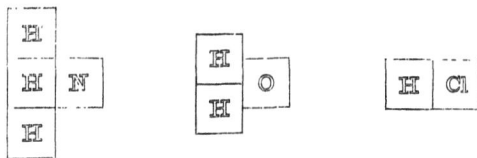

entgegen, welche wir an die Spitze dieses Vortrags gestellt haben.

Allein es lässt sich in diese symbolische Darstellung unserer Wasserstoffverbindungen noch eine weitere Erfahrung mit einflechten, welche das Bild derselben in willkommener Weise vervollständigt.

Zu dem Ende erinnern wir uns einiger versuchlich festgestellten Thatsachen, und zwar dass 1) Wasserstoff und Chlor sich ohne Verdichtung vereinigen, 1 Vol. Wasserstoff und 1 Vol. Chlor mithin 2 Vol. Chlorwasserstoff liefern, dass 2) bei der Verbindung des Wasserstoffs und Sauerstoffs das Gesammtvolum der zusammentretenden Gase sich auf zwei Drittheile verdichtet, mithin 2 Vol. Wasserstoff und 1 Vol. Sauerstoff (zusammen 3 Volume) nur 2 Vol. Wassergas bilden, dass 3) endlich Wasserstoff und Stickstoff bei ihrer Vereinigung sich noch stärker, nämlich auf die Hälfte des ursprünglichen Volums verdichten, dass also 3 Vol. Wasserstoff und 1 Vol. Stickstoff (zusammen 4 Volume) nur 2 Vol. Ammoniak liefern.

Diese Erfahrungen finden in folgenden weiteren Gleichungen einen übersichtlichen Ausdruck:

Chemische Formeln.

Chlorwasserstoff.

H		Cl		
1	+	35.5	=	HCl 36.5
1 Vol.	+	1 Vol.	=	2 Vol.

Wasser.

$\left.\begin{array}{c}\boxed{\substack{H\\1}}\\ \boxed{\substack{H\\1}}\end{array}\right\}$ + $\boxed{\substack{O\\16}}$ = $\boxed{H_2O\ 18}$

2 Vol. + 1 Vol. = 2 Vol.

Ammoniak.

$\left.\begin{array}{c}\boxed{\substack{H\\1}}\\ \boxed{\substack{H\\1}}\\ \boxed{\substack{H\\1}}\end{array}\right\}$ + $\boxed{\substack{N\\14}}$ = $\boxed{H_3N\ 17}$

3 Vol. + 1 Vol. = 2 Vol.

Diese symbolischen Gleichungen zeigen uns auf einen Blick, wie verschiedene Gewichte dieser Verbindungen unter denselben Bedingungen der Temperatur und des Drucks in gleichen Räumen enthalten sind; sie zeigen uns ferner das Verhältniss dieser Gewichte zu den Gewichten gleicher Volume der elementaren Bestandtheile. In anderen Worten: Wenn wir das Volumgewicht des Wasserstoffgases = 1 setzen, so ist

das doppelte Volumgew. des Chlorwasserstoffgases 36,5
„ „ „ Wassergases 18
„ „ „ Ammoniakgases 17

und wir haben offenbar diese doppelten Volumgewichte nur zu halbiren, um die einfachen Volumgewichte, die specifischen

96 Berechnung der Volumgewichte.

Gewichte der drei Verbindungen, auf den Wasserstoff als Einheit bezogen, zu erhalten:

$$\frac{36{,}5}{2} = 18{,}25 = \text{Vol.-Gew. des Chlorwasserstoffgases,}$$

$$\frac{18}{2} = 9 \phantom{{,}00} = \text{Vol.-Gew. des Wassergases,}$$

$$\frac{17}{2} = 8{,}5 = \text{Vol.-Gew. des Ammoniakgases.}$$

Nichts ist einfacher, als diese berechneten Volumgewichte, wenigstens bis zu einem gewissen Grade, durch den Versuch zu bethätigen, insofern wir uns leicht überzeugen, dass der Chlorwasserstoff schwerer, das Wassergas sowohl wie das Ammoniak leichter ist als Luft. Der Chlorwasserstoff lässt sich, obwohl weniger leicht als das Chlor, aus einem Gefässe in ein anderes übergiessen, Fig. 68; dass

Fig. 68.

der Wasserdampf, d. i. Wassergas, dem schon verdichtetes Wasser beigemischt ist, in der Luft aufsteigt, weiss Jedermann; das Ammoniak endlich kann, wie der Wasserstoff, aus einem Cylinder in einen anderen umgekehrt darüber gehaltenen übergefüllt werden (Fig. 69).

Bedeutung der chemischen Formeln. 97

Es braucht kaum erwähnt zu werden, dass die unsere Symbole umrahmenden Quadrate uns nur als Gerüste dienten, an welches sich unsere werdenden Vorstellungen anlehnen konnten. Jetzt, da sich diese Vorstellungen bereits gebildet und befestigt haben und die Bedeutung dieser Symbole unserm Gedächtniss eingeprägt ist, dürfen wir die graphische Darstellung getrost fallen lassen, und die Summe unserer auf dem Wege des Versuchs bezüglich des Chlorwasserstoffs, des Wassers und des Ammoniaks erworbenen Erfahrungen spiegelt sich in folgenden knappen Formeln:

$$H Cl, \quad \left.\begin{matrix} H \\ H \end{matrix}\right\} O \quad \text{und} \quad \left.\begin{matrix} H \\ H \\ H \end{matrix}\right\} N,$$

die wir selbst noch einfacher schreiben können, nämlich:

$$H Cl, \quad H_2 O \quad \text{und} \quad H_3 N.$$

Wenn wir die Bedeutung der Elementarsymbole im Gedächtniss haben, wenn wir uns ferner erinnern, dass die

Fig. 69.

Formeln der Verbindungen die Gewichte gleicher Volume darstellen und zwar gleicher Volume von dem doppelten Rauminhalt der durch die Symbole bezeichneten Volume der Elemente, so lehren uns obige Formeln:

1. Namen und Zahl der Elemente, welche sich an der Zusammensetzung des Chlorwasserstoffs, des Wassers und des Ammoniaks betheiligen.

2. Die Verhältnisse, in denen die Elemente in diesen Verbindungen dem Volum nach vereinigt sind.

Einleitung in die moderne Chemie.

3. Die Verhältnisse, in denen die Elemente darin dem Gewichte nach verbunden sind.

4. Die Verhältnisse der Volume der drei Verbindungen nach ihrer Bildung zu den Volumen ihrer bezüglichen Bestandtheile vor der Vereinigung.

5. Die Volumgewichte oder specifischen Gewichte der drei Verbindungen im Gas- oder Dampfzustande auf Wasserstoff als Einheit bezogen.

Bei Erforschung der Volum- und Gewichtsverhältnisse, in denen wir den Wasserstoff mit dem Chlor, mit dem Sauerstoff, mit dem Stickstoff beziehungsweise zu Chlorwasserstoff, Wasser und Ammoniak sich vereinigen sahen, haben wir die numerischen Ergebnisse unserer Beobachtung auf den Wasserstoff als Volumeinheit und als Gewichtseinheit bezogen, ohne uns mit der Wahl eines Volums von bestimmter Abmessung zu befassen, dessen Gewicht als Maass der Vergleichung bei den verschiedenen Körpern hätte dienen können.

Diese Wahl, welche unseren Symbolen und Formeln die Bedeutung absoluter Werthe und mithin erhöhte praktische Anwendbarkeit verleihen würde, darf gleichwohl nicht länger hinausgeschoben werden, und es wirft sich die Frage auf, welches von den zahlreichen in Anwendung gekommenen Maass- und Gewichtssystemen sich für den Ausdruck der erforderlichen Einheiten vorzugsweise eigne? Angesichts dieser Frage fühlen wir uns versucht, den Gegenstand, um den es sich zunächst handelt, einen Augenblick zu verlassen, um möglichst gedrängt eine Parenthese einzuschieben. Es tritt uns nämlich bei dieser Frage die ganze Wucht der Hindernisse entgegen, welche der Mangel eines allgemeinen, von sämmtlichen civilisirten Nationen angenommenen Maass- und Gewichtssystems der Pflege der Wissenschaft und der Verbreitung ihres Erwerbs in den Weg stellt. Statt eines solchen einheitlichen Systemes gilt noch immer eine zahllose und verworrene Mannigfaltigkeit besonderer Maasse und Gewichte, verschieden in jedem Lande und in jedem Zweige der Gewerbthätigkeit, verschieden sogar in einzelnen Provinzen, in

Zahllose Maass- und Gewichtssysteme. 99

kleinen Städten und Landgemeinden. Die Maasseinheiten haben sich auf diese Weise dergestalt vermehrt, dass ihre Aufzählung allein dickleibige Bände füllt, und die Verwirrung wird noch durch den Umstand gesteigert, dass Gewichte und Maasse, welche wie **Pfund, Fuss, Scheffel** in vielen Ländern denselben Namen führen, nichtsdestoweniger in verschiedenen Localitäten ganz ungleiche Werthe haben, deren Zahl sich auf Hunderte beläuft und — könnte man sämmtliche Werthe zusammenstellen — sicherlich nach Tausenden zu bemessen sein würde.

Man kann sich kaum einer Uebertreibung schuldig machen, wenn man von den Hemmnissen spricht, welche diese Maassverwirrung dem Sammeln und Vergleichen der von verschiedenen Nationen gewonnenen Erfahrungen oder verschiedene Länder betreffenden statistischen Nachrichten entgegenstellt. Die ernstesten Bestrebungen scheitern an dieser rein äusserlichen Schwierigkeit, und die wichtigsten Schlussfolgerungen unterbleiben, weil ihnen die hinreichend breite Grundlage des Thatsächlichen fehlt, auf welcher alle wahre Wissenschaft beruht.

Die vergleichbare Zusammenstellung der Forschungen in nur zwei oder drei Ländern wie Deutschland, England und Frankreich, welche sich verschiedener Maass- und Gewichtssysteme bedienen, erheischt Opfer an Zeit und Kraft, beklagenswerth, wenn sie gebracht werden, aber noch mehr zu beklagen, wenn sie nicht gebracht werden und — wie dies nur zu häufig der Fall ist — die Erfahrungen der einen Nation ein versiegeltes Buch bleiben für die Forscher der andern.

Allein es muss genügen, an Uebelstände erinnert zu haben, deren flüchtige Erwähnung bereits eine Abschweifung von dem eigentlichen Gegenstande unserer Untersuchung ist. Wir durften uns aber dieser Gelegenheit nicht begeben, von Neuem auf die Nothwendigkeit hinzuweisen, der bestehenden Verwirrung ein Ende zu machen und die Annahme eines allgemeinen, einheitlichen Maass- und Gewichtssystems, für welche die Gemüther durch die gewaltigen Ereignisse unserer Zeit ganz eigentlich vorbereitet sind, nicht länger hinauszuschieben.

Wir gelangen auf diese Weise zu der Frage: Welches von den zahllosen Systemen empfiehlt sich als das zur allgemeinen Annahme am besten geeignete? In anderen Worten — und um den Faden unserer Betrachtung wieder aufzunehmen — in welchem Systeme sollen wir unsere Maass- und Gewichts-Einheiten suchen, damit die bisher gebrauchten Symbole und Formeln zugleich die Bedeutung absoluter Werthe erhalten?

Bei Beantwortung dieser Frage, über welche — es kann nicht geläugnet werden — grosse Meinungsverschiedenheit herrscht, entscheiden wir uns ohne das geringste Bedenken für das französische Metersystem. Seine Einfachheit bei allumfassender Vollständigkeit hat ihm bereits die Anerkennung der wissenschaftlichen Welt gesichert, und schon ist dasselbe in verschiedenen Ländern das gesetzliche Maasssystem für den gewöhnlichen Lebensverkehr geworden. Es lässt sich nicht verkennen, dass sich bei fast allen Völkern Europas ein entschiedener Zug nach dem metrischen Systeme kund giebt, und diese Stimmung kann nicht ohne Einfluss auf die Beurtheilung einer Frage bleiben, bei deren Entscheidung Einheit des Wollens und Allgemeinheit des Handelns die eigentlichen Zwecke sind, deren Erreichung wir anstreben.

Wir haben bis jetzt nur selten Gelegenheit gehabt, absolute Maass- oder Gewichtsangaben zu machen; mit der Erweiterung des bearbeiteten Gebietes werden sich diese Fälle vielfach bieten. Wie bisher, werden wir auch fernerhin unter allen Umständen uns des metrischen Systems bedienen. Es scheint daher nicht unpassend, eine kurze Skizze dieses Systems, welches das gemeinsame Maass der Welt zu werden bestimmt ist, an dieser Stelle einzuflechten.

Das französische Metersystem, in allen seinen Anwendungen als Maass der Länge, der Fläche, des Raumes, als Maass endlich des erfüllten Raumes, als Gewicht, gründet sich auf eine einzige lineare Einheit, welche man der einfachsten und

Das Meter. 101

erhabensten aller Wissenschaften, der Astronomie, entnehmen zu müssen geglaubt hat. Diese Lineareinheit ist der vierzigmillionste Theil des Umfangs unseres Planeten, wie er durch einen Gürtel, welcher eine durch die Axe gelegte Fläche umspannt, gemessen wird. Der vierzigmillionste Theil dieses Erdgürtels oder Meridians hat den einfachen aber glücklich gewählten Namen Meter (von μέτρον, Maass) erhalten. Dieser einzigen Grösse, wie einer gemeinsamen Wurzel, entstammt mit allen seinen Verzweigungen das französische Maass- und Gewichtssystem, mit vollem Rechte das metrische genannt. Durch decimale Division sich verkürzend, durch decimale Multiplication sich verlängernd, in anderen Worten mit 10, mit 100, mit 1000 u. s. w. dividirt oder multiplicirt, liefert das Meter alle Grade linearer Messung, von der Scala, in welcher die Ergebnisse der feinsten mikroskopischen Forschung ihren Ausdruck finden, bis zu dem Maasse, in welchem der Astronom das Firmament umspannt und die mächtigen Bahnen der Sterne verzeichnet. Es war gewiss ein eben so glücklicher wie grossartiger Gedanke, welcher dem neuen Systeme gleich in seiner ersten Anlage einen so encyclopädischen Charakter lieh, dass sich aus ihm nach einfachstem Gesetze eine ganze Reihe von Maasseinheiten entwickeln liessen, scharf gesondert in Werth und Bezeichnung, allein wieder aufs Innigste verbunden durch ihre directe Vergleichbarkeit, und für alle Grade des Messens, in der Richtung des Kleinen wie des Grossen, den geeigneten Ausdruck liefernd.

Wie man aus dem linearen Meter, durch decimale Verlängerung und Verkürzung, die allgemeinen Längenmaasse bildet, gerade so hat man auch auf das Quadrat-Meter decimale Division und Multiplication angewendet, um alle Abstufungen des Flächenmaasses zu erhalten, von der kaum sichtbaren Eintheilung auf dem Netzmikrometer des Physikers bis zu den Quadraten, welche auf der Karte des Feldmessers verzeichnet sind, und dem noch weit grösseren Quadratmaass, in welchem der Geograph den Flächeninhalt von Continenten bemisst.

In gleicher Weise endlich erhalten wir von dem auf dem Quadratmeter erhobenen Würfel, durch decimale Division oder

Multiplication, die ganze Stufenleiter der verwandten Hohl- und Körpermaasse, in anderen Worten die verschiedenen Einheiten für die Messung des Raumes, ob leer, ob erfüllt. Wir multipliciren das Cubikmeter mit einer Million und erhalten eine Maasseinheit, in der sich die Capacität des Oceans und das in ihm enthaltene Wasservolum ausdrücken liesse. Wir dividiren mit einer Million und gelangen zu einer räumlichen Maasseinheit, nicht grösser als der Würfel, wie ihn der Spieler handhabt.

Es ist eben dieser kleine Würfel, ein Milliontheil des Cubikmeters, welcher, mit destillirtem Wasser gefüllt, uns die metrische **Einheit des Gewichts, das Gramm**, liefert — ein Uebergang, wie bewundernswürdig in seiner Einfachheit und wie nützlich in seinen Anwendungen! Die volumetrische und die ponderale Messung der Materie gehen Hand in Hand, und die Darstellung dieser verschiedenen Werthe in verwandten Zahlenausdrücken erlaubt die directe Vergleichung beider und erleichtert auf diese Weise die Lösung einer Unzahl von theoretischen und praktischen Aufgaben, welche die Wissenschaft und das Leben uns stellt.

Die decimale Division und Multiplication des Gramms liefert uns in diesem einfachen und grossartigen Systeme die Scala der Gewichtseinheiten. Der millionste Theil des Gramms ist nicht mehr fähig, die feinste Wage in Bewegung zu setzen, das millionfache Gramm ist die Gewichtseinheit für schwere Güter; mit Tausendteln des Gramms arbeitet der Chemiker, das tausendfache Gramm ist das Gewicht für die Kleingeschäfte des Handels und der Gewerbe. Der Astronom, wenn es sich darum handelte, diesen oder jenen Himmelskörper zu wägen, brauchte nur das millionfache Gramm auf decimalem Wege von Neuem zu vergrössern, um eine Gewichtseinheit zu erhalten, welche sich für seine Zwecke eignen würde. Mit der Annahme dieser einheitlichen Scala sind die Bewegungen der Gestirne in directe Vergleichung gesetzt mit den Schwingungen der Wage, auf welcher der Chemiker seine Substanz zur Analyse abwägt.

Noch einen Augenblick müssen wir bei den Einzel-

Nomenclatur. Längenmaasse. 103

heiten und zumal bei dem Nomenclaturprincipe des metrischen Systems verweilen.

Es ist in seiner Art einfach und bewundernswerth wie das System selbst. Wir brauchen nur den Namen der Längen-, Flächen-, Raum- und Gewichtseinheit dem Gedächtniss einzuprägen, und überdies zu behalten, dass Vorsetzung der griechischen Zahlwörter die decimale Multiplication, Vorsetzung der lateinischen Zahlwörter die decimale Division dieser Einheiten andeutet, und aus diesen einfachen Elementen ist das ganze System in wenigen Minuten aufgebaut.

Die griechischen Vorsatzzahlwörter für 10, 100 und 1000 sind beziehungsweise **Deka-, Hekto-** und **Kilo-**.

Die lateinischen Vorsatzzahlwörter für 10, 100 und 1000 sind beziehungsweise **Deci-, Centi-** und **Milli-**.

Multipliciren und dividiren wir die Längeneinheit, das Meter, mit 10, 100 und 1000, und construiren wir für die so erhaltenen Maasse die Namen nach diesem Nomenclaturprincip.

Durch Multiplication erhalten wir die erste, durch Division die zweite der folgenden Reihen:

Längen-Maass.
Einheit — 1 Meter.

1. Mehrfache des Meters.

	Meter.
Meter	= 1
Dekameter	= 10
Hektometer	= 100
Kilometer	= 1000

2. Theile des Meters.

	Meter.		
Meter	= 1		
Decimeter	= 0,1	od. $1/10$	Meter.
Centimeter	= 0,01	„ $1/100$	„
Millimeter	= 0,001	„ $1/1000$	„

In der griechischen Reihe bieten sich auf diese Weise geeignete Namen für das Zehnfache, Hundertfache und Tausendfache der Einheit, während die lateinische Reihe uns passende Benennungen für den zehnten, hundertsten und tausendsten Theil derselben liefert.

Von der griechischen Reihe ist es zumal das erste und

das letzte Glied (das Meter und Kilometer), welche vielfach gebraucht werden, ersteres für die Zwecke, für welche sonst wohl die Elle dient, letzteres als Wegmaass statt der (englischen) Meile. Die Zwischenglieder werden verhältnissmässig selten angewendet.

Dagegen sind sämmtliche Einheiten der lateinischen Reihe in fortwährendem Gebrauch, als Ersatz für Fuss und Zoll mit ihren Unterabtheilungen.

Die übrigen Maasse, Flächenmaass (gross und klein), Körpermaass, Hohlmaass und Gewicht sind in ganz ähnlicher Weise ausgebildet, indem man in jedem einzelnen Falle von einem geeignet gewählten Ausgangspunkt auf- und niedersteigt.

Für die Messung grösserer Landparcellen wäre das Quadratmeter eine zu kleine Einheit; man geht daher von dem Quadratdekameter aus, d. h. einem Quadrat, dessen jede Seite 10 Meter, dessen Flächeninhalt mithin $10 \times 10 = 100$ Quadratmeter ist, und welches den Namen Are (*area*) erhält. Es ergeben sich alsdann unter Anwendung der griechischen und lateinischen Zahlwörter zwei Reihen abgeleiteter Maasse.

Flächen-Maass (grosse Scala).
Einheit — 1 Are.

1. Mehrfache des Are.

	Are.	Quadratmeter.
Are	= 1	= 100
Dekare	= 10	= 1000
Hektare	= 100	= 10000
Kilare	= 1000	= 100000

2. Theile des Are.

	Are.	Quadratmeter.
Are	= 1	= 100
Deciare	= 0,1	= 10
Centiare	= 0,01	= 1
Milliare	= 0,001	= 0,1

Von diesen Maassen sind Are und Hektare die gebräuchlichsten.

Der Centiare dieser Reihe fällt mit dem Quadratmeter zusammen, und dieses mit seinen decimalen Unterabtheilungen wird zur Messung kleiner Flächen benutzt.

Flächenmaasse. Körpermaasse.

Flächen-Maass (kleine Scala).

Einheit — 1 Quadratmeter.

Theile des Quadratmeters.

	Quadratmeter.
Quadratmeter	= 1
Qnadratdecimeter	= 0,01
Quadratcentimeter	= 0,0001
Quadratmillimeter	= 0,000001

Als Einheit der räumlichen Maasse, Hohl- und Körpermaasse, dient, je nach den Messungen, um die es sich handelt, der Würfel, welchen man auf dem Quadratdecimeter oder auf dem Quadratmeter erhebt. Ersterer, also der Cubikdecimeter, erhält den Namen Liter (von dem Worte $\lambda i \tau \varrho \alpha$, einer griechischen Maassbenennung).

Von dem Liter leiten sich folgende Reihen ab:

Hohl- und Körper-Maasse (kleine Scala).

Einheit — 1 Liter.

1. Mehrfache des Liters.

	Liter.
Liter	= 1
Dekaliter	= 10
Hektoliter	= 100
Kiloliter	= 1000

2. Theile des Liters.

	Liter.			
Liter	= 1			
Deciliter	= 0,1	oder	$1/10$	Liter.
Centiliter	= 0,01	„	$1/100$	„
Milliliter	= 0,001	„	$1/1000$	„

Die in diesen beiden Reihen aufgeführten Maasse gelten vorzugsweise als Hohlmaasse, und werden sowohl für flüssige als feste Körper angewendet. Sie sind ziemlich alle im Gebrauch. Das höchste Glied der Reihe (das Kiloliter) fällt mit dem Cubikmeter, der Einheit des grossen Körpermaasses, zusammen. Das kleinste Glied andererseits, das Milliliter, stimmt mit dem Cubikcentimeter überein, welcher Name in der That der gebräuchlichere ist.

Hohl- und Körper-Maasse (grosse Scala).
Einheit — 1 Cubikmeter.

1. Mehrfache des Cubikmeters.   2. Theile des Cubikmeters.

	Cubikmeter.			Cubikmeter.
Cubikmeter	=	1	Cubikmeter	= 1
Cubikdekameter	=	1,000	Cubikdecimeter	= 0,001
Cubikhektometer	=	1,000,000	Cubikcentimeter	= 0,000,001
Cubikkilometer	=	1,000,000,000	Cubikmillimeter	= 0,000,000,001

Das Cubikmeter ist das gewöhnliche Maass für feste Körper z. B. für Brennholz, in welcher Eigenschaft es den Namen Stere (von $\sigma\tau\varepsilon\rho\varepsilon\acute{o}\varsigma$, fest, körperlich) annimmt. Diese Bezeichnung lässt sich mit Hülfe der griechischen Zahlwörter multipliciren, der lateinischen dividiren; allein nur ein einziges Glied der auf diese Weise gebildeten Reihen, nämlich das Decistere oder Zehntel eines Steres ist nützlich gefunden worden und in Anwendung gekommen.

Es bleibt uns jetzt noch übrig, einen Blick auf die Gewichte zu werfen.

Als Ausgangspunkt für die Gewichte haben die Franzosen, wie bereits erwähnt, den mit destillirtem Wasser von 4^0C. (der Temperatur, bei welcher das Wasser die grösste Dichtigkeit besitzt) erfüllten Würfel genommen, welchen man erhält, wenn das Cubikmeter in Milliontel getheilt wird. Es ist dieser Würfel das Milliliter, besser bekannt unter dem Namen Cubikcentimeter. Das im luftleeren Raume bestimmte Gewicht des mit Wasser von 4^0 erfüllten Cubikcentimeters hat die Bezeichnung Gramm erhalten von $\gamma\rho\acute{\alpha}\mu\mu\alpha$, dem Namen eines kleinen in Griechenland gebräuchlichen Gewichtes. Das Wort $\gamma\rho\acute{\alpha}\mu\mu\alpha$ ist ein Abkömmling von $\gamma\rho\acute{\alpha}\varphi\omega$, ich schreibe, und verdankt seine Anwendung für den gedachten Zweck vielleicht dem Umstand, dass der Werth auf dem Gewichte selbst aufgeschrieben war. Mit Hülfe der griechischen und lateinischen Zahlwörter gestalten sich für die Gewichte folgende zwei Reihen:

Gewichte.

Einheit — 1 Gramm.

1. Mehrfache des Gramms.
Gramm.
Gramm = 1
Dekagramm = 10
Hektogramm = 100
Kilogramm = 1000

2. Theile des Gramms.
Gramm.
Gramm = 1
Decigramm = 0,1 oder $^1/_{10}$ Grm.
Centigramm = 0,01 „ $^1/_{100}$ „
Milligramm = 0,001 „ $^1/_{1000}$ „

Sämmtliche Glieder der letzten Reihe sind in täglichem Gebrauch, zumal für die Zwecke des Chemikers; in der ersten Reihe ist ausser der Einheit selbst nur noch das Kilogramm oder Tausendgramm-Gewicht in Anwendung gekommen. Es ist dieses das Gewicht eines Wasserwürfels, der sich auf dem Quadratdecimeter als Grundfläche erhebt, mit anderen Worten, das Gewicht eines Liters Wasser von 4^0 C.

Die höchsten Glieder in unseren multiplen Reihen haben die Bezeichnung Kilo-. Sie lassen sich nochmals verzehnfachen, indem wir für Kilo- das Zahlwort Myria- setzen. Das Myriameter hat eine Länge von zehn Kilometern, das Myrialiter den Rauminhalt von zehn Kilolitern u. s. w. Diese hohen Maasse sind jedoch nur äusserst selten nothwendig, und es schien daher kaum wünschenswerth, sie in unsere Tafeln einzuführen.

Es bleibt jetzt nur noch übrig, die Hauptmaasseinheiten des metrischen Systems mit den in Preussen und England gebräuchlichen Maassen zu vergleichen, um vorkommenden Falles nothwendig werdende Reductionen auszuführen. Denn obwohl der norddeutsche Reichstag in der denkwürdigen Sitzung vom 15. Juni 1868 die Einführung des metrischen Maass- und Gewichtssystems in den Staaten des norddeutschen Bundes zum Gesetz *) erhoben hat, obwohl in England die

---

*) Der Art. 22 des Gesetzes bestimmt, dass die neue Maass- und Gewichtsordnung mit dem 1. Januar 1872 in Kraft tritt, und Art. 23, dass ihre Anwendung bereits vom 1. Januar 1870 an gestattet ist, sofern die Betheiligten hierüber einig sind.

Metrisches Maass- und Gewichtssystem.

Anwendung desselben durch einen Parlamentsbeschluss bereits legalisirt ist, so dürfte doch wohl noch ein Vierteljahrhundert verstreichen, ehe die jetzt üblichen Maasse aus dem Verkehr verschwunden sein werden.

1 Meter =
- Preuss. Maass: 1,499387 Elle = 3,186199 Fuss = 38,234388 Zoll.
- Engl. Maass: 1,093633 Yard = 3,280899 Fuss = 39,37079 Zoll.

1 Are =
- Preuss. Maass: 7,049905 Quadrat-Ruthen = 0,039166 Morgen.
- Engl. Maass: 3,957388 Perches = 119,603326 Square Yards = 0,02471 Acre.

1 Liter =
- Preuss. Maass: 0,87336 Quart = 55,893542 Cubik-Zolle.
- Engl. Maass: 1,760773 Pinten = 0,220096 Gallonen = 61,027051 Cubik-Zoll.

1 Stere =
- Preuss. Maass: 32,34585914 Cubik-Fuss = 3,370869 Cubik-Ellen.
- Engl. Maass: 1,308020 Cubik-Yards = 35,316580 Cubik-Fuss.

1 Gramm =
- Preuss. Maass: 0,06 Loth = 0,002 Zoll-Pfund.
- Engl. Maass: 15,434 Grains = 0,002204 Pfund.

Für die Zwecke unserer Betrachtungen sind es zumal die Volum- und Gewichtseinheiten, das Liter und das Gramm, welche uns interessiren. Auch die Längeneinheit (das Meter) kommt vielfach in Anwendung, insofern wir die mittlere Höhe des Barometers ($0^m,76$) in ihr ausdrücken.

Nach dieser Abschweifung kehren wir zu der Frage zurück, die sie veranlasste, zu der Frage nämlich, welche Einheiten wir am besten wählen, wenn es sich darum handelt, die absoluten Gewichte concreter Gasvolume miteinander zu vergleichen.

Für diese Zwecke scheint sich vor Allem das Cubikdecimeter oder Liter als Volumeinheit zu eignen. In der anliegenden perspectivischen Zeichnung ist die Vorderansicht des Cubik-

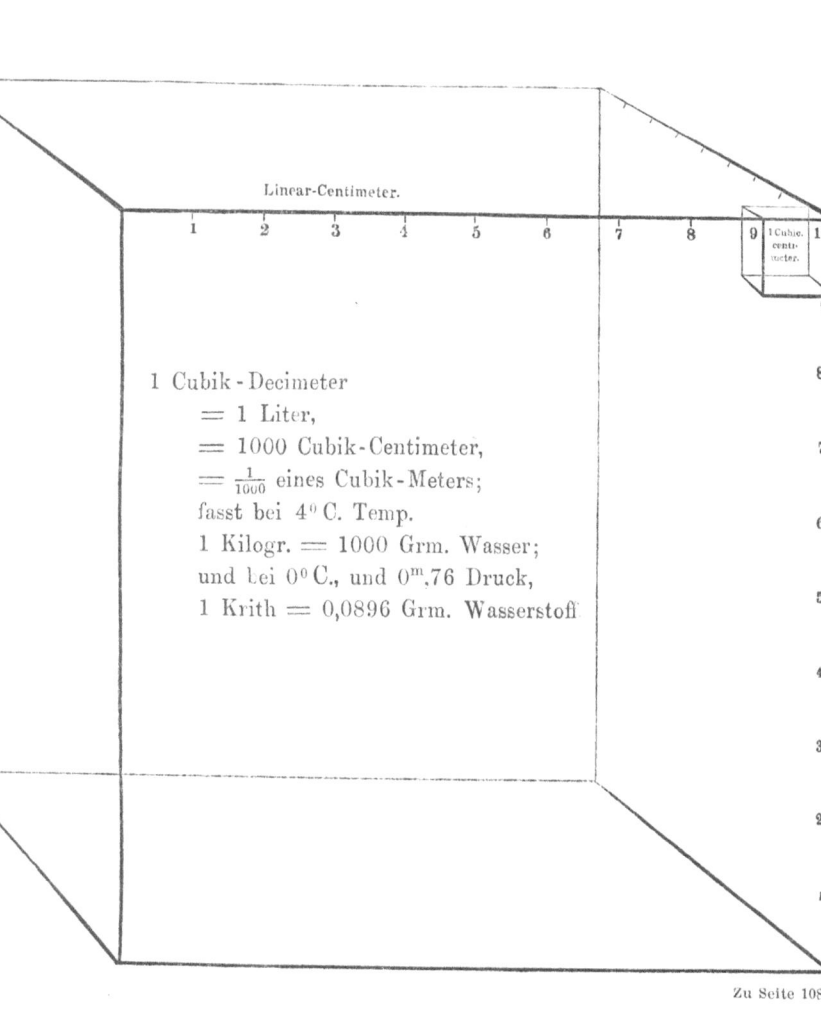

Linear-Centimeter.

1 Cubic-centimeter.

1 Cubik-Decimeter
  = 1 Liter,
  = 1000 Cubik-Centimeter,
  = $\frac{1}{1000}$ eines Cubik-Meters;
fasst bei 4° C. Temp.
1 Kilogr. = 1000 Grm. Wasser;
und bei 0° C., und 0^m.76 Druck,
1 Krith = 0,0896 Grm. Wasserstoff

Das Wasserstofflitergewicht, das Krith.

decimeters in natürlicher Grösse gegeben. Als Gewichtseinheit nehmen wir die das Cubikdecimeter, das Liter, unter den Normalbedingungen der Temperatur und des Druckes, also bei 0^0 C. und 0^m,76 Bar., füllende Gewichtsmenge Wasserstoff, auf welches Element wir ja bereits gewohnt sind sämmtliche, andere Elemente betreffende, Maassangaben zu beziehen.

Das Gewicht eines Liters Wasserstoff unter den angegebenen Bedingungen beträgt nach genauen Wägungen 0,0896 Gramm. Diese Zahl, welche wir dem Gedächtnisse nicht sorgfältig genug einprägen können, lässt das Gewicht des Liters irgend eines anderen einfachen oder zusammengesetzten Gases, vorausgesetzt, dass wir sein Volumgewicht kennen, mit Leichtigkeit berechnen. Man braucht nur das Volumgewicht mit dem Coëfficienten 0,0896 zu multipliciren. Es gewinnt daher dieser Coëfficient, dieses Normaleinheitsgewicht, für unsere Betrachtungen eine solche Wichtigkeit, dass es wünschenswerth erscheint, einen besonderen Namen dafür gelten zu lassen. Da Kürze jedenfalls ein Haupterforderniss ist, so wollen wir das Wasserstofflitergewicht mit dem Namen „Krith" bezeichnen, ein Ausdruck, nach der Analogie der Gewichtsbenennung Gran (von *granum*), von dem griechischen Worte χριθή abgeleitet, welches ein Gerstenkorn und alsdann in abgeleiteter Bedeutung ein kleines Gewicht bezeichnet. Nennen wir also das Gewicht eines Liters Wasserstoff 1 Krith, so drücken die Volumgewichte anderer Gase, in Krithen gelesen, die absoluten Gewichte von je 1 Liter der betreffenden Gase aus.

Die Volumgewichte der Elemente Chlor, Sauerstoff, Stickstoff haben wir beziehungsweise zu 35,5, zu 16, zu 14 gefunden. 1 Liter dieser Gase bei 0^0C. und 0^m,76 Bar., das Normalliter derselben, wiegt also 35,5 Krithe, 16 Krithe und 14 Krithe.

Die Volumgewichte der Verbindungen Chlorwasserstoff, Wassergas, Ammoniak wurden beziehungsweise zu 18,25, zu 9 und zu 8,5 ermittelt (vergl. S. 82). 1 Liter dieser Gase bei 0^0C. und 0^m,76 Bar., das Normalliter derselben, wiegt also 18,25 Krithe, 9 Krithe, 8,5 Krithe.

Hieraus ergeben sich ohne Schwierigkeit die Gewichte der Normalliter der genannten Elemente und Verbindungen in Grammen.

Elemente.

	Volum-Gewicht.	Gewicht des Liters bei 0^0 C. und $0^m,76$ Bar.	
		in Krithen.	in Grammen.
Wasserstoff	1	1	$1 \times 0,0896 = 0,0896$
Chlor	35,5	35,5	$35,5 \times 0,0896 = 3,1808$
Sauerstoff	16	16	$16 \times 0,0896 = 1,4336$
Stickstoff	14	14	$14 \times 0,0896 = 1,2544$

Verbindungen.

	Volum-Gewicht.	Gewicht des Liters bei 0^0 C. und $0^m,76$ Bar.	
		in Krithen.	in Grammen.
Chlorwasserstoff ..	18,25	18,25	$18,25 \times 0,0896 = 1,6352$
Wassergas	9	9	$9 \times 0,0896 = 0,8064$
Ammoniak	8,5	8,5	$8,5 \times 0,0896 = 0,7616$

In der vorstehenden Tabelle ist das Gewicht eines Liters Wassergas bei 0^0 und $0^m,76$ Bar. Druck verzeichnet, während doch Jedermann weiss, dass das Wassergas unter diesen Bedingungen nicht existirt. Es lässt sich daher nicht verkennen, dass die in der Tabelle verzeichneten 9 Kth nur das Gewicht eines gedachten Normalliters Wassergas ausdrücken können. Was der Versuch unzweifelhaft festgestellt hat, ist dieses: 1 Lit. Wassergas, bei irgend welcher Temperatur, bei der es als solches zu existiren vermag, ist 9 mal so schwer,

Litergewicht des Wassergases.

als ein bei derselben Temperatur gewogenes Liter Wasserstoff. Könnte man das Wassergas bis auf 0° abkühlen, ohne es zu verflüssigen, so würde es auch bei dieser Normaltemperatur 9 mal so schwer sein als der Wasserstoff und da 1 Lit. Wasserstoff bei 0° 1 Kth wiegt, so müsste 1 Lit. Wassergas bei dieser Temperatur 9 Kth wiegen. Zu diesem Schlusse berechtigen uns die Erfahrungen, welche über das Verhalten gasförmiger Körper vorliegen.

Die Physik lehrt uns, dass sich bei unverändert bleibendem Drucke die permanenten Gase unter dem Einflusse der Wärme für einen Temperaturgrad um $^1/_{273}$ ihres bei 0° beobachteten Volums ausdehnen. 1 Lit. Wasserstoff oder Sauerstoff oder Stickstoff, bei 0° gemessen wird daher bei 273° zu $1 + {}^{273}/_{273} = 1 + 1 = 2$ Litern anwachsen, mithin sein Volum verdoppeln. Ein bei 273° C. beobachtetes Gasvolum muss also durch Abkühlung bis zu 0° auf die Hälfte zusammenschrumpfen, und das bei 273° gemessene Lit. Wasserstoff, Sauerstoff, Stickstoff kann bei 0° nicht mehr als $^1/_2$ Lit. erfüllen.

Gesetzt die Gewichte von 1 Lit. Wasserstoff, Sauerstoff, Stickstoff wären bei 273° bestimmt und unter dem Normalbarometerdruck von 0^m,76, beziehungsweise zu 0,5 Kth, 8 Kth und 7 Kth gefunden worden, so würden wir aus dem bekannten Verhältniss des Volums bei 273° zu dem Volum bei 0°, für die Gewichte von 1 Lit. Wasserstoff, Sauerstoff und Stickstoff, immer unter dem Normalbarometerdruck, bei 0° beziehungsweise die Werthe $2 \times 0,5 = 1$ Kth, $2 \times 8 = 16$ Kth und $2 \times 7 = 14$ Kth berechnen dürfen, welche Zahlen mit den durch den Versuch für 0° ermittelten übereinstimmen. Wenn in ganz ähnlicher Weise unter dem Normalbarometerdruck das Gewicht von 1 Lit. Wassergas bei 273° zu 4,5 Kth gefunden worden wäre, so würde sich unter der Voraussetzung, dass es sich bei der Abkühlung, dem Wasserstoff, dem Sauerstoff, dem Stickstoff, also den permanenten Gasen gleich verhalten hätte, das Gewicht von 1 Lit. Wassergas bei 0° zu $2 \times 4,5 = 9$ Kth berechnen.

Auf den ersten Blick dürfte es scheinen, als ob das Gewicht eines imaginären Normalliters Wassergas ein nur geringes praktisches Interesse beanspruchen könne, allein die Folge wird uns lehren, dass die unter der angegebenen Voraussetzung gefundene Zahl in mannigfaltigen Rechnungen die glücklichste Verwerthung findet. Schon jetzt muss es einleuchten, dass sich das Volumgewicht des Wassergases mit den Volumgewichten der permanenten Gase, da wir dieselben stets auf die Normalbedingungen des Drucks und der Temperatur zu beziehen pflegen, in einfacher Weise gar nicht vergleichen liesse, wenn wir dieses nur bei erhöhter Temperatur existirende Gas nicht im Sinne der oben gemachten Annahme den permanenten Gasen zur Seite stellen dürften.

Mit Hülfe des Wasserstofflitergewichts oder Kriths = 0,0896 gehen wir also mit der grössten Leichtigkeit von den relativen Zahlen, welche die Volumgewichte repräsentiren, zu den absoluten Werthen über, welche die Gewichte des Liters der betreffenden gasförmigen Körper unter den Normalbedingungen der Temperatur und des Drucks darstellen, einerlei ob die Körper unter diesen Bedingungen als Gase existiren oder nicht.

In vielen Fällen kann man, wenn man von dem Krith auf das Gramm übergehen will, beim Multipliciren etwas Mühe sparen, wenn man für das Krith den Annäherungswerth 0,09, statt 0,0896, annimmt. Bei dem Chlor (dem schwersten der Elementargase) beträgt der Fehler nicht mehr als 3,1950 — 3,1808 = 0,0142 Gramm), welche das Liter schwerer gefunden wird; bei dem Wasserstoff (dem leichtesten aller Körper) ist der Fehler nur $^4/_{10000}$ eines Grammes.

Mit der Annahme des Wasserstoffliter-Gewichtes, des Kriths, haben die Symbole der Elemente und die Formeln der Verbindungen, mit denen wir bekannt geworden sind, noch eine weitere Bedeutung gewonnen. Die Symbole der Elemente repräsentiren uns die Gewichte eines Normalliters, die Formeln der Verbindungen die Gewichte zweier Normalliter. Wir sagen daher auch wohl, dass wir die Elemente durch

Zweiliterformeln. 113

Einlitersymbole, die Verbindungen durch Zweiliterformeln darstellen.

Die Vortheile, die uns aus diesen Betrachtungen für das Verständniss der chemischen Zeichensprache erwachsen, an deren Symbole und Formeln sich nunmehr absolute, dem Gedächtniss leicht einzuprägende Volum- und Gewichtswerthe knüpfen, werden bis zu einem gewissen Grade durch den Umstand beeinträchtigt, dass die symbolisch dargestellten Gewichtsmengen der Elemente und der Verbindungen ungleiche Volume, die der ersteren 1 Volum, die der letzteren 2 Volume, ausdrücken. Wir werden in der Folge sehen, in welcher Weise die weitere Entfaltung dieser Betrachtungen auch diesem Mangel begegnet.

V.

Chlorwasserstoff, Wasser und Ammoniak als Typen chemischer Verbindungen. — Brom und Jod, dem Chlor analoge Elemente. Bromwasserstoff und Jodwasserstoff. Ableitung derselben von dem Chlorwasserstoff-Typus. — Schwefel und Selen, dem Sauerstoff analoge Elemente. Schwefelwasserstoff und Selenwasserstoff. Ableitung derselben vom Wasser-Typus. — Phosphor und Arsen, dem Stickstoff analoge Elemente. Phosphorwasserstoff und Arsenwasserstoff. Vergleichung dieser Verbindungen mit dem Ammoniak. Weitere Entwicklung der chemischen Formelsprache. Chemische Formeln als Mittel der Classification. Veranschaulichung chemischer Vorgänge durch Formeln. Chemische Gleichungen. Uebertragung der chemischen Formelgleichungen in Gewichts- und Volumgleichungen.

Die Volum- u. Gewichts-Verhältnisse, welche in den Formeln des Chlorwasserstoffs, des Wassers und des Ammoniaks
HCl, H_2O und H_3N
ihren Ausdruck finden, gewinnen, wie gross immer das ihnen eigenthümliche Interesse sein möge, eine ungleich höhere Bedeutung, wenn wir diese Formeln als Typen, als Vorbilder eben so vieler Gruppen von Verbindungen kennen lernen, sämmtliche Glieder einer jeden Gruppe, man könnte sagen, in derselben Form gegossen, und desshalb die Eigenthümlichkeiten der Modelle in getreuer Nachbildung wiedergebend. Es sind diese analogen Verbindungen, welche jetzt unsere Betrachtung fordern.

Im Laufe unserer bisherigen Studien, welche der Erforschung der Modelle gewidmet waren, liessen wir es uns angelegen sein, eine jede der sich entwickelnden Anschauungen durch den Versuch zu bethätigen. In ganz ähnlicher Weise könnten wir nun auch die Structur der analogen Verbindungen, welche uns zunächst interessiren, experimentell zu begründen suchen; allein unsere Bewegung würde schwerfällig werden, und wir liefen Gefahr, das eigentliche Ziel unserer Aufgabe aus dem Auge zu verlieren, wollten wir auch jetzt noch jede neue That-

Brom und Jod, dem Chlor analoge Elemente. 115

sache, welche sich dem Kreise unserer Betrachtung einfügt, im Versuche an uns herantreten lassen. Beim Erwerbe wissenschaftlicher Erfahrung hat man jederzeit Vieles auf das glaubwürdige Zeugniss Anderer hinzunehmen und wir, wie die Jünger anderer Naturwissenschaften, müssen uns für den Augenblick bei dem Studium vieler uns interessirenden Thatsachen auf die anerkannten Archive der Wissenschaft verlassen, indem es uns vorbehalten bleibt, später an geeigneter Stelle einige der mittlerweile auf Treu und Glauben angenommenen Resultate durch den Versuch zu bethätigen.

Unter den später zu betrachtenden Elementen werden wir mit zweien bekannt werden, mit dem Brom und dem Jod, welche sich ihrem ganzen Verhalten nach unzweideutig neben das Chlor stellen. Wie das Chlor vereinigen sich das Brom und das Jod mit dem Wasserstoff: die gebildeten Verbindungen, der Bromwasserstoff und der Jodwasserstoff, sind farblos-durchsichtige, in Wasser lösliche Gase, welche in ihren Eigenschaften die grösste Aehnlichkeit mit dem Chlorwasserstoff zeigen und, wie der Versuch gelehrt hat, auch eine ganz analoge Zusammensetzung besitzen. Das Brom ist bei gewöhnlicher Temperatur eine schwarzrothe, erstickend riechende Flüssigkeit, welche schon bei 58^0 unter Entwicklung tief braunrother Dämpfe siedet. Das Jod stellt sich als ein dunkelgrauer starrer Körper dar, krystallinisch und von eigenthümlichem Metallglanz, bei 107^0 schmelzend und bei 175^0 unter Entwicklung eines prachtvoll violetten Dampfes siedend. Beide Elemente unterscheiden sich also in dieser Beziehung wesentlich von dem Chlor, welches unter gewöhnlichen Bedingungen gasförmig ist. Allein nichts hindert uns, die Volumgewichte derselben im gasförmigen Zustande zu bestimmen und mit dem bei derselben Temperatur bestimmten Volumgewichte des Wasserstoffs zu vergleichen. Bei Temperaturen bestimmt, bei welchen Brom und Jod Gase sind, verhalten sich in der That die Gewichte gleicher Volume Wasserstoff, Brom- und Jodgas wie
$$1 : 80 : 127.$$

8*

116 Analoge Construction d. Chlor-, Brom-, Jodwasserst.

Nehmen wir an, dass sich das Brom- und Jodgas unter einem Druck von $0^m,76$ auf 0^0 C. abkühlen könnten, ohne beziehungsweise zu einer Flüssigkeit und zu einem starren Körper verdichtet zu werden, gerade wie wir dies schon früher für das Wassergas gelten liessen, so würde das Normalliter Bromgas 80 Krith, das Normalliter Jodgas 127 Krith wiegen.

Setzen wir für die Gewichte des Liters Bromgas (80) und Jodgas (127) die Anfangsbuchstaben ihrer Namen, also Br und I, gerade so wie wir das Gewicht eines Liters Chlorgas (35,5) mit Cl bezeichneten, so wird sich, vorausgesetzt dass Brom- und Jodwasserstoff nach dem Vorbilde des Chlorwasserstoffs construirt sind, die Zusammensetzung der drei Verbindungen durch folgende Diagramme darstellen lassen:

Zusammensetzung des Chlorwasserstoffs.

| H | + | Cl | = | HCl |

Zusammensetzung des Bromwasserstoffs.

| H | + | Br | = | HBr |

Zusammensetzung des Jodwasserstoffs.

| H | + | I | = | HI |

welche sich, der Umrahmungen entkleidet, zu folgenden knappen Formeln vereinfachen:

Chlorwasserstoff . . . . H + Cl = HCl.
Bromwasserstoff . . . . H + Br = HBr.
Jodwasserstoff . . . . H + I = HI.

Aus diesen Diagrammen und Formeln lernen wir, dass 1 Lit. Wasserstoff (1 Kth = H), welches bei dem Uebergange in Chlorwasserstoff 1 Lit. Chlor (35,5 Kth = Cl) fixirt, bei dem Uebergange in Brom- und Jodwasserstoff, beziehungsweise 1 Lit. Bromgas (80 Kth = Br) und 1 Lit. Jodgas (127 Kth = I) aufnehmen muss. Diese Thatsache ist denn auch durch genaue Versuche festgestellt worden. Unsere Formeln sagen uns ferner, dass sich der Wasserstoff mit dem Brom- und Jodgas ohne Ver-

Schwefel u. Selen, dem Sauerstoff analoge Elemente. 117

dichtung verbindet, dass also 1 Lit. Wasserstoff (1 Kth = H), welches mit 1 Lit. Chlor (35,5 Kth = Cl) 2 Lit. Chlorwasserstoffgas (36,5 Kth = HCl) liefert, durch Aufnahme von 1 Lit. Bromgas (80 Kth = Br) und 1 Lit. Jodgas (127 Kth = I), beziehungsweise in 2 Lit. Bromwasserstoff (81 Kth = HBr) und 2 Lit. Jodwasserstoff (128 Kth = HI) übergehen müssen. Dass dem in der That so sei, ergiebt sich aus der Bestimmung der Volumgewichte des Brom- und Jodwasserstoffs, welche durch den Versuch beziehungsweise zu 40,5 und 64 gefunden worden sind. Diese Zahlen, in Krithen gelesen, drücken die Gewichte von 1 Lit. Bromwasserstoff und 1 Lit. Jodwasserstoff aus, und es ergeben sich somit die Gewichte von 2 Lit. Bromwasserstoff zu 2 × 40,5 = 81 Kth. und von 2 Lit. Jodwasserstoff zu 2 × 64 = 128 Kth. Dieses sind aber genau die Werthe, welche sich unter der Voraussetzung berechnen, dass sich gleiche Volume ihrer Bestandtheile ohne Verdichtung mit einander vereinigen.

Gerade so wie wir mit dem Chlor die Elemente Brom und Jod zusammengestellt haben, reihen sich an den Sauerstoff zwei weitere Elemente, der Schwefel und das Selen. Die Eigenschaften dieser beiden Elemente, mit denen des Sauerstoffs verglichen, zeigen noch grössere Abweichungen, als das Brom und das Jod dem Chlor gegenüber darboten. Der Schwefel, durch seine zahlreichen Anwendungen hinreichend bekannt, ist bei gewöhnlicher Temperatur starr, und vergast sich, obwohl schon bei 115° schmelzend, erst bei einer Temperatur von 490°. Das Selen, welches in der Natur nur spärlich vorkommt, ist ein starrer Körper von bleigrauer Farbe, der bei 217° schmilzt, sich aber erst bei einer der Rothgluth nahen Temperatur in Gas verwandelt. Der Sauerstoff andererseits ist bis jetzt nur im gasförmigen Zustande beobachtet worden. In ihren Verbindungen tritt indessen die Artverwandtschaft der drei Elemente schon deutlicher hervor, und es sind zumal die gasförmigen Verbindungen des Schwefels und Selens mit dem Wasserstoff, der Schwefelwasserstoff und der Selenwasserstoff, welche, obwohl immer noch in vieler Beziehung

118 Analogie des Schwefel- und Selenwasserstoffs

von dem Sauerstoffwasserstoff, dem Wasser, verschieden, dennoch unverkennbar den chemischen Charakter der letztgenannten Verbindung tragen.

Obwohl nun Schwefel sowohl als Selen erst bei sehr hohen Temperaturen den gasförmigen Zustand annehmen, so ist es doch neuerdings gelungen, die Gasvolumgewichte dieser beiden Elemente zu bestimmen. Bei Temperaturen, bei welchen dieselben wahre Gase sind, stehen die Gewichte gleicher Volume Wasserstoff, Schwefelgas und Selengas in dem Verhältniss von
1 : 32 : 79.

Nehmen wir nun auch für den Schwefel und das Selen wieder an, dass sie sich unter einem Druck von $0^m,76$ Bar. bei 0^0 C. gasförmig erhalten könnten, so wird das Normalliter Schwefelgas 32 Kth, das Normalliter Selengas 79 Kth wiegen, welche Gewichte wir beziehungsweise mit den Anfangsbuchstaben der fraglichen Elemente, also $32 = \mathfrak{S}$ und $79 = \mathfrak{Se}$, bezeichnen.

Sind Schwefel- und Selenwasserstoff in der That dem Wasser analog construirt, so stellt sich die Zusammensetzung der drei Verbindungen in folgenden Diagrammen dar:

Zusammensetzung des Wassergases.

$$\left.\begin{array}{c}\boxed{\text{H}}\\ \boxed{\text{H}}\end{array}\right\} + \boxed{\text{O}} = \boxed{\text{H}_2\text{O}}$$

Zusammensetzung des Schwefelwasserstoffs.

$$\left.\begin{array}{c}\boxed{\text{H}}\\ \boxed{\text{H}}\end{array}\right\} + \boxed{\mathfrak{S}} = \boxed{\text{H}_2\mathfrak{S}}$$

Zusammensetzung des Selenwasserstoffs.

$$\left.\begin{array}{c}\boxed{\text{H}}\\ \boxed{\text{H}}\end{array}\right\} + \boxed{\mathfrak{Se}} = \boxed{\text{H}_2\mathfrak{Se}}$$

mit dem Wassergase.

Oder in Formeln:

Wassergas . . . . $2 H + O = H_2 O$.
Schwefelwasserstoff . $2 H + S = H_2 S$.
Selenwasserstoff . . $2 H + Se = H_2 Se$.

Auch in diesem Falle ist, was sich in diesen Formeln ausspricht, durch den Versuch bethätigt worden. Gerade so wie sich 1 Liter Sauerstoff (O) mit 2 Liter Wasserstoff (2 H) zu Wasser verbindet, so vereinigen sich auch 1 Lit. Schwefelgas (S) und 1 Lit. Selengas (Se) mit 2 Lit. Wasserstoff zu Schwefel- und Selenwasserstoff. Gerade so wie sich bei der Wasserbildung die 3 Liter der Bestandtheile (H + H + O) zu 2 Lit. Wassergas ($H_2 O$) verdichten, so ziehen sich auch die 3 Liter der gasförmigen Bestandtheile des Schwefelwasserstoffs (H + H + S) und des Selenwasserstoffs (H + H + Se) beim Uebergange in die chemischen Verbindungen auf 2 Liter zusammen, eine Thatsache, welche sich in den Formeln derselben ($H_2 S$ und $H_2 Se$) ausspricht. Das Verdichtungsverhältniss erhellt auch hier wieder aus der Volumgewichtsbestimmung des Schwefelwasserstoffs und Selenwasserstoffs. Wenn 2 Lit. Wasserstoff (2 H = 2 Kth) mit 1 Lit. Schwefelgas (S = 32 Kth) und 1 Lit. Selengas (Se = 79 Kth), beziehungsweise 2 Lit. Schwefelwasserstoff ($H_2 S$ = 34 Kth) und 2 Lit. Selenwasserstoff ($H_2 Se$ = 81 Kth) liefern, so muss 1 Lit. Schwefelwasserstoff $\frac{34}{2} = 17$ Kth, 1 Lit. Selenwasserstoff $\frac{81}{2} = 40,5$ Kth wiegen. Die Volumgewichte des Schwefelwasserstoffs und Selenwasserstoffs sind in der That zu 17 und 40,5 gefunden worden.

Es giebt endlich verschiedene Elemente, welche eine gewisse Analogie mit dem Stickstoff zeigen. In dem Phosphor und Arsen werden wir zwei einfache Körper kennen lernen, welche, bei gewöhnlicher Temperatur starr, erst bei hohen Wärmegraden den gasförmigen Zustand annehmen. Der wachsartige, fast durchsichtige Phosphor schmilzt bei 44⁰ und vergast sich bei 290⁰, während das stahlgraue Arsen, ohne zu schmelzen, erst bei anfangender Rothgluth in Gas verwandelt wird. Wir begegnen hier also dem Stickstoff gegenüber derselben Verschiedenheit in den Eigenschaften, welche wir bereits bei dem Sauerstoff, Schwefel und Selen zu beobachten Gelegenheit hatten, und es sind auch hier wieder die gasförmigen Wasserstoffverbindungen dieser Elemente, der **Phosphorwasserstoff** und **Arsenwasserstoff**, deren Analogie mit dem **Stickstoffwasserstoff, dem Ammoniak**, am bestimmtesten zu Tage tritt. Phosphor- und Arsenwasserstoff sind im Wasser unlösliche Gase, ersterer überdies noch durch seinen eigenthümlichen Geruch und durch die Eigenschaft ausgezeichnet, sich an der Luft zu entzünden und unter Bildung sehr regelmässiger, langsam aufwirbelnder, weisser Dampfringe zu verbrennen. Es sind dies allerdings Eigenschaften, welche von denen des Ammoniaks nicht wohl stärker abweichen könnten. Allein so verschieden sich auch die drei Verbindungen in ihren Eigenschaften darstellen, so giebt sich doch bei genauerer Betrachtung eine Aehnlichkeit in ihrem chemischen Verhalten zu erkennen, welche auf nahe Uebereinstimmung in ihrer Zusammensetzung hindeutet.

Die Volumgewichte des Phosphor- und Arsengases sind erst in jüngster Zeit mit hinreichender Schärfe ermittelt worden. Bei sehr hoher Temperatur, bei welcher man annehmen darf, dass beide Elemente den vollkommen gasförmigen Zustand angenommen haben, stehen die Gewichte gleicher Volume Wasserstoff, Phosphorgas und Arsengas in dem Verhältniss von

$$1 : 62 : 150.$$

Es würde also, unter der Annahme, dass Phosphor und Arsen bei $0^m,76$ Bar. und 0^0 C. gasförmig bleiben könnten, das Normalliter Phosphorgas 62 Kth, das Normalliter Arsengas 150 Kth wiegen, welche Gewichte wir auch in diesem Falle mit den Anfangsbuchstaben der Namen der Elemente, also $64 = \text{P}$ und $150 = \text{As}$, bezeichnen wollen. Nun er-

Volumgewicht des Phosphor- und Arsengases. 121

innern wir uns, dass in 2 Lit. Ammoniakgas (17 Kth = $H_3 N$) 3 Lit. Wasserstoff (3 Kth = 3 H) mit 1 Lit. Stickstoff (14 Kth = N) vereinigt sind. Unter Voraussetzung analoger Zusammensetzung mit dem Ammoniak müssten also 2 Lit. Phosphorwasserstoff und 2 Lit. Arsenwasserstoff ebenfalls 3 Lit. Wasserstoff enthalten, verbunden beziehungsweise mit 1 Lit. Phosphorgas und 1 Lit. Arsengas.

Der Versuch hat die angedeutete Annahme einer Uebereinstimmung in der Zusammensetzung des Phosphor- und Arsenwasserstoffs mit der des Ammoniaks nicht bestätigt. 2 Lit. Phosphorwasserstoff enthalten allerdings 3 Lit. Wasserstoff, aber nicht 1 Liter, sondern nur $^1/_2$ Lit. Phosphorgas; in ähnlicher Weise sind in 2 Lit. Arsenwasserstoff 3 Lit. Wasserstoff nicht mit 1 Liter, sondern nur mit $^1/_2$ Lit. Arsengas verbunden. Bei der Volumgewichtsbestimmung des Phosphor- und Arsenwasserstoffs sind nämlich beziehungsweise die Zahlen 17 und 39 gefunden worden, welche in Krithen die Gewichte von 1 Lit. Phosphorwasserstoff und 1 Lit. Arsenwasserstoff ausdrücken. In 2 Lit. Phosphorwasserstoff ($2 \times 17 = 34$ Kth) und 2 Lit. Arsenwasserstoff ($2 \times 39 = 78$ Kth) hat der Versuch 3 Liter Wasserstoff (3 Kth) nachgewiesen. 2 Lit. Phosphorwasserstoff enthalten mithin $34 - 3 = 31$ Kth Phosphor und 2 Lit. Arsenwasserstoff $78 - 3 = 75$ Kth Arsen. Nun wiegt aber, wie bereits bemerkt, 1 Lit. Phosphorgas $62 = 2 \times 31$ Kth, 1 Lit. Arsengas $150 = 2 \times 75$ Kth. Bemühen wir uns, das Ergebniss der Versuche symbolisch zu fassen, so zeigt es sich alsbald, dass die Zusammensetzung des Phosphor- und Arsenwasserstoffs sich in Formeln, welche den uns bereits bekannten analog construirt sind, gar nicht ausdrücken lässt. Wollen wir einerseits die Gewichtsmengen formuliren, welche in 2 Litern dieser Wasserstoffverbindungen enthalten sind, damit ihre Formeln dasselbe Volum darstellen wie die Formeln der übrigen Verbindungen, so gelangen wir, dem Ammoniak gegenüber, für den Phosphor- und Arsenwasserstoff zu folgenden Ausdrücken:

122 Vergleichung der Construction des Ammoniaks

Zusammensetzung des Ammoniaks.

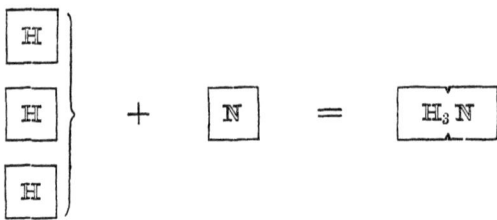

Zusammensetzung des Phosphorwasserstoffs.

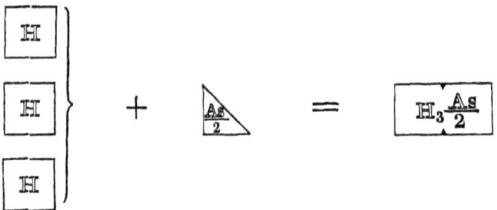

Zusammensetzung des Arsenwasserstoffs.

In Formeln:

Ammoniak. . . . $3H + N = H_3N$.

Phosphorwasserstoff. $3H + \dfrac{P}{2} = H_3\dfrac{P}{2}$.

Arsenwasserstoff . . $3H + \dfrac{As}{2} = H_3\dfrac{As}{2}$.

Formuliren wir andererseits die Gewichtsmengen Phosphor- und Arsenwasserstoff, in welchen beziehungsweise 1 Lit. Phosphorgas und 1 Lit. Arsengas enthalten sind, so nehmen die Ausdrücke folgende Gestalt an:

mit der des Phosphor- und Arsenwasserstoffs. 123

Zusammensetzung des Ammoniaks.

$$\left.\begin{array}{c} \boxed{H} \\ \boxed{H} \\ \boxed{H} \end{array}\right\} + \boxed{N} = \boxed{H_3 N}$$

Zusammensetzung des Phosphorwasserstoffs.

$$\left.\begin{array}{cc} \boxed{H} & \boxed{H} \\ \boxed{H} & \boxed{H} \\ \boxed{H} & \boxed{H} \end{array}\right\} + \boxed{P} = \boxed{H_6 P}$$

Zusammensetzung des Arsenwasserstoffs.

$$\left.\begin{array}{cc} \boxed{H} & \boxed{H} \\ \boxed{H} & \boxed{H} \\ \boxed{H} & \boxed{H} \end{array}\right\} + \boxed{As} = \boxed{H_6 As}$$

In Formeln:

Ammoniak . . . $3H + N = H_3 N$.
Phosphorwasserstoff $6H + P = H_6 P$.
Arsenwasserstoff . $6H + As = H_6 As$.

In den Ausdrücken, welche 2 Lit Phosphorwasserstoff und Arsenwasserstoff in der ersten Reihe von Diagrammen darstellen, finden wir nur $1/2$ Lit. Phosphorgas und $1/2$ Lit. Arsengas, während in keiner der uns bekannten Formeln weniger als 1 Liter eines Elements auftritt; in den in der zweiten Reihe

124 Wahl gleichvolumiger Formeln.

von Diagrammen gegebenen Ausdrücken figuriren allerdings 1 Lit. Phosphorgas und 1 Lit. Arsengas, allein diese Ausdrücke stellen nicht 2 Liter der Wasserstoffverbindungen dar, wie die Formeln der übrigen Verbindungen, sondern 4 Liter; denn 1 Lit. Phosphorgas + 6 Lit. Wasserstoff wiegen 62 + 6 = 68 Kth, 1 Lit. Arsengas + 6 Lit. Wasserstoff 150 + 6 = 156 Kth. Dies sind aber die Gewichte beziehungsweise von 4 Lit. Phosphor- und Arsenwasserstoff, denn da die Einlitergewichte dieser beiden Gase, wie bereits bemerkt, zu 17 Kth und 39 Kth gefunden worden sind, so hat man $\frac{68}{17} = 4$ und $\frac{156}{39} = 4$.

Wir haben also von zwei Schwierigkeiten die kleinere zu wählen. Entweder wir halten das Princip fest, dass die Formeln der Verbindungen stets das Gewicht von 2 Litern darstellen, und bequemen uns, in unseren Formeln halbe Volumgewichte, d. h. Halblitergewichte der Elemente aufzunehmen, oder aber wir vermeiden es, Bruchtheile von elementaren Volumgewichten oder Einlitergewichten auftreten zu lassen, begeben uns alsdann aber des grossen Vortheils der Gleichvolumigkeit der Verbindungsformeln.

Die Wahl ist nicht schwer; wir entscheiden uns ohne Bedenken für die gleichvolumigen Formeln. Ein Blick auf die beiden einander gegenüberstehenden Diagramme zeigt uns, wie ungleich sprechender diese Formeln die Aehnlichkeit sowohl, als die Verschiedenheit der Zusammensetzung des Ammoniaks auf der einen und des Phosphor- und Arsenwasserstoffs auf der anderen Seite zur Geltung bringen. Die gleichvolumigen Formeln enthüllen uns alsbald, worin die Aehnlichkeit in der Zusammensetzung der drei Verbindungen, worin ihre Verschiedenheit besteht. Die Aehnlichkeit — wir sehen es — ist diese, dass 2 Lit. Phosphorwasserstoff und 2 Lit. Arsenwasserstoff, gerade so wie 2 Lit Ammoniakgas, 3 Lit. Wasserstoff enthalten. Die Verschiedenheit besteht darin, dass diese 3 Lit. Wasserstoff im Phosphor-

Chemische Formelsprache. 125

und Arsenwasserstoff beziehungsweise mit $^1/_2$ Lit. Phosphorgas und $^1/_2$ Lit. Arsengas verbunden sind, während sie sich in dem Ammoniak mit 1 Lit. Stickstoff vereinigt haben. Die ungleiche Volume darstellenden Formeln lassen kaum irgend welche Beziehungen des Phosphor- und Arsenwasserstoffs zu dem Ammoniak durchblicken.

Die wenigen im Vorstehenden gegebenen Beispiele chemischer Formeln dürften über den praktischen Werth und die wissenschaftliche Bedeutung dieser bewundernswerthen Zeichensprache, welche man nicht unpassend die Algebra der Chemie nennen könnte, keinen Zweifel lassen.

Wären die chemischen Formeln keiner höheren Leistung fähig, als in gedrängter Form die elementare Structur einer Verbindung wiederzugeben, wir müssten sie zu den werthvollsten Forschungsmitteln zählen, welche der Chemiker besitzt.

Allein wie belehrend die einzelnen Formeln immer sind, wie scharf die Umrisse, in denen sie uns das Bild einer Verbindung skizziren, und wie lebhaft sie die Hauptzüge desselben dem Geiste einprägen, so tritt ihre Bedeutung doch noch viel klarer zu Tage, wenn wir eine Reihe von Formeln nebeneinander studiren, wenn wir uns ihrer als Classificationsmittel bedienen. Indem wir die Formel einer gegebenen Verbindung nach einander mit einer jeden unserer typischen Formeln vergleichen, enthüllt sich uns schnell die Gruppe, welcher wir die Verbindung zuzuzählen haben, und aus den chemischen Charakteren dieser Gruppe, die uns bekannt sind, erschliessen wir die wahrscheinlichen Eigenschaften des neu eingereihten Gliedes und die geeignete Methode seiner Untersuchung, deren Ergebniss wir nicht selten im Voraus zu bestimmen vermögen.

Es ist gleichwohl als Sprache, als Ueberlieferungsmittel, schnell zu schreiben, wie zu lesen, und fähig, dem Geiste in übersichtlichem Bilde vereint eine ganze Reihenfolge von Thatsachen vorzuführen, welche sich in Worten nur einzeln und stückweise hätten darstellen lassen, dass uns der Werth der chemischen Formeln im glänzendsten Lichte erscheint. In der Hand des chemischen Forschers gestalten sie sich zu ebenso bündigem wie umfassendem Ausdrucke der von ihm beobachteten Gesetzmässigkeiten, werden sie endlich die Repräsentanten gewisser Grössenverhältnisse, für welche man nur die absoluten Werthe zu substituiren hat, um in jedem Falle ein klares Bild des Thatsächlichen zu gewinnen.

Für alle diese Zwecke lassen sich die chemischen Formeln wie gewöhnliche algebraische Ausdrücke handhaben. Die Symbole der Elemente, die Formeln der zusammengesetzten Körper setzen wir durch die gewöhnlichen algebraischen Zeichen mit einander in Beziehung; durch das Additionszeichen $+$, das Multiplicationszeichen $\times$, das Subtractionszeichen $-$ und endlich das Gleichheitszeichen $=$.

Auf diese Weise gelangen wir zu chemischen Gleichungen, mit deren Hülfe sich die verwickeltesten Vorgänge der Chemie eben so sicher als schnell durch ihre verschiedenen Phasen verfolgen lassen. Der Nutzen, welchen die chemische Forschung aus dieser Darstellungsweise zu ziehen vermag, ist nicht hoch genug anzuschlagen. Wir werden in der Folge sehen, wie die chemischen Gleichungen ganz eigentlich der Prüfstein unseres Verständnisses sind, wie sich oft die Werthlosigkeit einer ganzen Auffassung alsbald ergiebt, wenn wir es versuchen, dieselbe in einer chemischen Gleichung zu fixiren, und wie andererseits eine glücklich hingeworfene Gleichung nicht selten zur Anstellung von Versuchen führt, denen wir die werthvollsten Erfahrungen verdanken.

Dem angehenden Chemiker kann daher das Studium der chemischen Formelsprache nicht früh und ernstlich genug empfohlen werden. Lange ehe seine Studien weit genug gediehen sind, um ihm ihre höhere wissenschaftliche Bedeutung zu enthüllen, sollten ihm die Formeln bereits ein unentbehrliches Hülfsmittel geworden sein, an denen er die Richtigkeit seiner Beobachtungen, die Klarheit und Schärfe seiner Schlüsse erprobt. Das Ergebniss eines Versuches lässt sich

chemischen Formelsprache. 127

allerdings nicht selten in wohlgeordneter Gleichung darstellen, welche weit davon entfernt ist, den wahren Ausdruck der Erscheinung abzugeben, allein so lange das Ergebniss unserer Beobachtung überhaupt noch in einer Gleichung sich nicht fassen lässt, kann man mit Sicherheit annehmen, dass die Thatsachen entweder unvollständig, oder gar unrichtig beobachtet sind, dass man jedenfalls den Schlüssel zu ihrer wahren Interpretation noch nicht gefunden hat. Chemische Formeln und Gleichungen geläufig lesen und schreiben zu lernen, ist daher eine unserer ersten Aufgaben. Ihre glückliche Lösung setzt uns in den Besitz einer Sprache, deren freie Handhabung uns in der Folge die Beantwortung theoretischer sowohl als praktischer Fragen aufs Wesentlichste erleichtern wird.

Als Einleitung in das Studium dieser Sprache diene uns der Rückblick auf einige der Reactionen, mit denen wir bereits bekannt geworden sind, und von denen wir jetzt ein schärferes und umfassenderes Bild gewinnen, indem wir sie in chemischen Gleichungen wiedergeben.

Wir erinnern uns der Vortheile, welche uns für die Erforschung des Wassers und des Ammoniaks aus der starken Anziehung des Chlors für den Wasserstoff erwuchsen, wie leicht sich die genannten Verbindungen unter dem Einfluss dieser kräftigen Anziehung spalteten, indem sich ihr Wasserstoff in Chlorwasserstoff verwandelte, während beziehungsweise Sauerstoff und Stickstoff in Freiheit gesetzt wurden. In diesen Erscheinungen war die qualitative Natur der beiden Processe gegeben.

Allein neben der qualitativen Erkenntniss bedürfen wir der quantitativen; und zu dem Ende müssen wir einen Schritt weiter gehen und die beobachteten Umsetzungen in Gleichungen fassen. Sorgfältig angestellte Versuche gestatten die Lösung dieser Aufgabe. Die Chemiker haben mit Schärfe die Menge Chlor bestimmt, welche zur Zersetzung einer gegebenen Quantität Wasser und Ammoniak erforderlich ist, die Menge Chlorwasserstoff, welche in beiden Fällen

128   Chemische Formelsprache.

entsteht, endlich die Mengen Sauerstoff und Stickstoff, welche entbunden werden:

Die Summe dieser Erfahrungen ist in folgenden Gleichungen niedergelegt:

Zersetzung des Wassers durch Chlor.

$$\left.\begin{matrix}H\\H\end{matrix}\right\} O + Cl + Cl = HCl + HCl + O;$$

oder einfacher,

$$H_2O + 2\,Cl = 2\,HCl + O.$$

In dieser Gleichung spiegelt sich nicht nur das Qualitative, sondern auch das Quantitative der Reaction. Auf beiden Seiten der Gleichung begegnen wir denselben Elementarsymbolen, in derselben Anzahl, jedoch in verschiedener chemischer Gruppirung, welche durch die Schreibweise angedeutet ist. Um die Gleichung zu lesen, haben wir für einen jeden Buchstaben den zugehörigen Namen, so wie das zugehörige Gewicht und Volum zu setzen, um das ganze Wesen der Reaction alsbald zu überschauen. Indem wir den Symbolen die betreffenden Zahlenwerthe unterlegen, also $H = 1$, $O = 16$, $Cl = 35{,}5$ setzen, erfahren wir:

$2 + 16 = 18$ Kth Wasser bedürfen zu ihrer Zersetzung $2 \times 35{,}5 = 71$ Kth Chlor; es werden gebildet $2 \times (1 + 35{,}5) = 73$ Kth Chlorwasserstoff, während 16 Kth Sauerstoff frei werden.

Oder wir wollen die Gleichung mit Berücksichtigung der Volumverhältnisse lesen, welche sie darstellt. Wir lernen alsdann, dass 2 Lit. Wassergas (das Verdichtungsproduct, wie die Formel gleichfalls andeutet, von 2 Lit. Wasserstoff und 1 Lit. Sauerstoff) zerlegt werden von 2 Lit. Chlor; es werden gebildet $2 \times 2 = 4$ Lit. Chlorwasserstoff, während 1 Lit. Sauerstoff in Freiheit gesetzt wird. Es kann uns nicht befremden, dass, wie im vorliegenden Falle, die Summe der Liter auf beiden Seiten einer Gleichung, welche eine chemi-

in Beispielen erläutert. 129

sche Reaction darstellt, nicht dieselbe zu sein braucht, wissen wir ja doch, dass die Elemente im unverbundenen Zustande einen grösseren Raum einnehmen können, als im verbundenen.

Zersetzung des Ammoniaks durch Chlor.

$\left.\begin{array}{l}H\\H\\H\end{array}\right\} N + Cl + Cl + Cl = HCl + HCl + HCl + N;$

oder einfacher,

$$H_3 N + 3 Cl = 3 HCl + N.$$

Durch Substitution der betreffenden Werthe gestaltet sich diese Gleichung zu folgendem Ausdruck:

$$\underbrace{17 \text{ Kth Ammoniak}}_{2 \text{ Lit.}} + \underbrace{3 \times 35{,}5 \text{ Kth Chlor}}_{3 \text{ Lit.}}$$
$$= \underbrace{3 \times (1 + 35{,}5) \text{ Kth Chlorwasserstoff}}_{6 \text{ Lit.}} + \underbrace{14 \text{ Kth Stickstoff}}_{1 \text{ Lit.}}$$

Wir sehen, Alles was uns möglicher Weise hinsichtlich dieser Reaction interessiren könnte, ist in der Gleichung durch 11 Buchstaben und Ziffern dargestellt, welche durch drei Zeichen in vier Gruppen vereinigt sind. Es würde schwer sein, eine bündigere und zugleich umfassendere Ausdrucksweise zu ersinnen, und wir sind schon jetzt entschlossen, der Erlernung einer Sprache, welche uns die Erscheinungen so übersichtlich in ihrer einfachsten Form darstellt, unsere ganze Aufmerksamkeit zuzuwenden.

VI.

Volumetrische und ponderale Auffassung der Materie. — Kohlenstoff ein nicht vergasbares Element. Seine Wasserstoffverbindung, das vierte Glied in der Reihe typischer Wasserstoffverbindungen. — Gründe für die gesonderte Betrachtung desselben. — Vorkommen des Kohlenwasserstoffs in Sümpfen, daher der Name Sumpfgas — in Kohlengruben, daher der häufigst gebrauchte Name Grubengas — im Leuchtgas. — Darstellung. — Charakteristische Eigenschaften. — Qualitative Analyse. — Zersetzung des Grubengases durch Chlor unter Ausscheidung des Kohlenstoffs. — Zersetzung desselben durch die Wärme, Spaltung in die elementaren Bestandtheile. — Die Synthese des Grubengases bis jetzt nicht direct ausführbar. — Formel des Grubengases. — Symbolisirung des nicht vergasbaren Kohlenstoffs. — Verbindungsgewicht des Kohlenstoffs. — Silicium, ein dem Kohlenstoff analoges Element. — Seine Wasserstoffverbindung, das Siliciumwasserstoffgas. — Wahrscheinliche Construction desselben nach dem Grubengas-Typus. — Verbindungsgewicht des Siliciums. — Titan und Zinn, weitere dem Kohlenstoff analoge Elemente. — Vergleichung der Verbindungsgewichte mit den Volumgewichten. — Verbindungsgewichte des Phosphors und Arsens. — Einführung der Verbindungsgewichte an Stelle der Volumgewichte in die chemische Zeichensprache.

Die Elemente, an denen sich unsere chemischen Vorstellungen entwickelten, Wasserstoff, Chlor, Sauerstoff und Stickstoff sind Gase; auch die Verbindungen dieser Elemente, soweit wir sie untersuchten, sind entweder bei gewöhnlicher Temperatur gasförmig, wie der Chlorwasserstoff und das Ammoniak, oder lassen sich doch, wie das Wasser, mit Leich-

Volumetrische u. ponderale Auffassung der Materie. 131

tigkeit in Gas verwandeln. Der Weg zur Erforschung der Gesetze, nach denen sich die Elemente mit einander verbinden, war daher durch ihre Eigenschaften vorgezeichnet; wir hätten der volumetrischen den Vorzug vor der ponderalen Untersuchung geben müssen, selbst wenn sich jene Methode nicht schon durch den Umstand empfohlen hätte, dass sich Volumverhältnisse weit leichter als Gewichtsverhältnisse zur Anschauung bringen lassen. Nur mit Hülfe der volumetrischen Methode war es möglich, für unsere Betrachtungen einen sicheren experimentalen Grund zu erwerben, wie ihn die vorstehenden Abschnitte geliefert haben.

Allein die volumetrische Auffassung der Materie im gasförmigen Zustande ist nur innerhalb enggezogner Grenzen möglich. Nur wenige Elemente sind Gase oder lassen sich mit Leichtigkeit vergasen. Die Mehrzahl verflüchtigt sich entweder erst bei den höchsten Temperaturen, welche uns zur Verfügung stehen, oder ist selbst bei diesen feuerbeständig. Für solche Körper reichen die bisher angewendeten Methoden nicht länger aus, und es bleibt uns nichts anderes mehr übrig, als die Gewichtsverhältnisse ins Auge zu fassen.

Wir konnten uns in der That selbst auf dem beschränkten Gebiete, welches wir für unsere Forschung abgegrenzt hatten, nicht lange fortbewegen, ohne auf die Nothwendigkeit hingewiesen zu werden, Gewichtsbeziehungen mit in Rechnung zu nehmen.

Schon bei der kurzen Betrachtung des flüssigen Broms und des starren Jods, welche sich doch bei sehr mässigen Temperaturen in Gase verwandeln, fanden wir Gelegenheit, den Werth der Gewichtsanalyse kennen zu lernen.

Wir würden mit fast unübersteiglichen experimentalen Schwierigkeiten zu kämpfen gehabt haben, hätten wir z. B. durch directe Versuche ermitteln wollen, dass 2 Lit. Brom- und Jodwasserstoff beziehungsweise 1 Lit. Bromgas und 1 Lit. Jodgas enthalten, während es ein Leichtes war, mittelst der Wage festzustellen, dass in 81 Kth (dem Gewicht von 2 Lit.) Bromwasserstoff 1 Kth Wasserstoff und 80 Kth Brom, dass in 128 Kth (dem Gewicht von 2 Lit.) Jodwasserstoff 1 Kth Wasserstoff und 127 Kth Jod vorhanden sind. Die Volumgewichte des Brom- und Jodgases als bekannt vorausgesetzt, war hiermit die volumetrische Construction des Brom- und Jodwasserstoffs auf das Befriedigendste ermittelt, und man wusste, dass, gerade wie 2 Lit. Chlorwasserstoff 1 Lit. Wasserstoff und 1 Lit. Chlor enthalten, auch 2 Lit. Bromwasserstoff aus 1 Lit. Wasserstoff und 1 Lit. Bromgas, endlich 2 Lit. Jodwasserstoff aus 1 Lit. Wasserstoff und 1 Lit. Jodgas bestehen.

Dieselbe Erfahrung machten wir in noch weiterem Umfange bei der Erforschung des Schwefel- und Selenwasserstoffs. Schwefel und Selen bedürfen zu ihrer vollständigen Vergasung der höchsten Temperaturen, welche dem Chemiker zur Verfügung stehen; man begreift daher, dass es ungleich einfacher war, die Mengen Schwefel und Selen, welche beziehungsweise in 2 Lit. Schwefel- und Selenwasserstoff vorhanden sind, dem Gewicht als dem Volum nach zu bestimmen. Es war in der That längst bekannt, dass 34 Kth (das Gewicht von 2 Lit.) Schwefelwasserstoff, 32 Kth Schwefel, dass 81 Kth (das Gewicht von 2 Lit.) Selenwasserstoff, 79 Kth Selen enthalten, ehe man durch die erst in jüngster Zeit gelungene Volumgewichtsbestimmung des Schwefel- und Selengases feststellen konnte, dass 32 Kth das Gewicht von 1 Lit. Schwefelgas, dass 79 Kth das Gewicht von 1 Lit. Selengas ausdrücken, 2 Lit. Schwefel- und Selenwasserstoff also beziehungsweise 1 Lit. Schwefelgas und 1 Lit. Selengas enthalten, gerade so wie in 2 Lit. Wasserdampf 1 Lit. Sauerstoffgas vorhanden ist.

In ganz ähnlicher Weise hat die Gewichtsanalyse auch bei der Erforschung des Phosphor- und Arsenwasserstoffs eine wichtige Rolle gespielt. Man würde sich vergebens bemüht haben, die in 2 Lit. Phosphor und Arsenwasserstoff enthaltenen Mengen Phosphor- und Arsengas dem Volum nach zu bestimmen, während ihrer Ermittelung dem Gewichte nach keinerlei Schwierigkeit im Wege stand. Die Gewichtsanalyse hatte in 34 Kth (dem Gewicht von 2 Lit.) Phosphor-

an Beispielen erläutert. 133

wasserstoff die Gegenwart von 31 Kth Phosphor, in 78 Kth (dem Gewicht von 2 Lit.) Arsenwasserstoff die Gegenwart von 75 Kth Arsen nachgewiesen; da nun auch die Gasvolumgewichte der beiden Elemente ermittelt sind, so wusste man hiermit, dass in dem Zweilitervolum Phosphor- und Arsenwasserstoff nur $^1/_2$ Lit. Phosphor- und Arsengas vorhanden sind, dass also diese beiden Wasserstoffverbindungen sich in ihrer Zusammensetzung wesentlich von dem Ammoniak unterscheiden, dessen Zweilitervolum 1 Lit. Stickstoff enthält. Dieser flüchtige Rückblick auf einen Theil des bereits durchmessenen Weges dürfte hingereicht haben, den Werth der Gewichtsanalyse für die chemische Forschung in ein klares Licht zu setzen. Beim weiteren Eindringen in das noch vor uns liegende Gebiet werden wir finden, dass die volumetrische Methode mehr und mehr gegen die ponderale zurücktritt, dass in der Mehrzahl von Aufgaben, welche wir zu lösen haben, die Wage unsere sicherste Führerin ist, in vielen Fällen diese Lösung überhaupt durch kein anderes Mittel erreicht werden kann. Die Methode der Gewichtsanalyse verdient deshalb schon jetzt unsere volle Beachtung. Es würde uns jedoch zu weit von dem vorgesteckten Ziele abführen, wollten wir es hier versuchen, wenn auch in dürftigstem Umrisse, ein Bild der Gewichtsanalyse zu geben und die zahlreichen, nur selten ganz einfachen, fast immer umständlichen und häufig sehr verwickelten Wege betrachten, auf denen der Chemiker die einzelnen Bestandtheile einer Verbindung nach einander ausscheidet und auf die Wage bringt. Ueberdies gelingt es nicht, diese Methode der Forschung in rasch zum Ziele führenden Versuchen zu veranschaulichen, wie sie doch für unsere gemeinschaftlichen Forschungen allein geeignet sind, und wie sie die bisher angewendete Volumanalyse in den meisten Fällen gestattete. Die Operationen, deren sich die Gewichtsanalyse bedient, sind in der Regel viel zu mannigfaltig und zeitraubend und beanspruchen zu viel Aufmerksamkeit, als dass sie sich in der knapp zugemessenen Zeit und mit den beschränkten Mitteln einer Vorlesung befriedigend ausführen liessen. Die nähere Bekanntschaft mit den Methoden der Gewichtsanalyse bleibt daher zweckmässig einer späteren Periode vorbehalten, in welcher uns die Beschäftigung im Laboratorium die geeigneten Bedingungen für solche Studien bietet. Hier müssen wir uns begnügen, das Ergebniss der Gewichtsanalyse für die besonderen Zwecke unserer Forschung zu benutzen und zumal die wichtige Rolle kennen zu lernen, welche die Methode der Gewichtsanalyse als Hülfsmittel für die weitere Entwickelung unserer Formelsprache gespielt hat.

Es ist bereits zu Anfang dieses Abschnittes darauf hingewiesen worden, dass die Mehrzahl der Elemente im gasförmigen Zustande nicht bekannt ist, und es wirft sich daher die berechtigte Frage auf, in welcher Weise wir solche Körper, bei denen von einer Gasvolumgewichtsbestimmung nicht mehr die Rede sein kann, unserer symbolischen Darstellung zugänglich machen.

Wichtige Anhaltspunkte für die Beantwortung dieser Frage wird uns die Betrachtung eines nicht flüchtigen Elementes liefern, dessen Verbindung mit dem Wasserstoff sich in vieler Beziehung naturgemäss an die uns bereits bekannten typischen Wasserstoffverbindungen anschliesst.

In dieser typischen Reihe fanden wir 1 Lit. Chlor, 1 Lit. Sauerstoff, 1 Lit. Stickstoff vereinigt beziehungsweise mit 1, 2 und 3 Lit. Wasserstoff; gleichzeitig sahen wir die Verdichtung wachsen mit dem zunehmenden Wasserstoffgehalt, indem trotz der verschiedenen Anzahl zusammentretender Liter der Elementargase die fertige Verbindung unter allen Umständen in 2 Litern Platz fand.

Allein diese Reihe typischer Verbindungen ist hiermit nicht abgeschlossen. Ihr gehört ein viertes Glied an — eine Verbindung, welche in 2 Litern 4 Lit. Wasserstoff enthält, vereint mit einem anderen Element, dem Kohlenstoff, welches uns die Natur in weitester Verbreitung und mannigfaltigster Form, als Diamant, als Graphit und endlich in den verschiedenen Kohlearten darbietet. Die Wasserstoffverbindung des Kohlenstoffs ist ein leicht brennbares Gas, und seine Wasserstoffverbindung. 135

dem Bergmann als feuriger Schwaden nur allzuwohl bekannt, von dem Chemiker mit dem Namen Grubengas oder, seines häufigen Auftretens in Sumpf- und Moorgründen halber, wohl auch mit dem Namen Sumpfgas bezeichnet.

Das Studium dieser vierten typischen Wasserstoffverbindung hätte mit dem der drei anderen verflochten werden können; allein es liegen gewichtige Gründe für die gesonderte Betrachtung derselben vor. Während in den drei ersten Gliedern der Reihe die beiden Bestandtheile gasförmig sind, finden wir in dem vierten den Wasserstoff mit einem Elemente vereint, welches nicht nur bei gewöhnlicher Temperatur starr ist, sondern sich auch mittelst der intensivsten, uns zu Gebote stehenden Hitzgrade nicht verflüchtigen lässt. In den drei ersten Verbindungen, wenn sie vereint, aber gesondert von der vierten, betrachtet werden, spiegeln sich daher in wunderbarer Symmetrie und in ungebrochen aufsteigender Linie die Gesetze der Verbindung und wachsenden Verdichtung dem Volum nach, während die vierte die Verbindungs- und Verdichtungsbeziehung dem Volum nach nur für den flüchtigen Bestandtheil veranschaulicht, insofern unsere Kenntniss, soweit sie den starren Bestandtheil betrifft, sich nothwendiger Weise auf das Gewichtsverhältniss beschänkt und alle Ansichten, welche man sich über das Volumverhältniss bilden kann, nothgedrungen dem Bereiche der Speculation angehören. Manche Chemiker sind zwar der Meinung — und nicht ohne einen gewissen Schein der Berechtigung — dass die Speculation in der Analogie eine zuverlässige Stütze finde; allein nicht eher, als bis der Kohlenstoff vergast und das Kohlenstoffgas gewogen worden ist, dürfen wir die volumetrische Auffassung des Grubengases als auf derselben sicheren Grundlage beruhend erachten, welche uns der Versuch für den Chlorwasserstoff, das Wasser und das Ammoniak bereits erworben hat.

Es sind noch andere Gründe vorhanden, welche für das Grubengas eine getrennte Betrachtung wünschenswerth erscheinen lassen. In seinem chemischen Verhalten zumal un-

Grubengas oder Sumpfgas.

terscheidet sich dieses Gas von den anderen Gliedern der typischen Reihe durch Eigenthümlichkeiten, welchen sich später unsere volle Aufmerksamkeit zulenken muss, denen hier nur noch die Bemerkung gelte, dass sie für die Untersuchung des Grubengases Methoden bedingen, welche von den bei dem Studium der anderen typischen Wasserstoffverbindungen mit Vortheil erprobten oft wesentlich verschieden sind.

Nach diesen Vorbemerkungen dürfen wir nicht länger säumen, mit diesem vierten Gliede unserer typischen Reihe Bekanntschaft zu machen.

Den Spalten des grossen Kohlengebirges entquillt an manchen Stellen ein farbloses, durchsichtiges Gas, welches sich nicht selten in den Stollen schlecht ventilirter Bergwerke ansammelt. Entzündet an dem nackten Grubenlichte des Bergmanns, der die ihm von der Wissenschaft gereichte Sicherheitslampe verschmäht, veranlasst dieses Gas die furchtbaren Explosionen, denen noch immer alljährlich so viele Opfer fallen. In manchen Steinkohlen ist dieses Gas so reichlich enthalten, dass es in Blasen aufsteigt, wenn ein Stück frischgeförderter Kohle in Wasser getaucht wird. Dasselbe Gas, wie bereits bemerkt, entwickelt sich auch in feuchtem Moorgrunde, und häufig sieht man es in kleinen Bläschen aus Sümpfen und stehenden Wässern aufperlen, auf deren Boden Pflanzenstoffe verwesen. Während des Sommers beschleunigen sich die Verwesungsprocesse, und es ist alsdann die Entwicklung des Gases nicht selten so reichlich, dass man es in wassererfüllten, in der Sumpflache umgestülpten Cylindern auffangen kann. Das so erhaltene Gas unterscheidet sich alsbald von der Luft, indem es mit einer Kerzenflamme in Berührung gebracht, sich entzündet.

Man würde kaum geneigt sein, das brennbare Gas aus den von der Natur gebotenen Quellen zu schöpfen, selbst wenn sie dasselbe im Zustande der Reinheit böten; allein das natürlich vorkommende Gas ist fast immer mit Luft und anderen Gasarten gemengt. Das gewöhnliche durch Destilla-

Vorkommen. — Darstellung. 137

tion der Kohle gewonnene Leuchtgas enthält stets einen beträchtlichen Antheil Grubengas, allein auch im letzteren Falle ist es mit anderen kaum davon trennbaren Gasen gemischt, so dass wir auch diesen reichlichen und zugänglichen Vorrath unbenutzt lassen müssen. Es giebt aber ein einfaches Verfahren, mittelst dessen man sich das Grubengas in jeder für die Zwecke des Versuchs erforderlichen Menge aus bekannten und wohlfeilen Materialien mit Leichtigkeit verschaffen kann. Zu dem Ende erhitzen wir in einer Flasche von Glas (oder besser von Kupfer oder Eisen), welche zur Gasentwicklung hergerichtet ist, starken Essig mit einer Mischung von Kalk und kaustischem Natron, wie es im Handel vorkommt; nach kurzer Frist entbindet sich ein farbloses Gas, welches in gewöhnlicher Weise über Wasser aufgefangen wird (Fig. 70). Es liegt nicht in unserem Interesse, die Reac-

Fig. 70.

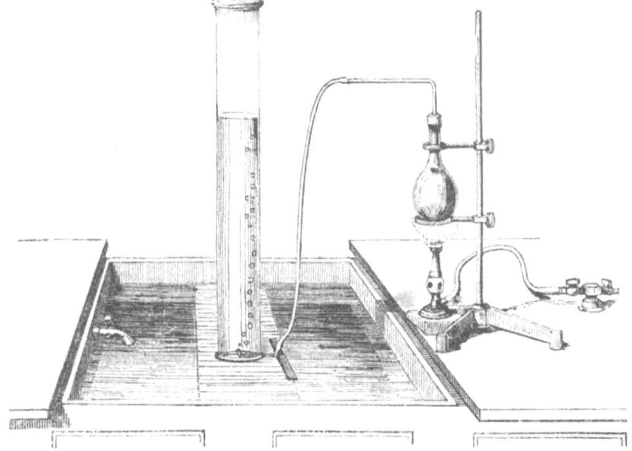

tion zu verfolgen, welche die Bildung des Grubengases unter diesen Verhältnissen bedingt. Der Essig enthält Kohlenstoff, Wasserstoff und Sauerstoff, und Alles, was wir für den Augenblick zu wissen brauchen, ist, dass sich unter den gegebenen

Eigenschaften des Grubengases.

Bedingungen ein Theil des Kohlenstoffs mit dem ganzen Wasserstoffgehalte in der Form von Grubengas aus dem Essig abscheidet. Das auf diese Weise im reinen Zustande bereitete Gas wird häufig mit dem Namen „leichtes Kohlenwasserstoffgas" bezeichnet; wir wollen der Kürze halber den Namen Grubengas beibehalten.

Von den vorher betrachteten Wasserstoffverbindungen unterscheidet sich das Grubengas sofort durch seine Brennbarkeit. An einer Kerze entzündet, verbrennt es mit ganz schwach leuchtender Flamme; seine Verschiedenheit von dem Chlorwasserstoff und dem Ammoniak erhellt überdies aus der Abwesenheit von Geschmack und Geruch und aus der Unfähigkeit, Pflanzenfarben zu verändern: negative Eigenschaften, welche es mit dem Wassergase theilt.

Nicht weniger hervortretend ist die Eigenthümlichkeit des Grubengases der Mehrzahl der Elementargase gegenüber, welche wir kennen gelernt haben. Mit dem Chlor, dem Sauerstoff, dem Stickstoff, lauter unentzündlichen Körpern, kann das brennbare Grubengas nicht verwechselt werden. Von dem Chlor unterscheidet es sich überdiess noch durch die Abwesenheit von Geruch, Farbe und Bleichkraft, von dem Sauerstoff dadurch, dass ihm, wie dem Stickstoff, jede Fähigkeit, die Verbrennung zu unterhalten, abgeht. Das einzige Elementargas, mit dem man die Kohlenstoffverbindung des Wasserstoffs auf den ersten Blick verwechseln könnte, ist der Wasserstoff selber, denn Brennbarkeit, Geruch- und Geschmacklosigkeit, sowie Unfähigkeit zu bleichen und die Verbrennung zu unterhalten sind Charaktere, welche beide Gase miteinander theilen. Die Verschiedenheit beider erhellt aber alsbald, wenn man sie nebeneinander verbrennt; die lichtlose, kaum sichtbare Flamme des Wasserstoffs kann mit der, obwohl schwach, doch unverkennbar leuchtenden Flamme des Kohlenwasserstoffs nicht verwechselt werden.

Die chemische Verschiedenheit der beiden Gase lässt sich aber auch noch durch einen anderen, ebenso einfachen wie schlagenden Versuch nachweisen. Wir erinnern uns, dass

Einwirkung des Chlors auf das Grubengas. 139

eine Mischung von Wasserstoff und Chlor bei der Verbrennung Chlorwasserstoff liefert. Verbrennt man in ähnlicher Weise eine Mischung von Grubengas mit Chlor, so ist die Chlorwasserstoffbildung von einer bemerkenswerthen Erscheinung begleitet.

Zur Anstellung des Versuchs füllen wir einen hohen Glascylinder mit warmem Wasser, stürzen ihn in geräumiger Wasserwanne um und lassen Grubengas in denselben aufsteigen, bis etwas mehr als ein Drittel des Wassers verdrängt ist; die beiden anderen Drittel werden möglichst rasch durch Chlorgas verdrängt, indem man Sorge trägt, das Gefäss während des Füllens gegen die Einwirkung des Sonnenlichtes, welche eine Explosion verursachen könnte, zu schützen. Der gefüllte Cylinder wird durch Unterschieben einer Glasplatte geschlossen, aus der Wanne gehoben und zur geeigneten Mischung der Gase auf- und abgeschwenkt. Das Gasgemenge braucht jetzt nur noch entzündet zu werden, und alsbald entsteht durch die Vereinigung des Wasserstoffs mit dem Chlor Chlorwasserstoff, gerade wie in dem früheren Versuche mit Wasserstoff und Chlor. Allein beim Grubengas zeigt sich die Gegenwart eines zweiten Bestandtheiles in der reichlichen Ausscheidung von Kohle, welche, während die Flamme in den Cylinder hinabsteigt, als dicker, schwarzer Niederschlag auf der Wandung desselben zurückbleibt (Fig. 71). Je mehr man Sorge getragen hat, die beiden Gase genau in den oben an-

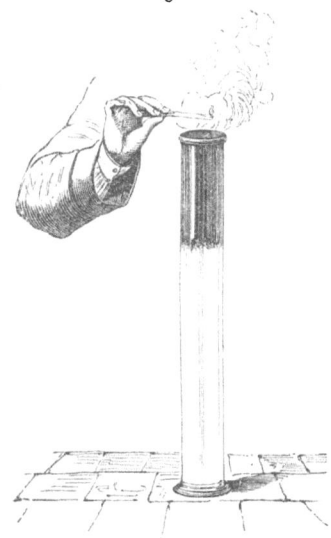

Fig. 71.

gegebenen Volumverhältnissen zu mischen, um so besser gelingt der Versuch.

Die Deutung dieser Erscheinung bietet keine Schwierigkeit. Das Chlor wirkt auf das Grubengas, wie wir es, unter geeigneten Umständen, auf das Wasser und auf das Ammoniak haben wirken sehen. Das Wassergas lieferte uns unter der Einwirkung des Chlors seinen Sauerstoff, das Ammoniak seinen Stickstoff; unter denselben Bedingungen wird aus dem Grubengas der Kohlenstoff ausgeschieden; in jedem der drei Fälle vereinigt sich der Wasserstoff mit dem Chlor zu Chlorwasserstoff.

Die Einwirkung des Chlors auf das Grubengas lehrt uns den Wasserstoff und den Kohlenstoff als unzweifelhafte Elementarbestandtheile dieser Verbindung kennen; und es bedarf nunmehr nur noch des Nachweises, dass Wasserstoff und Kohlenstoff die einzigen Bestandtheile sind. Allein hier stossen wir auf dieselbe Schwierigkeit, welche uns nöthigte von der Synthese des Ammoniaks abzustehen. Man hat bis jetzt keinen Weg gefunden, auf dem sich Wasserstoff und Kohlenstoff direct zu Grubengas vereinigen lassen. Doch auch hier, gerade wie beim Ammoniak, hilft uns die Wage aus der Verlegenheit, insofern zie zeigt, dass die Summe der Gewichte beider Bestandtheile, welche sich aus einer gegebenen Menge Grubengas abscheiden lassen, genau gleich ist dem Gewichte des Grubengases, welches dem Versuche unterworfen wurde.

Unsere nächste Aufgabe ist, die Zusammensetzung unserer neuen typischen Wasserstoffverbindung, des Grubengases, durch eine Formel auszudrücken, welche mit den Formeln der uns bereits bekannten Wasserstoffverbindungen vergleichbar ist. Wir erinnern uns zu dem Ende, dass die diesen Formeln entsprechenden Zahlenwerthe in Krithen die Gewichte darstellen von je 2 Litern der betreffenden Verbindungen, dass also z. B. die Formeln:

$$HCl, H_2O \text{ und } H_3N$$

die Gewichte von 2 Lit. Chlorwasserstoff, Wassergas und

Volumgewicht des Grubengases. 141

Ammoniak ausdrücken. Wir haben also vor Allem das Gewicht von 2 Lit. Grubengas zu ermitteln und müssen uns zu dem Ende mit dem Volumgewicht dieses Gases bekannt machen. Dass dieses Gas weit leichter als Luft ist, zeigt sich alsbald, wenn man einen mit Grubengas gefüllten Cylinder einige Augenblicke unbedeckt stehen lässt (Fig. 72) und alsdann der aufwärts gekehrten Mündung eine brennende Kerze nähert. Das Gas hat aufgehört entzündlich zu sein, und der

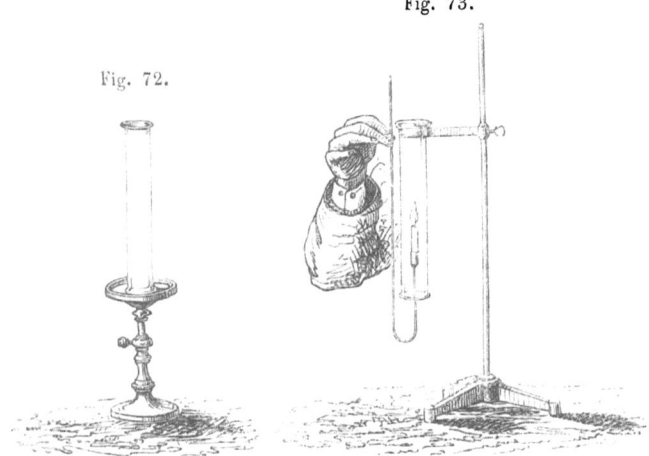

Fig. 72. Fig. 73.

Cylinder enthält an der Stelle des Grubengases nur noch Luft, welche das leichtere Gas verdrängt hat. Hat man andererseits den grubengasgefüllten Cylinder mit der Mündung nach unten aufgehängt (Fig. 70), so kann geraume Zeit verstreichen, ohne dass die Entzündlichkeit des Gases verloren ginge. Sorgfältig ausgeführte Versuche haben nun gelehrt, dass das Grubengas genau achtmal so schwer als der Wasserstoff ist. Ein normalgemessenes Liter Grubengas wiegt also 8 Kth, und das Gewicht von 2 Litern, d. i. des Volums, welches durch eine Formel darzustellen ist, beträgt 16 Kth.

Wie viel Wasserstoff und wie viel Kohlenstoff sind in diesen 2 Litern enthalten? Was zunächst den Wasserstoff an-

142   Analyse des Grubengases.

langt, so lässt sich die Frage sowohl auf dem Wege der Volum- als auch der Gewichtsanalyse beantworten. Wir wählen für unsere Zwecke den volumetrischen Weg und bedienen uns zu dem Ende des bei der Untersuchung des Ammoniaks mit Vortheil eigeschlagenen Verfahrens. Das Grubengas lässt sich in der That gerade so wie das Ammoniak durch die Einwirkung der Wärme in seine Bestandtheile

Fig. 74.

spalten. Den Versuch stellen wir wieder in der mit Funkendrähten versehenen U-Röhre an (Fig. 74), und als Wärmequelle dient uns auch jetzt wieder der Funkenstrom der Inductionsmaschine. Kaum hat das Ueberspringen der Funken begonnen, so beobachtet man schon eine entschiedene Volumvergrösserung, und nach Verlauf einiger Minuten zeigt sich ein leichter Kohlenanflug in der Nähe der Platinspitzen. Die zu Anfang des Versuches energische Zersetzung verlangsamt sich aber mit der Ausdehnung des Gases, so dass ziemlich viel Zeit erforderlich ist, die Operation zu Ende zu führen. Lässt man, nachdem dieser Zeitpunkt eingetreten ist, das Quecksilber aus dem Quetschhahn ausströmen, bis es in beiden Schenkeln des Apparates ins Niveau getreten ist, so beobachtet man, dass sich das ursprüngliche Gasvolum nahezu verdoppelt hat. Weiteres Durchschlagen des Funkenstroms bewirkt alsdann keine fernere Ausdehnung des Gases, welches nunmehr alle Charaktere des Grubengases verloren hat, und sich als reines Wasserstoffgas erweist.

Dieser Versuch bietet grössere Schwierigkeit als die zur Ermittelung der Zusammensetzung des Chlorwasserstoffs,

Zusammensetzung des Grubengases. 143

des Wassers und des Ammoniaks angestellten. Der durch das Grubengas schlagende Funkenstrom wird nicht selten durch die Bildung einer leitenden Kohlenbrücke zwischen den Platinspitzen unterbrochen. Diese Leitung muss natürlich entfernt werden, damit die Elektricität wieder in Funken überspringe. Durch Auf- und Niederschwenken des Quecksilbers in der Röhre, bis es die Platinspitzen erreicht, lässt sich diese Leitungsbrücke leicht zerstören; es ist jedoch noch rathsamer, ihre Bildung ganz zu verhindern, indem man von Zeit zu Zeit die mit den Platinspitzen in Verbindung stehenden Poldrähte wechselt, wodurch die Richtung des Stromes umgekehrt und die Kohlenstoffausscheidung durch den veränderten Sprung des Funkens wieder abgestossen wird.

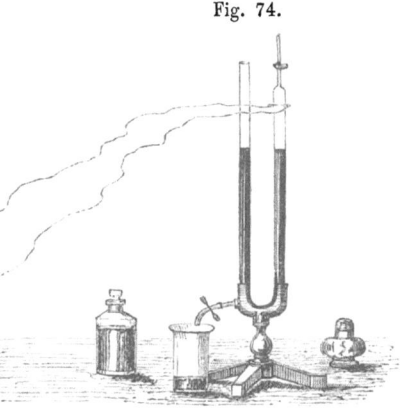

Fig. 74.

Mit Berücksichtigung dieser Vorsichtsmaassregeln liefert der Versuch nahezu, aber doch nicht ganz genaue Resultate. Ein kleiner Antheil Grubengas wird anderweitig verändert, und das erhaltene Volum Wasserstoff ist daher niemals ganz genau doppelt so gross als das angewendete Grubengasvolum. Allein selbst in dieser unvollendeten Form weist der Versuch unzweideutig auf die Thatsache hin, dass das Grubengas sein doppeltes Volum Wasserstoffgas enthält.

2 Lit. Grubengas, deren Gewicht wir zu 16 Kth gefunden haben, enthalten also 4 Lit. oder 4 Kth Wasserstoff. Wenn die volumetrische Methode in dieser Beziehung irgend einen Zweifel hätte lassen können, so wäre derselbe durch die Gewichtsanalyse entfernt worden, welche in der That festgestellt hat, dass 16 Kth Grubengas (das Gewicht von 2 Litern) 4 Kth Wasserstoff enthalten. Es wäre also jetzt noch

Symbol des Kohlenstoffs.

die in 2 Lit. Grubengas enthaltene Menge Kohlenstoff zu ermitteln. Da der Kohlenstoff im gasförmigen Zustande nicht bekannt ist, so sind wir lediglich auf die Gewichtsanalyse beschränkt. Das Grubengas enthält indessen ausser Wasserstoff und Kohlenstoff kein anderes Element und es ergiebt sich daher der Kohlenstoffgehalt in 2 Litern schon in der Differenz $16 - 4 = 12$ Kth, d. h. 2 Liter = 16 Kth Grubengas bestehen aus 4 Kth Wasserstoff verbunden mit 12 Kth Kohlenstoff, welche Gewichtsmenge überdiess durch directe Wägung bestätigt worden ist.

Bezeichnen wir nun die in 2 Lit. Grubengas enthaltene Gewichtsmenge Kohlenstoff mit dem Anfangsbuchstaben des lateinischen Namens (Carbo) desselben, also $12 = C$, gerade so wie wir die in 2 Lit. Chlorwasserstoff enthaltene Gewichtsmenge Chlor $35,5 = Cl$, die in 2 Lit. Wassergas enthaltene Gewichtsmenge Sauerstoff $16 = O$, endlich die in 2 Liter Ammoniak enthaltene Gewichtsmenge Stickstoff $14 = N$ genannt haben, so erhalten wir für die Zusammensetzung des Grubengases die Formel

$$\mathbb{H}_4 C,$$

welche sich den für den Chlorwasserstoff, das Wasser und das Ammoniak aufgestellten Ausdrücken insofern anschliesst, als sie, wie letztere, das Gewicht von 2 Litern darstellt. Allein die Formel des Grubengases unterscheidet sich gleichwohl wesentlich von sämmtlichen Formeln, die bisher an uns vorübergegangen sind. Das in dieser Formel figurirende Symbol des Kohlenstoffs stellt nicht mehr, wie die bisher angewendeten Symbole, gleichzeitig Volum und Gewicht dar, sondern drückt ausschliesslich eine Gewichtsmenge aus. Wir haben, um diesen Unterschied in hinreichender Schärfe hervortreten zu lassen, für das Symbol des Kohlenstoffs **gewöhnliche Schrift** gewählt und erfahren jetzt, weshalb wir früher die Symbole, welche die Volumgewichte der Elemente ausdrücken, in **Umrissbuchstaben** verzeichneten. Wollten wir die Bildung des Grubengases auch graphisch darstellen,

Formel des Grubengases.

so hätten wir ein Diagramm zu bilden, in welchem der freie Kohlenstoff ohne Umrahmung erschiene

$$\left.\begin{array}{c}\boxed{H}\\ \boxed{H}\\ \boxed{H}\\ \boxed{H}\end{array}\right\} + \quad C \quad = \quad \boxed{H_4 C}\;,$$

da, wie bereits im Anfange des Abschnitts bemerkt wurde, alle Versuche, dieses Element zu vergasen, fehlgeschlagen sind.

Mit dem Studium des Grubengases ist unserer Zeichensprache eine wesentliche Bereicherung zu Theil geworden. Die ersten Elemente, welche wir in derselben auszudrücken hatten, waren Gase oder leicht vergasbare Körper, deren Symbole uns die Volumgewichte derselben, auf Wasserstoff als Einheit bezogen, oder, in Krithen gelesen, die Gewichte eines Normalliters derselben darstellten. Allein diese Symbole bezeichneten uns gleichzeitig die Gewichtsmengen dieser Elemente, welche in 2 Normallitern ihrer Wasserstoffverbindungen enthalten sind, und als wir daher in dem Kohlenstoff auf ein Element stiessen, dessen Feuerbeständigkeit die Gasvolumgewichtsbestimmung ausschloss, konnten wir wenigstens die in 2 Lit. Grubengas enthaltene Anzahl Krithe Kohlenstoff bestimmen, um für dieses Element einen Ausdruck zu gewinnen, welcher mit den früher symbolisirten Quantitäten der Elemente immer noch vergleichbar ist.

Die Methode, welche uns das Symbol des Kohlenstoffs lieferte, ist offenbar einer allgemeineren Anwendung fähig. Ein Element braucht nicht mehr flüchtig zu sein, so dass wir sein Gasvolumgewicht bestimmen können; wir bedürfen nur einer Wasserstoffverbindung desselben, welche der Analyse unterworfen werden kann. Die in 2 Normallitern der Wasserstoffverbindung aufgefundene Menge des nicht flüchtigen Elementes, in Krithen gelesen, lassen wir als das Gewicht gelten, welches zu symbolisiren ist.

Wenn wir uns später dem Studium der einzelnen Elemente zuwenden, werden wir in dem Silicium einen starren Körper kennen lernen, welcher in seinem Verhalten und zumal in seiner Feuerbeständigkeit eine grosse Aehnlichkeit mit dem Kohlenstoff zeigt. Das Silicium ist eines der in der Natur am weitesten verbreiteten Elemente. Wir kennen es fast ausschliesslich in seiner Sauerstoffverbindung, welche als Quarz, Kiesel und Sand einen grossen Theil der festen Erdrinde, soweit dieselbe erforscht ist, ausmacht. Allein es ist nicht die Sauerstoff-, sondern die Wasserstoffverbindung des Siliciums, welche uns an dieser Stelle interessirt. Der Siliciumwasserstoff ist erst in jüngster Zeit entdeckt worden; er stellt ein farblos durchsichtiges, geruchloses Gas dar, welches die merkwürdige Eigenschaft besitzt, sich wie der Phosphorwasserstoff an der Luft zu entzünden und unter Bildung weisser Flocken mit intensivem Lichte zu verbrennen.

Es handelt sich nun darum, die Zusammensetzung dieses Gases durch eine Formel auszudrücken, und wir tragen kein Bedenken, die bei dem Grubengas erprobte Methode auch in diesem Falle zur Anwendung zu bringen. Wir würden also zunächst das Gasvolumgewicht des Siliciumwasserstoffs zu bestimmen haben. Auf diese Weise erhielten wir das Gewicht von 2 Litern, in welchen dann noch der Gehalt an Wasserstoff und an Silicium zu ermitteln wäre. Man hat sich in der That bemüht, diese Versuche auszuführen, und wenn dieselben bis jetzt nicht vollständig gelungen sind, so darf man doch mit ziemlicher Sicherheit annehmen, dass das Siliciumwasserstoffgas 16,25mal schwerer als das Wasserstoffgas ist, dass mithin 2 Liter des Gases 32,5 Kth wiegen, dass in 2 Lit. Siliciumwasserstoffgas, gerade wie in 2 Lit. Grubengas, 4 Lit. Wasserstoff zusammengepresst sind, mithin die an die 4 Lit. Wasserstoff gebundene Gewichtsmenge Silicium 32,5 — 4

und Siliciumwasserstoffgas. 147

= 28,5 Kth beträgt. Drücken wir diese Gewichtsmenge durch die Anfangsbuchstaben des Wortes Silicium aus, setzen wir also 28,5 = Si (indem wir natürlich auch hier wieder die gewöhnliche Schrift wählen), so ist die Zusammensetzung des Siliciumwasserstoffs durch die Formel

$$H_4 Si$$

ausgedrückt.

Die Siliciumverbindung stellt sich also neben die Kohlenstoffverbindung; wir sagen, das Siliciumwasserstoffgas ist nach dem Typus des Grubengases zusammengesetzt, und wir vergessen nicht, dass, wenn wir das neue Gas unserer Gewohnheit gemäss graphisch darstellen, das Symbol des Siliciums wie das des Kohlenstoffs der Literumrahmung entbehren muss. Auch ist es zweckmässig, die Zweifel, welche hinsichtlich seines Volumgewichtes noch obwalten, in dem durchbrochenen Rahmen des Zweilitervolums durchblicken zu lassen. Der Siliciumwasserstoff erhält somit folgenden graphischen Ausdruck:

$$\left.\begin{array}{c} \boxed{H} \\ \boxed{H} \\ \boxed{H} \\ \boxed{H} \end{array}\right\} + \text{Si} = \boxed{H_4 Si}$$

Ausser dem Siliciumwasserstoff ist keine andere Wasserstoffverbindung bekannt, welche dem Grubengas direct zur Seite gestellt werden könnte. Es giebt allerdings einige Elemente, welche wahrscheinlich ähnliche Wasserstoffverbindungen zu bilden im Stande sind. In dem Titan wird ein in der Natur ziemlich sparsam verbreitetes, starres und nicht flüchtiges Element an uns herantreten, dessen Eigenschaften in so vieler Beziehung mit denen des Siliciums übereinstimmen, dass die Entdeckung eines dem Grubengas und dem Siliciumwasser-

10*

148 Grubengas als typische Wasserstoffverbindung.

stoff analog zusammengesetzten Titanwasserstoffs von Tag zu Tag erwartet werden darf. Endlich steht dieser Gruppe von Elementen auch noch ein metallisches Element, das aus dem Alltagsleben uns genugsam bekannte Zinn, in seinem chemischen Verhalten so nahe, dass die Chemiker der Entdeckung auch eines Zinnwasserstoffs entgegensehen. Allein wenn auch der Titan- und Zinnwasserstoff unentdeckt blieben, so würde doch das Grubengas die Würde einer typischen Wasserstoffverbindung nicht weniger beanspruchen dürfen. Die folgenden Abschnitte werden uns lehren, dass sich Gruppen von Verbindungen einem Typus auch noch in ganz anderer Weise unterordnen können, als wir dies bisher beobachtet haben, und es wird sich alsdann zeigen, dass das Grubengas an der Spitze einer grösseren Reihe von Abkömmlingen steht als irgend eine andere typische Wasserstoffverbindung.

In dem Grubengase hat sich der Reihe von Wasserstoffverbindungen, welche unser Interesse bereits so vielfach in Anspruch genommen, ein neues Glied zugesellt. Es ist bis jetzt keine Verbindung bekannt geworden, in deren normalem Zweilitervolum mehr als 4 Liter Wasserstoff dem Symbole eines anderen Elementes gegenüberständen. Das Grubengas muss somit als die wasserstoffreichste typische Verbindung angesehen werden, ebenso wie wir den Chlorwasserstoff als die wasserstoffärmste betrachten, während Wasser und Ammoniak sich als Uebergangsglieder zwischen die beiden Extreme einschieben. Diese Beziehungen erhellen aus folgender Formelreihe:

Chlorwasserstoff . . . $\boxed{HCl}$

Wasser . . . . . . $\boxed{H_2O}$

Ammoniak . . . . . $\boxed{H_3N}$

Grubengas . . . . . $\boxed{H_4C}$

Die ausführlichen Erörterungen, welche wir der Symbolisirung der Elemente Kohlenstoff und Silicium gewidmet haben, dürften über die Bedeutung der sie darstellenden Symbole und ihre Verschiedenheit von den für die früher betrachteten Elemente gewählten Zeichen keinen Zweifel lassen.

Während uns die in Umrisslettern geschriebenen Symbole die Gasvolumgewichte der Elemente auf Wasserstoff als Einheit bezogen, oder, in Krithen gelesen, die Gewichte des Normalliters derselben darstellen, drücken die in gewöhnlicher Schrift verzeichneten Symbole in Krithen die in 2 Litern ihrer Wasserstoffverbindungen vorhandenen Gewichte der Elemente aus. Wir wollen diese Gewichte, um sie von den Volumgewichten zu unterscheiden, mit dem Namen Verbindungsgewichte belegen. Während also $\mathbb{H}$, $\mathbb{Cl}$, $\mathbb{Br}$, $\mathbb{I}$, $\mathbb{O}$, $\mathbb{S}$, $\mathbb{Se}$, $\mathbb{N}$, $\mathbb{P}$ und $\mathbb{As}$ die Volumgewichte der betreffenden Elemente ausdrücken, bezeichnen C und Si die Verbindungsgewichte beziehungsweise des Kohlenstoffs und Siliciums.

Wenn wir uns erinnern, wie gering die Anzahl der gasförmigen oder vergasbaren Elemente ist, so können wir die Wichtigkeit der Verbindungsgewichte für die weitere Entwicklung unserer Zeichensprache nicht hoch genug anschlagen. Erwägen wir in der That, dass man bis jetzt die Gasvolumgewichte von nur 13 Elementen mit Sicherheit hat ermitteln können, und dass nur die allerschwächste Aussicht vorhanden ist, dass sich die übrigen 50 Elemente im gasförmigen Zustande werden untersuchen lassen, so wirft sich die natürliche Frage auf, ob es nicht zweckmässig wäre, unsere symbolische Sprache ausschliesslich mit Hülfe des Verbindungsgewichts aufzubauen. Die Frage ist um so berechtigter, als mit ganz wenigen Ausnahmen die ermittelten Gasvolumgewichte der Elemente mit deren Verbindungsgewichten zusammenfallen.

Wir sind in der That bis jetzt nur mit zwei gasförmig erforschten Elementen bekannt geworden, von denen wir bestimmt wissen, dass die Volumgewichte nicht auch die Ver-

150 Volumgew. u. Verbindungsgew. d. Phosphors,

bindungsgewichte darstellen. Es sind dies der Phosphor und das Arsen. Die Schwierigkeiten, auf die wir bei der Formulirung des Phosphor- und Arsenwasserstoffs stiessen, sind noch frisch in unserer Erinnerung. Für den Phosphor und das Arsen hat der Versuch beziehungsweise die Gasvolumgewichte zu 62 und zu 150 ergeben, d. h. 1 Normalliter Phosphorgas wiegt 62 Kth, 1 Normalliter Arsengas 150 Kth, während wir doch in 2 Lit. Phosphorwasserstoff nur $31 = \frac{62}{2}$ Kth Phosphor, in 2 Lit. Arsenwasserstoff nur $75 = \frac{150}{2}$ Kth Arsen auffanden. Wir haben hier also keine Uebereinstimmung der Volumgewichte und der Verbindungsgewichte. Es findet aber zwischen beiden ein sehr einfaches Verhältniss statt. Die Verbindungsgewichte sind halb so gross wie die Gasvolumgewichte. Schreiben wir die Verbindungsgewichte des Phosphors und Arsens in gewöhnlicher Schrift, so hat man

$$P = \frac{\mathbb{P}}{2} \text{ und } As = \frac{\mathbb{As}}{2}.$$

Die Volumgewichte des Chlors, des Broms und des Jods, des Sauerstoffs, des Schwefels und des Selens und endlich des Stickstoffs drücken in Krithen die Gewichtsmengen dieser Elemente aus, welche in 2 Litern ihrer Wasserstoffverbindungen enthalten sind. Hier findet also Uebereinstimmung der Volumgewichte und Verbindungsgewichte statt, und wir haben

$$\mathbb{Cl} = Cl \quad \mathbb{Br} = Br \quad \mathbb{I} = I$$
$$\mathbb{O} = O \quad \mathbb{S} = S \quad \mathbb{Se} = Se$$

und endlich

$$\mathbb{N} = N.$$

Schliesslich bleibt nur noch die Frage zu beantworten, was das Verbindungsgewicht des Wasserstoffs ist, dessen Volumgewicht uns als Einheit für die Gasvolumgewichte der Elemente gedient hat. Wenn wir das Verbindungsgewicht eines Elementes als die Gewichtsmenge definirt haben, wel-

Arsens und Wasserstoffs. 151

che in dem Zweilitervolum seiner Wasserstoffverbindung auftritt, so ist natürlich das Verbindungsgewicht des Wasserstoffs selbst in dieser Definition nicht mit eingeschlossen, und es tritt alsbald die Aufgabe an uns heran, den Begriff des Verbindungsgewichtes in der Weise zu erweitern, dass er auch das des Wasserstoffs umfasse. Diese Erweiterung bietet sich ungezwungen, sobald wir eine Reihe neuer Verbindungen, die uns noch nicht bekannt geworden sind, in den Kreis unserer Betrachtung gozogen haben werden. Allein wir wollen schon jetzt darauf hindeuten, dass diese erweiterte Auffassung, deren Entwicklung in kürzester Frist unsere ganze Aufmerksamkeit beanspruchen wird, zu dem unabweisbaren Schlusse führt, das Verbindungsgewicht des Wasserstoffs $=1$ Kth zu setzen, dass wir also auch bei dem Wasserstoff, wie bei dem Chlor, Brom, Jod, Sauerstoff, Schwefel, Selen und Stickstoff, Volum- und Verbindungsgewicht zusammenfallen sehen werden, dass wir $\mathbb{H} = H$ setzen dürfen, und dass der Wasserstoff, der uns bereits Ausgangspunkt für die Vergleichung der Gasvolumgewichte gewesen ist, auch als Einheit für die Verbindungsgewichte der Elemente dienen wird.

Indem wir die Verbindungsgewichte an die Stelle der Volumgewichte setzen, hat sich in unseren Anschauungen ein Umschwung vollendet, welcher, ohne grosse Veränderungen in die uns bereits geläufigen Ausdrücke einzuführen, auf die weitere Entwicklung unserer Zeichensprache einen wesentlichen Einfluss ausübt.

Mit der Symbolisirung der Verbindungsgewichte gewinnt diese Sprache eine gleichartigere Ausbildung, während sie den darzustellenden Erscheinungen sich mit grösserer Sicherheit und Biegsamkeit anschmiegt.

In der folgenden Tabelle sind der besseren Uebersicht halber die uns bekannt gewordenen Elemente und Verbindungen einerseits in Volumgewichtssymbolen, andererseits in Verbindungsgewichtssymbolen dargestellt.

152 Volumgewichts- und Verbindungsgewichtssymbole.

Elemente.

	Volumgewichte.		Verbindungsgewichte.	
	Symbole.	Krithe.	Symbole.	Krithe.
Wasserstoff	H =	1	H =	1
Chlor	Cl =	35,5	Cl =	35,5
Brom	Br =	80	Br =	80
Jod	I =	127	I =	127
Sauerstoff	O =	16	O =	16
Schwefel	S =	32	S =	32
Selen	Se =	79	Se =	79
Stickstoff	N =	14	N =	14
Phosphor	P =	62	P =	31
Arsen	As =	150	As =	75
Kohlenstoff	?		C =	12
Silicium	?		Si =	28,5

Verbindungen.

	Volumgewichtssymbole.		Verbindungsgewichtssymbole.	
	Formeln.	Krithe.	Formeln.	Krithe.
Chlorwasserstoff	HCl =	36,5	HCl =	36,5
Bromwasserstoff	HBr =	81	HBr =	81
Jodwasserstoff	HI =	128	HI =	128
Wassergas	H_2O =	18	H_2O =	18
Schwefelwasserstoff	H_2S =	34	H_2S =	34
Selenwasserstoff	H_2Se =	81	H_2Se =	81
Ammoniak	H_3N =	17	H_3N =	17
Phosphorwasserstoff	$H_3\frac{P}{2}$ =	34	H_3P =	34
Arsenwasserstoff	$H_3\frac{As}{2}$ =	78	H_3As =	78
Grubengas			H_4C =	16
Siliciumwasserstoff			H_4Si =	32,5

Gleichartigkeit der Verbindungsgewichtsformeln.

Die einzige Abweichung zwischen beiden Reihen gewahren wir bei den Symbolen des Phosphors und Arsens. Die Verbindungsgewichte dieser Elemente sind, wie bereits hervorgehoben wurde, nur halb so gross als die Volumgewichte. Wir beobachten aber mit Genugthuung, dass die in Verbindungsgewichtssymbolen geschriebenen Formeln des Ammoniaks, des Phosphorwasserstoffs und des Arsenwasserstoffs eine vollständige Uebereinstimmung zeigen. Grubengas und Siliciumwasserstoffgas lassen sich begreiflich gar nicht anders als in Verbindungsgewichtssymbolen ausdrücken. Es verdient daher die weitere Entwicklung dieser neuen Form der chemischen Zeichensprache ohne Aufschub unsere vollste Beachtung.

VII.

Weitere Entwicklung der chemischen Zeichensprache. — Bestimmung der Verbindungsgewichte der Elemente durch Untersuchung ihrer Chloride. — Sauerstoffchlorid, — seine Analogie mit dem Wasser. — Phosphorchlorid und Arsenchlorid, — ihre Analogie mit dem Phosphor- und Arsenwasserstoff. — Kohlenstoffchlorid und Siliciumchlorid, — ihre Analogie mit dem Grubengas und Siliciumwasserstoff. — Bestimmung der Verbindungsgewichte des Quecksilbers, des Wismuths, des Zinns durch Erforschung ihrer Chloride. — Verbindungsgewicht des Wasserstoffs. — Betheiligung des Wasserstoffs und des Chlors bei der Bildung des Zweilitervolums ihrer Verbindungen in Multiplen der Verbindungsgewichte. — Bromide und Jodide; Zusammenstellung derselben mit den entsprechenden Chloriden. — Viele Brom- und Jodverbindungen nicht mehr im gasförmigen Zustande erforschbar. — Anwendung der aus dem Studium gasförmiger oder vergasbarer Körper abgeleiteten Gesetze auf die Untersuchung der feuerbeständigen Materie. — Oxide und Sulfide, der Mehrzahl nach nicht mehr gasförmig erforschbar, gleichwohl nach Verbindungsgewichten oder Multiplen derselben gebildet. — Uebergang von der volumetrischen zur ponderalen Forschung.

Wir konnten bisher von der Sprache, deren Anfangsgründe wir in dem vorstehenden Abschnitte uns zu eigen gemacht haben und deren Wichtigkeit wir nicht länger bezweifeln, nur sehr beschränkten Gebrauch machen. Die wenigen Verbindungen, mit denen wir nacheinander zusammentrafen, haben allerdings in derselben befriedigenden Ausdruck gefunden, und für einige der Erscheinungen, welche sich vor unseren Augen vollendeten, ist uns in der That das wahre Verständniss erst erwachsen, als wir sie in der neugewonnenen Sprache darzustellen vermochten. Allein diese Vortheile, so hoch wir sie immer anschlagen, stehen doch ganz und gar gegen den Nutzen zurück, den uns die Kenntniss dieser Sprache gewähren wird, wenn wir aus dem beschränkten Kreise unserer bisherigen Erfahrung heraustreten, um die Erforschung des Gesammtgebiets der chemischen Erscheinungen in Angriff zu nehmen.

Bestimmung d. Verbindungsgewichte d. Elemente. 155

Es könnte scheinen, als ob der Zeitpunkt für diesen Uebergang gekommen sei, als ob wir, der bereits erworbenen Sprachkenntniss vertrauend, nunmehr die enggezogene Grenze hinter uns lassen dürften. Wenn wir gleichwohl zögern, so ist es, weil das bisher bebaute Feld immer noch eine reiche Ernte von Erfahrungen bietet, aus denen wir weitere höchst willkommene Andeutungen über den Bau unserer chemischen Sprache herauslesen.

Was uns zunächst für die freiere Handhabung dieser Sprache noththut, sind weitere Aufschlüsse über die Wortbildung derselben. Die Kenntnisse, welche wir in dieser Beziehung bisher erworben haben, sind fragmentarisch geblieben. Unser ganzer Wortreichthum ist in der That in der am Schlusse der letzten Vorlesung gegebenen Tabelle niedergelegt, in welcher die Verbindungsgewichtssymbole der uns bereits bekannt gewordenen Elemente und ihre Werthe zusammengestellt sind.

Es handelt sich jetzt darum, auch die Verbindungsgewichte der übrigen Elemente zu bestimmen.

Wenn wir uns des Weges erinnern, auf welchem sich der Begriff des Verbindungsgewichtes für uns entwickelte, so könnte es auf den ersten Blick scheinen, als ob wir für die Ermittelung dieser Gewichte auf die Untersuchung der Wasserstoffverbindungen beschränkt wären, und da wir bereits wissen und später noch genauer erfahren werden, dass die Zahl derselben eine sehr beschränkte ist, so würden sich in diesem Falle der Symbolisirung der Elemente grosse Schwierigkeiten in den Weg stellen. Glücklicher Weise sind die Mittel, welche uns zu Gebote stehen, viel umfassender.

Wenn wir uns bisher für den gedachten Zweck ausschliesslich der Wasserstoffverbindungen bedient haben, so war diese Wahl in dem Plane dieser Vorträge begründet, welcher die Betrachtung dieser merkwürdigen Gruppe von Verbindungen in den Vordergrund stellte. Gasförmig bei gewöhnlicher Temperatur, mit Ausnahme des Wassers, welches sich jedoch schon bei gelindem Erhitzen in Dampf verwandelt, erwiesen sich diese Körper ganz besonders geeignet

156 Bestimmung der Verbindungsgewichte der Elemente

für die Bestimmung der Volumgewichte, aus deren Studium unsere ersten chemischen Anschauungen hervorwuchsen.

Nun haben wir aber in dem Chlor ein Element kennen gelernt, gasförmig wie der Wasserstoff und fähig eine Reihe von Verbindungen zu bilden, welche, wenn auch nur in einzelnen Fällen Gase, in der Regel mit Leichtigkeit verflüchtigt werden können.

Können wir — diese Frage tritt hier unabweisbar an uns heran — können wir uns nicht auch der Chlorverbindungen zur Ermittelung der Verbindungsgewichte bedienen? Eine Antwort auf diese Frage bietet uns das Studium der Gruppe der Chloride.

Es bedarf in der That nur der flüchtigen Betrachtung einiger Glieder dieser Gruppe, um die ganze Bedeutung dieser Körperklasse für die Verbindungsgewichtsbestimmung in ein klares Licht zu setzen.

Das Chlor vereinigt sich mit dem Sauerstoff nur auf Umwegen, von denen wir erst später Kenntniss nehmen können. Die Verbindung ist ein Gas, dessen Farbe und Geruch an das Chlor erinnert. Sie trägt den Namen Unterchlorige Säure; da man nun aber die Chlorverbindungen im Allgemeinen Chloride nennt, so wollen wir den fraglichen Körper kurz als Sauerstoffchlorid bezeichnen.

Die Untersuchung des Sauerstoffchlorids hat folgende Ergebnisse geliefert:

Sauerstoffchlorid.

Gasvolumgewicht 43,5;

Gewicht des Zweilitervolums $2 \times 43,5 = 87$ Kth.

Zusammensetzung des Zweilitervolums:

71 Kth	$= 2 \times 35,5$ Kth	$= 2$ Verb.-Gew. Chlor
16 „		$= 1$ Verb.-Gew. Sauerstoff
87 Kth		$= 2$ Lit. Sauerstoffchlorid.

durch Untersuchung ihrer Chloride. 157

Hieraus folgt für die Verbindung die Formel:

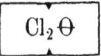

Es bedarf kaum eines besonderen Hinweises, dass wir in dem Sauerstoffchlorid eine Verbindung haben, welche ihrer Zusammensetzung nach dem Sauerstoffwasserstoff, dem Wassergase, in jeder Beziehung entspricht. Wir dürfen das Sauerstoffchlorid als Wassergas betrachten, in welchem der Wasserstoff durch ein gleiches Volum Chlor ersetzt ist

Wassergas. Sauerstoffchlorid.

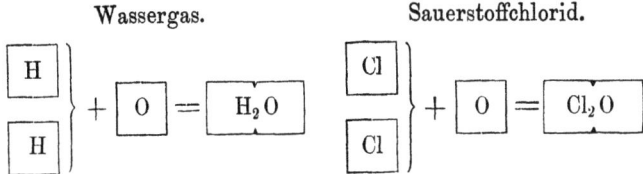

Als Verbindungsgewicht des Sauerstoffs wurde früher die Gewichtsmenge bezeichnet, welche in dem Zweilitervolume seiner Wasserstoffverbindung enthalten ist. Nach den Erfahrungen, welche wir soeben über das Sauerstoffchlorid gesammelt haben, hätten wir es auch als die Gewichtsmenge definiren dürfen, welcher wir in dem Zweilitervolum seiner Chlorverbindung begegnen.

Mit dem Stickstoff vereinigt sich das Chlor auf Umwegen zu einer durch ihre furchtbar explosiven Eigenschaften ausgezeichneten, unter dem Namen Stickstoffchlorid bekannten Flüssigkeit. Bis jetzt hat man, eben dieser gewaltigen Explodirbarkeit halber, das Gasvolumgewicht dieses Körpers nicht ermitteln können, und es bietet derselbe daher für die Zwecke unserer gegenwärtigen Betrachtung ein nur untergeordnetes Interesse. Wir wollen deshalb die Chlorverbindungen des Phosphors und des Arsens, zweier, wie wir bereits wissen, dem Stickstoff sehr nahe stehender Elemente, ins Auge fassen. Der Phosphor und das Arsen verbinden sich

158 Analogie des Phosphor- und Arsenchlorids

mit Leichtigkeit schon bei gewöhnlicher Temperatur mit dem Chlor; es entstehen wasserhelle, stark riechende, an feuchter Luft heftig rauchende Flüssigkeiten, von denen die Phosphorverbindung das **Phosphorchlorid** bei 78^0, die Arsenverbindung, das **Arsenchlorid** bei 132^0 siedet. Die Untersuchung dieser beiden Flüssigkeiten hat zu folgenden Ergebnissen geführt:

Phosphorchlorid.

Gasvolumgewicht 68,75.

Gewicht des Zweilitervolums $2 \times 68,75 = 137,5$ Kth.

Zusammensetzung des Zweilitervolums:

106,5 Kth	$= 3 \times 35,5 =$	3 Verb.-Gew. Chlor
31 „	$=$	1 Verb.-Gew. Phosphor
137,5 Kth	$=$	2 Lit. Phosphorchlorid.

Mithin ist die Formel der Verbindung:

$$\boxed{Cl_3\,P}$$

Arsenchlorid.

Gasvolumgewicht 90,75.

Gewicht des Zweilitervolums $2 \times 90,75 = 181,5$ Kth.

Zusammensetzung des Zweilitervolums:

106,5 Kth	$= 3 \times 35,5 =$	3 Verb.-Gew. Chlor
75 „	$=$	1 Verb.-Gew. Arsen
181,5 Kth	$=$	2 Lit. Arsenchlorid,

daher die Formel:

$$\boxed{Cl_3\,As}$$

Ein Blick auf die folgenden Diagramme lässt uns das Phosphor- und Arsenchlorid als getreue Nachbildungen des Phosphor- und Arsenwasserstoffs erkennen.

mit dem Phosphor- und Arsenwasserstoff.

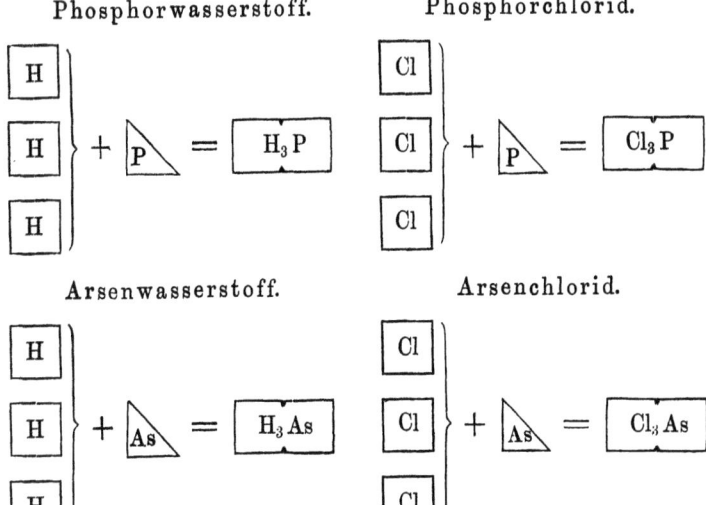

Wenn wir bisher gewohnt gewesen sind, als Verbindungsgewichte des Phosphors und Arsens diejenigen Gewichte dieser Elemente zu betrachten, welche wir in den Zweilitervolumen des Phosphor- und Arsenwasserstoffs auffanden, so zeigt es sich jetzt, dass dieselben Gewichte auch in den Zweilitervolumen der entsprechenden Chlorverbindungen auftreten, dass wir also die Verbindungsgewichte auch des Phosphors und Arsens mit demselben Erfolge aus der Untersuchung der Chlor- wie der Wasserstoffverbindungen hätten ableiten können.

Auch der letzten unserer typischen Wasserstoffverbindungen, dem Grubengas, entspricht eine analog zusammengesetzte Chlorverbindung, das Kohlenstoffchlorid, welches man allerdings nicht durch directe Vereinigung der beiden Elemente, wohl aber auf später zu betrachtendem Wege durch die Einwirkung des Chlors auf das Grubengas darstellen kann. Das Kohlenstoffchlorid ist eine farblose, durchsichtige Flüssigkeit von aromatischem Geruch, welche bei 77^0 siedet. Ihre Untersuchung hat folgende Ergebnisse geliefert:

Analogie des Kohlenstoffchlorids.

Kohlenstoffchlorid.

Gasvolumgewicht 77.

Gewicht des Zweilitervolums $2 \times 77 = 154$ Kth.

Zusammensetzung des Zweilitervolums:

142 Kth $= 4 \times 35{,}5$ Kth $= 4$ Verb.-Gew. Chlor,
<u>12 „ $\phantom{= 4 \times 35{,}5\ \text{Kth}}= 1$ „ Kohlenstoff,</u>
154 Kth $\phantom{= 4 \times 35{,}5\ \text{Kth}}= 2$ Lit. Kohlenstoffchlorid.

Hieraus ergiebt sich

$$\boxed{Cl_4\,C}$$

als Formel des Kohlenstoffchlorids, und die Analogie dieser Verbindung mit dem Grubengase spiegelt sich in den folgenden Diagrammen:

Grubengas. $\qquad\qquad$ Kohlenstoffchlorid.

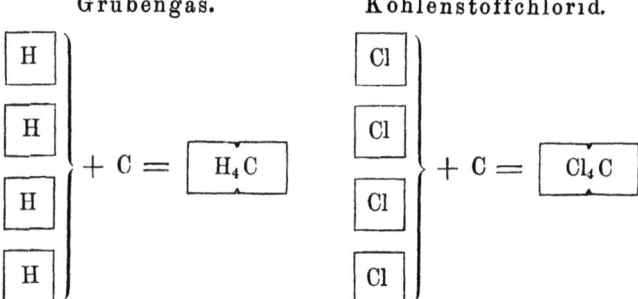

Es ist mithin klar, dass uns die Betrachtung des Kohlenstoffchlorids zu derselben Zahl für das Verbindungsgewicht des Kohlenstoffs geführt haben würde, welche wir durch die Untersuchung des Grubengases ermittelt haben.

Dem Grubengase, der Verbindung des Wasserstoffs mit dem Kohlenstoff, haben wir eine andere Wasserstoffverbindung, den Siliciumwasserstoff, an die Seite gestellt. Es wurde aber bereits erwähnt, dass dieser Körper erst vor Kurzem entdeckt, und dass seine Erforschung noch keineswegs zu

mit dem Grubengas.

einem völlig befriedigenden Abschluss gebracht worden ist. Gleichwohl haben wir aus der kaum hinreichend ermittelten Zusammensetzung*) desselben das Verbindungsgewicht des Siliciums abgeleitet. Allein wir würden Bedenken getragen haben, einer auf so unsicherer Grundlage ruhenden Zahl irgend welche Geltung beizulegen, wäre dieselbe nicht durch die vollkommen zuverlässige Gasvolumgewichtsbestimmung und Gewichtsanalyse einer wohlcharakterisirten Chlorverbindung des Siliciums über allen Zweifel erhoben worden. Wir werden später sehen, unter welchen Bedingungen sich Chlor und Silicium mit einander vereinigen. Hier genügt es, zu erwähnen, dass das Siliciumchlorid eine wasserhelle, rauchende Flüssigkeit ist, welche schon bei 59^0 siedet. Bei ihrem Studium sind folgende Beobachtungen gemacht worden:

Siliciumchlorid.

Gasvolumgewicht 85,25.

Gewicht des Zweilitervolums $2 \times 85{,}25 = 170{,}5$.

Zusammensetzung des Zweilitervolums:

142 Kth $= 4 \times 35{,}5 = 4$ Verb.-Gew. Chlor,
28,5 „ $= 1$ „   Silicium,
170,5 Kth $= 2$ Lit. Siliciumchlorid.

Es treten also in dem Zweilitervolum Siliciumchlorid 28,5 Kth Silicium auf, d. h. genau dieselbe Gewichtsmenge, welche wir früher in dem Zweilitervolum des Siliciumwasserstoffs angenommen hatten. Wir drücken daher die Zusammensetzung des Siliciumchlorids durch die Formel

$$\boxed{Cl_4 Si}$$

aus und betrachten das aus dem Studium des Siliciumwasserstoffs abgeleitete Verbindungsgewicht des Siliciums durch die

---

*) Durch neue Untersuchungen, welche dem Verfasser erst zu Gesichte kamen, als der Satz dieses Abschnittes bereits vollendet war, scheint die Zusammensetzung des Siliciumwasserstoffs über allen Zweifel festgestellt.

Einleitung in die moderne Chemie.

162 Siliciumchlorid analog dem

Untersuchung des Chlorids bestätigt. Zwischen der Wasserstoff- und Chlorverbindung des Siliciums würde also dasselbe Verhältniss obwalten, welches der Versuch zwischen der Wasserstoff- und Chlorverbindung des Kohlenstoffs festgestellt hat, und wir hätten die beiden Siliciumverbindungen durch folgende Diagramme darzustellen, indem auch hier wieder die Unsicherheit, welche hinsichtlich des Volumgewichts des Siliciumwasserstoffs noch obwaltet, in der durchbrochenen Zweiliterumrahmung Ausdruck findet:

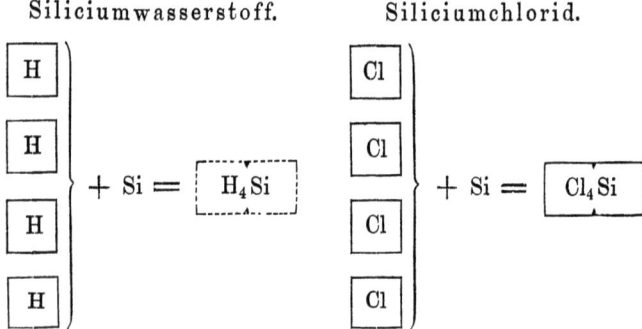

Siliciumwasserstoff.   Siliciumchlorid.

Den einzelnen Chlorverbindungen, welche wir in raschem Fluge an uns haben vorüberziehen sehen, werden wir in der Folge mehr Zeit und Aufmerksamkeit widmen, als wir ihnen im Augenblicke schenken können. Hier beansprucht diese Körpergruppe unser Interesse, weil ihre Kenntniss den Verbindungsgewichten, welche aus der Betrachtung der Wasserstoffverbindungen hervorgegangen waren, eine neue und viel allgemeinere Bedeutung verleiht. Denselben Gewichten einer Reihe uns bereits geläufiger Elemente, welche wir bisher in dem Zweilitervolum ihrer Wasserstoffverbindungen haben auftreten sehen, sind wir nunmehr in den Zweilitervolumen auch ihrer Chlorverbindungen begegnet, und wir haben die Ueberzeugung gewonnen, dass sich in jedem einzelnen der betrachteten Fälle das Verbindungsgewicht des Elementes mit demselben Rechte aus der Chlorverbindung wie aus der Wasserstoffverbindung

Siliciumwasserstoff. Quecksilberchlorid.

hätte ableiten lassen. Von welcher Wichtigkeit diese Erfahrung für die Bestimmung der Verbindungsgewichte ist, ergiebt sich schon aus dem Umstande, dass nur wenige Elemente sich mit dem Wasserstoff verbinden, dass wir in der That in den einleitenden Betrachtungen die Zahl der uns zur Verfügung stehenden Wasserstoffverbindungen nahezu erschöpft haben. Das Chlor andererseits ist durch seine umfassende Verbindungsfähigkeit ausgezeichnet; es vereinigt sich mit fast allen Elementen, und eine grosse Anzahl der sich bildenden Verbindungen ist vergasbar, so dass ihrer Gasvolumgewichtsbestimmung kein Hinderniss im Wege steht. Wie häufig uns die Untersuchung der Chloride für den Zweck der Verbindungsgewichtsbestimmung zu statten kommt, dürfte aus ein Paar Beispielen erhellen, für welche wir allerdings einige bisher noch nicht studirte Elemente in den Kreis unserer Betrachtung ziehen müssen. Die metallischen Elemente zeigen im Allgemeinen wenig Neigung, sich mit dem Wasserstoff zu verbinden. So hat man sich bisher vergeblich bemüht, das Quecksilber, das Wismuth und das Zinn mit Wasserstoff zu vereinigen; dagegen gehören die Chloride dieser Elemente zu den bekanntesten Körpern.

Das Quecksilber vereinigt sich mit dem Chlor zu einem weissen, krystallinischen Körper von furchtbar giftigen Eigenschaften, welcher unter dem Namen „Aetzsublimat" wohl bekannt ist. Die Untersuchung dieser Verbindung hat folgende Zahlen geliefert:

Quecksilberchlorid.

Gasvolumgewicht 135,5.

Gewicht des Zweilitervolums $2 \times 135,5 = 271$.

Zusammensetzung des Zweilitervolums:

71 Kth Chlor,
200 „ Quecksilber,
---
271 Kth Quecksilberchlorid.

Wir finden also in dem Zweilitervolum Quecksilberchloridgas $71 = 2 \times 35,5$ Kth $= 2$ Verb.-Gew. Chlor vereinigt mit 200 Kth Quecksilber, welches Gewicht wir als das Verbindungsgewicht des Quecksilbers betrachten und mit zwei charakteristischen Buchstaben des lateinischen Namens dieses Metalles (**Hydrargyrum**) Hg $= 200$ bezeichnen. Das Quecksilberchlorid erhält also die Formel

$$\boxed{Cl_2\,Hg}$$

Auch das Wismuth bildet mit dem Chlor eine feste krystallinische Verbindung, welche den Namen Wismuthchlorid trägt; ihre Erforschung hat zu folgenden Ergebnissen geführt:

Wismuthchlorid.

Gasvolumgewicht 157,25.

Gewicht des Zweilitervolums $2 \times 157,25 = 314,5$.

Zusammensetzung des Zweilitervolums:

106,5 Kth Chlor,
<u>208,0 „   Wismuth,</u>
314,5 Kth Wismuthchlorid.

In dem Zweilitervolum Wismuthchloridgas sind mithin $106,5 = 3 \times 35,5$ Kth $= 3$ Verb.-Gew. Chlor vereinigt mit 208 Kth Wismuth. Diese Quantität ist für uns das Verbindungsgewicht dieses Metalles, welches wir wieder durch die Anfangsbuchstaben des lateinischen Namens (**Bismuthum**), also Bi $= 208$, darstellen. Es gestaltet sich auf diese Weise für das Wismuthchlorid die Formel

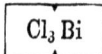

Das Zinn endlich wird durch die Behandlung mit einem Ueberschuss von Chlor in eine wasserhelle, rauchende Flüssigkeit verwandelt, welche bei 120⁰ siedet. Bei der Untersuchung des Zinnchlorids sind folgende Resultate gewonnen worden:

Zinnchlorid.

Gasvolumgewicht 130.
Gewicht des Zweilitervolums $2 \times 130 = 260$ Kth.
Zusammensetzung des Zweilitervolums:

142 Kth Chlor,
118 „ Zinn,
---
260 Kth Zinnchlorid.

Hier sind es $142 = 4 \times 35{,}5$ Kth $= 4$ Verb.-Gew. Chlor, welche mit 118 Kth Zinn das Zweilitergewicht des Zinnchlorids bilden. Letztere Menge gilt uns als das Verbindungsgewicht des Metalls; wir symbolisiren sie durch zwei charakteristische Buchstaben des lateinischen Namens des Zinns (**Stannum**), setzen also Sn $= 118$ und erhalten auf diese Weise für das Zinnchlorid die Formel

$$\boxed{Cl_4\,Sn}$$

Mit der Untersuchung der Chlorverbindungen hat sich unser Gesichtskreis nach mehr als einer Richtung hin erweitert. Wir finden uns zunächst im Besitz einer neuen Methode der Bestimmung der Verbindungsgewichte, welche, in dem Studium der Chloride des Wasserstoffs, des Sauerstoffs, des Phosphors und Arsens und zuletzt des Kohlenstoffs wurzelnd, uns bereits zur Feststellung des zweifelhaft gebliebenen Verbindungsgewichts des Siliciums gedient hat, mit deren Hülfe wir endlich die Verbindungsgewichte des Quecksilbers, des Wismuths und des Zinns haben ableiten können. Allein wir verdanken dieser Untersuchung noch eine andere nicht minder wichtige Errungenschaft. In der erweiterten Fassung des Begriffes Verbindungsgewicht ist nunmehr auch das des Wasserstoffs mit eingeschlossen, dessen Verbindungsgewicht uns unzugänglich bleiben musste, so lange wir für die Verbindungsgewichtsbestimmung auf die Erforschung der

Wasserstoffverbindungen beschränkt waren. Jetzt, da wir dieselben auch aus den Chlorverbindungen ableiten dürfen, stellt sich uns die in dem Zweilitervolume der Chlorverbindung, d. h. des Chlorwasserstoffs, vorhandene Wasserstoffmenge als das Verbindungsgewicht dieses Elementes dar. Dieses Verbindungsgewicht ist also 1 Kth und es fällt somit, wie dies schon in einem früheren Abschnitte (vergl. S. 151) angedeutet wurde, bei dem Wasserstoff, wie bei der Mehrzahl der übrigen Elemente, welche wir bisher untersucht haben, Verbindungsgewicht und Volumgewicht zusammen.

Werthvoll wie die Aufklärungen über die Verbindungsgewichte sind, welche wir aus der Betrachtung der Chloride geschöpft haben, der Gegenstand unserer Forschung ist mit dieser Betrachtung noch keineswegs zu einem befriedigenden Abschluss gelangt und wir sind nicht geneigt, auf halbem Wege stehen zu bleiben. Lässt sich dem Begriffe des Verbindungsgewichtes nicht noch eine allgemeinere Fassung geben, die uns auch von Wasserstoff- und Chlorverbindungen unabhängig mache? Eine Antwort auf diese Frage dürfen wir hoffen, indem wir nochmals auf die bereits in grösserer Zahl uns bekannt gewordenen Verbindungen zurückblicken.

Es handele sich zunächst um weitere Anhaltspunkte für das Verbindungsgewicht des Wasserstoffs, welches wir bisher nur aus der Untersuchung des Chlorids, des Chlorwasserstoffs abgeleitet haben. Wir erkennen alsbald mit Befriedigung, dass wir uns für diesen Zweck auch der Brom- und Jodverbindung hätten bedienen können. Brom- und Jodwasserstoff, wir wissen es (vergl. S. 116), sind dem Chlorwasserstoff vollkommen analog zusammengesetzt. Die Zweilitervolume des Brom- und Jodwasserstoffs, wie das des Chlorwasserstoffs, enthalten 1 Kth Wasserstoff und das Verbindungsgewicht dieses Elementes wird also ganz gleich gefunden, ob wir dasselbe aus seiner Chlor-, Brom- oder Jodverbindung herleiten.

Es bedarf kaum einer flüchtigen Betrachtung, um einzusehen, dass wir zu einem ganz anderen Ergebnisse gelangen

des Wasserstoffs. 167

würden, versuchten wir das Verbindungsgewicht des Wasserstoffs auch aus seiner Sauerstoffverbindung, also aus dem Wasser zu ermitteln. In dem Zweilitervolum des Wassergases sind 2 Kth Wasserstoff enthalten (vergl. S. 118), wir finden also das Verbindungsgewicht zu 2 Kth, mithin **doppelt so gross** als aus der Chlor-, Brom- und Jodverbindung. Erforschung des mit dem Wassergase analog zusammengesetzten Schwefel- und Selenwasserstoffs würden uns zu demselben Resultate geführt haben.

Wir übersehen jetzt bereits, welchen Erfolg der Versuch haben würde, das Verbindungsgewicht des Wasserstoffs aus der Analyse seiner Stickstoffverbindung, des Ammoniaks, oder seiner Kohlenstoffverbindung, des Grubengases, zu ermitteln. Das Zweilitervolum des Ammoniaks und der ihm ähnlich zusammengesetzten Verbindungen Phosphor- und Arsenwasserstoff enthalten 3 Kth Wasserstoff (vergl. S. 120). Aus dem Ammoniak, dem Phosphor- und Arsenwasserstoff würde sich also ein Verbindungsgewicht des Wasserstoffs ergeben haben **dreimal so gross** als das aus dem Chlor, Brom und Jodwasserstoff abgeleitete.

Wir erinnern uns endlich, dass die in dem Zweilitervolum des Grubengases und auch des Siliciumwasserstoffs aufgefundene Wasserstoffmenge 4 Kth beträgt (vergl. S. 143). Der Verbindungsgewichtsbestimmung des Wasserstoffs zu Grunde gelegt, würde die Analyse des Grubengases zu dem **vierfachen Werthe** des aus der Untersuchung der Chlor-, Brom- und Jodverbindung ermittelten Gewichtes geführt haben.

Auf den ersten Blick könnte es scheinen, als ob wir mit diesen Untersuchungen dem Ziele, das wir anstreben, nicht näher gerückt seien. Allerdings sind wir dem aus der Betrachtung des Chlorids, Bromids und Jodids des Wasserstoffs gewonnenen Verbindungsgewichte dieses Elementes, in den Zweilitervolumen seiner Verbindungen mit dem Sauerstoff, Schwefel und Selen, mit dem Stickstoff, Phosphor und Arsen, endlich mit dem Kohlenstoff und Silicium nicht wieder

Die Elemente verbinden sich auch

begegnet, allein die aufgefundenen Werthe stehen mit dem bereits festgestellten Verbindungsgewichte in der einfachsten Beziehung; diese Werthe sind ganze Vielfache, sind Multipla des Verbindungsgewichtes.

Das Verbindungsgewicht des Chlors wurde bisher ausschliesslich aus der Untersuchung des Chlorwasserstoffs bestimmt. Nach den eingehenden Erörterungen über das Wasser, das Ammoniak, das Grubengas und die diesen Typen sich anschmiegenden Wasserstoffverbindungen, dürfen wir nicht mehr hoffen, in den Zweilitervolumen der entsprechenden Chloride auf das Verbindungsgewicht des Chlors zu stossen. Wohl aber sind wir zu der Erwartung berechtigt, Multiplen dieses Verbindungsgewichtes zu begegnen, und in der That enthalten die Zweilitervolume des Sauerstoffchlorids das zweifache, des Phosphor- und Arsenchlorids das dreifache, des Kohlenstoff- und Siliciumchlorids endlich das vierfache Verbindungsgewicht des Chlors.

Unsere Untersuchungen sind also doch nicht unfruchtbar geblieben, denn zum ersten Male tritt uns hier in ihrer ganzen Bedeutung eine Erkenntniss entgegen, für welche wir durch unsere volumetrische Studien Schritt für Schritt vorbereitet wurden, die Erkenntniss nämlich, dass die Elemente Wasserstoff und Chlor nicht nur in ihren Verbindungsgewichten, sondern auch in Multiplen dieser Verbindungsgewichte in die Zweilitervolume ihrer Verbindungen eintreten.

Diese Fähigkeit aber, sich auch in Multiplen des Verbindungsgewichtes an der Bildung des Zweilitervolumes der Verbindungen zu betheiligen, lässt es sich annehmen, dass sie dem Wasserstoff und dem Chlor als ausschliessliches Privileg angehöre? Wenn wir diese eigenthümliche mannigfaltige Verbindungsfähigkeit zuerst an dem Wasserstoff und dem Chlor wahrnahmen, so war es, weil wir diese Elemente bereits in vielen ihrer Verbindungen kennen gelernt haben, während uns die übrigen Elemente, mit denen wir bisher zusammentrafen, bis jetzt nur in wenigen Verbindungen durch die

nach Multiplen ihrer Verbindungsgewichte. 169

Hände gegangen sind. Wir sind daher schon jetzt darauf vorbereitet, mit der Erweiterung unserer Erfahrungen, dieser grösseren Mannigfaltigkeit in der Verbindungsfähigkeit auch bei den übrigen Elementen zu begegnen und in dem **Zweilitervolum ihrer verschiedenen Verbindungen keineswegs ausschliesslich die Verbindungsgewichte selbst, sondern ebenfalls Multipla derselben auftreten zu sehen.** Mit dieser Erkenntniss aber ist die Frage, aus welchen Verbindungen wir die Verbindungsgewichte ableiten sollen, zu einem zeitweiligen Abschluss gekommen. Wir müssen uns bis auf Weiteres zu diesem Behufe ausschliesslich der Wasserstoff-, Chlor-, Brom- und Jodverbindungen bedienen, und wir betrachten die in dem Zweilitervolume dieser Verbindungen auftretenden Gewichtsmengen der mit dem Wasserstoff, Chlor, Brom und Jod vereinigten Elemente als die Verbindungsgewichte dieser Elemente, weil wir kleineren Gewichtsmengen derselben in dem Zweilitervolum irgend welcher anderer Verbindungen bisher nicht begegnet sind.

Von dem Standpunkt aus, auf den wir durch unsere bisherigen Forschungen geführt wurden, dürfen wir hoffen, bereits einen Einblick in die Natur der chemischen Verbindungen im Allgemeinen gewonnen zu haben? Dürfen wir den Verbindungsgewichten, welche sich aus der Betrachtung einer beschränkten Anzahl von Körpern entwickelten, eine umfassendere Bedeutung beilegen? Giebt uns die Kenntniss dieser Gewichte Aufschluss über Bildung und Zusammensetzung auch der übrigen Verbindungen? Oder, indem wir behufs der schärferen Präcisirung unserer Fragen nochmals zu den uns geläufigen Elementen zurückkehren: Den Gewichtsmengen Sauerstoff, Phosphor, Arsen, Kohlenstoff und Silicium, welche wir in den Zweilitervolumen sowohl der Wasserstoff- als auch der Chlorverbindungen antrafen, den Gewichtsmengen Quecksilber, Wismuth und Zinn, welche wir in den Zweilitervolumen wenigstens ihrer Chlorverbindungen auffanden, werden wir diesen Gewichtsmengen oder ihren Multiplen in den Zweilitervolumen auch der übrigen Verbindungen dieser Elemente begegnen? Die Elemente ferner, welche sich mit denselben vereinigen, werden sie, eben so wie wir dies bei dem Wasserstoff und dem Chlor beobachteten, wiederum entweder nach ihren Verbindungsgewichten oder doch nach Multiplen derselben in das Zweilitervolum der gebildeten Verbindungen eintreten?

Zur Beantwortung dieser Fragen müssen noch einige weitere Verbindungen, welche die oft genannten Elemente zu bilden im Stande sind, etwas näher betrachtet werden. Allerdings erweiterte sich hiermit von Neuem und in fast bedenklicher Weise das Gebiet unserer Forschung, allein andererseits eröffnet uns diese Erweiterung so viele neue Gesichtspunkte, dass wir es nicht verschmähen, im Interesse der allgemeinen Einblicke, welche wir zu gewinnen hoffen, das Gedächtniss mit neuen Thatsachen zu bebürden.

In dem Brom und Jod sind zwei Elemente an uns herangetreten, welche wir uns gewöhnt haben, dem Chlor an die Seite zu stellen. Die Wasserstoffverbindungen der drei Elemente, Chlor-, Brom- und Jodwasserstoff, bekunden in der That, was sowohl die Eigenschaften als auch die Zusammensetzung angeht, eine Aehnlichkeit, die nicht grösser gedacht werden kann. Diese Aehnlichkeit, welche das Chlor einerseits und das Brom und Jod anderseits in ihrem Verhalten gegen den Wasserstoff zeigen, berechtigt uns zu der Erwartung, dass sich das Brom und das Jod auch dem Sauerstoff, dem Schwefel und dem Quecksilber, dem Phosphor, Arsen und Wismuth, endlich dem Kohlenstoff, Silicium und Zinn gegenüber das Chlor zum Muster nehmen werden.

Die folgende Tabelle verzeichnet die Bromide und Jodide der genannten Elemente, welche man bis jetzt hat darstellen können; sie giebt gleichzeitig, in Formeln ausgedrückt, die Ergebnisse, welche die experimentale Erforschung ihrer Zusammensetzung geliefert hat. Der Uebersicht halber sind die beiden Reihen von Verbindungen den entsprechenden Chloriden gegenübergestellt.

entsprechenden Bromide und Jodide.

	Chloride.	Bromide.	Jodide.
Wasserstoff . . .	HCl	HBr	HI
Sauerstoff	Cl_2O	—	—
Quecksilber . . .	Cl_2Hg	Br_2Hg	I_2Hg
Phosphor	Cl_3P	Br_3P	I_3P
Arsen	Cl_3As	Br_3As	I_3As
Wismuth	Cl_3Bi	Br_3Bi	I_3Bi
Kohlenstoff . . .	Cl_4C	—	—
Silicium	Cl_4Si	Br_4Si	—
Zinn	Cl_4Sn	Br_4Sn	I_4Sn

Ein Blick auf diese Tabelle ist in mehr als einer Beziehung lehrreich. Die in derselben wahrnehmbaren Lücken zeigen uns zunächst, dass die Brom- und Jodverbindungen der in der ersten Spalte verzeichneten Elemente keineswegs alle bekannt sind, dass man einige dieser Elemente bis jetzt mit Jod und selbst mit Brom nicht hat vereinigen können. Die bekannten Verbindungen andererseits besitzen, wie aus ihren Formeln erhellt, eine Zusammensetzung, welche derjenigen der entsprechenden Chloride analog ist. Die Verbindungsgewichte der Elemente (Quecksilber), welche sich mit 2 Verbindungsgewichten Chlor vereinigen, verbinden sich auch mit 2 Verbindungsgewichten Brom und Jod. Die Verbindungsgewichte derjenigen Elemente (Phosphor, Arsen, Wismuth),

172   Auftreten der Verbindungsgewichte

welche 3 Verbindungsgewichte Chlor aufnehmen, fixiren auch 3 Verbindungsgewichte Brom und Jod, die Verbindungsgewichte endlich der Elemente (Silicium, Zinn), welche mit 4 Verbindungsgewichten Chlor zusammentreten, gesellen sich auch zu 4 Verbindungsgewichten Brom und Jod. Was also die Gewichtsverhältnisse anlangt, in welchen sich einerseits das Chlor, andererseits das Brom und das Jod mit den genannten Elementen verbindet, so lässt sich eine vollkommenere Analogie nicht denken. Erstreckt sich aber diese Analogie auch auf die Volumverhältnisse? In anderen Worten: erfüllen die durch die Formeln ausgedrückten Gewichte der Bromide und Jodide im gasförmigen Zustande denselben Raum, d. h. das normale Zweilitervolum, in welchem wir die Gase der entsprechenden Chloride Platz finden sahen? Die vielen durchbrochenen Zweiliterumrahmungen, welche unsere Tabelle in den Spalten der Bromide und der Jodide aufweist, zeigen, dass wir diese Frage in einer grossen Anzahl von Fällen für den Augenblick unentschieden lassen müssen.

Nur wenige Brom- und Jodverbindungen sind bis jetzt im gasförmigen Zustande gewogen worden. Unter den Bromiden ist es ausser dem Bromwasserstoff nur noch das Quecksilberbromid, unter den Jodverbindungen neben dem Jodwasserstoff das Quecksilber- und Arsenjodid, deren Gasvolumgewichte durch den Versuch ermittelt sind. Alle übrigen hier aufgezählten Verbindungen des Broms und Jods sind entweder nur sehr wenig flüchtig, oder sie zerlegen sich beim Erhitzen, so dass ihre Gasvolumgewichtsbestimmung bis jetzt unterblieben ist. Wir kennen also auch nicht die Gewichte ihres Zweilitervolums. Wenn wir nichtsdestoweniger annehmen, dass auch die durchbrochen umrahmten Formeln Zweilitervolume darstellen, so stützt sich diese Annahme einzig und allein auf die Beobachtung, dass die entsprechend zusammengesetzten Chloride 2 Liter Gas liefern, und dass die Zweilitervolume der wenigen Bromide und Jodide, welche man untersucht hat, ebenfalls die durch die Formeln ausgedrückten Gewichtsmengen derselben enthalten. Möglich, dass sich später die

in feuerbeständigen Verbindungen. 173

Mittel finden werden, diese Annahme durch den Versuch zu bethätigen, so lange aber diese Hoffnung unerfüllt geblieben ist, dürfen wir nicht vergessen, dass die durchbrochen umrahmten Formeln nur angenommene Zweilitervolume darstellen, welche wahrscheinlich sind, allein keineswegs endgültig feststehen.

Kehren wir nun zu den Fragen zurück, deren Beantwortung wir durch die Untersuchung der Brom- und Jodverbindungen anstrebten, so kann nicht geleugnet werden, dass wir unseren unmittelbaren Zweck nur sehr unvollkommen erreicht haben. Die Frage, ob wir den Verbindungsgewichten des Sauerstoffs, des Phosphors, des Kohlenstoffs u. s. w. in den Zweilitervolumen der Bromide und Jodide begegnen, ob das Brom und das Jod nicht nur nach ihren Verbindungsgewichten, sondern auch nach einfachen Multiplen derselben in die Zweilitervolume ihrer Verbindungen eintreten können, hat sich, wie wir eben gesehen haben, nur in vereinzelten Fällen beantworten lassen. Allein das Ergebniss unserer Untersuchung hat gerade deshalb nach einer anderen Richtung hin an Wichtigkeit gewonnen. Die Verbindungsgewichte der Elemente, deren Auffassung bisher unzertrennlich an die Zweilitervolume ihrer gasförmigen oder vergasten Verbindungen geknüpft war, treten uns hier zum ersten Mal ganz unabhängig von der Raumerfüllung entgegen, und wir erfahren mit Genugthuung, dass sich diese aus dem Studium flüchtiger Verbindungen abgeleiteten Gewichte und deren Symbole mit vollendeter Schärfe und Sicherheit für die Formulirung der Verbindungen im Allgemeinen verwerthen lassen, einerlei ob dieselben flüchtig, ob feuerbeständig sind, oder ob sie bei der Einwirkung der Wärme in ihre Bestandtheile zerfallen. Fortan ist es nicht mehr unumgänglich̦nothwendig, dass wir, um eine Verbindung in eine Formel zu fassen, auch jedesmal ihr Gasvolumgewicht ermitteln, wir begnügen uns, die Gewichtsverhältnisse zu untersuchen, in welchen die Elemente bei ihrer Bildung zusammentreten und drücken diese Verhältnisse in Verbindungsgewichtssym-

In allen chemischen Verbindungen sind die bolen aus. Der Versuch lehrt uns, dass die Verbindungsgewichte des Wasserstoffs, des Sauerstoffs und Quecksilbers, des Phosphors, Arsens und Wismuths, endlich des Kohlenstoffs, Siliciums und Zinns, welche wir beziehungsweise sich mit 1, 2, 3, 4 Verbindungsgewichten Chlor vereinigen sahen, gleichfalls beziehungsweise 1, 2, 3, 4 Verbindungsgewichte Brom und ferner 1, 2, 3, 4 Verbindungsgewichte Jod aufnehmen. Wir lassen uns durch die Erfahrung, dass nur wenige der gebildeten Verbindungen vergast werden können, nicht beirren, die fertigen Bromide und Jodide durch Formeln darzustellen, welche denen der entsprechenden flüchtigen Chlorverbindungen analog gestaltet sind, indem wir es als erwiesen betrachten, **dass die Fähigkeit, sich nach gewissen Gewichtsverhältnissen (den Verbindungsgewichten) oder nach Multiplen derselben zu vereinigen, eine allgemeine Eigenschaft der elementaren Materie ist, welche mit der Natur der gebildeten Verbindungen, ihrer Flüchtigkeit oder Feuerbeständigkeit, nichts zu schaffen hat.**

Für die chemischen Verbindungsgesetze der Elemente, welche uns das Studium der Bromide und Jodide von Neuem erschlossen hat, erwarten wir nun mit jeder Mehrung unserer chemischen Erfahrung weitere Bestätigung. Wir zweifeln nicht länger, dass Sauerstoff, Schwefel und Quecksilber, dass Phosphor, Arsen und Wismuth, dass endlich Kohlenstoff, Silicium und Zinn, welche wir nach einander in ihren Wasserstoff-, Chlor-, Brom- und Jodverbindungen betrachtet haben, dass diese Elemente, wenn sie sich untereinander vereinigen, ebenfalls entweder nach ihren Verbindungsgewichten oder nach Multiplen derselben zusammentreten und zwar ganz unabhängig davon, ob die gebildeten Verbindungen gasförmig oder feuerbeständig sind. Wir hegen indessen auch jetzt wieder die Zuversicht, dass, falls sie sich ohne Zersetzung vergasen lassen, die durch die Formeln ausgedrückten Gewichte in dem normalen Zweilitervolum Raum finden werden.

Der Versuch hat diese Erwartungen in befriedigendster Weise bestätigt. Es liegt ausser unserem Plane, den Verbin-

Elemente nach Verbindungsgewichten geeinigt. 175

dungen, welche die genannten Elemente unter einander erzeugen, mehr als eine beschränkte Aufmerksamkeit zu schenken; es tritt uns gleichwohl aus ihrem Bilde die Construction der chemischen Verbindungen in so scharfen Zügen entgegen, dass wir einige der wichtigsten Glieder dieser Körpergruppe in der folgenden Tabelle vereinigen, indem wir die Zusammensetzung auch hier wieder ausschliesslich in Symbolen wiedergeben und die im gasförmigen Zustand nicht erforschbaren oder nicht mit Sicherheit erforschten Verbindungen von den übrigen mittelst der uns bereits geläufigen durchbrochenen Zweiliterumrahmung unterscheiden.

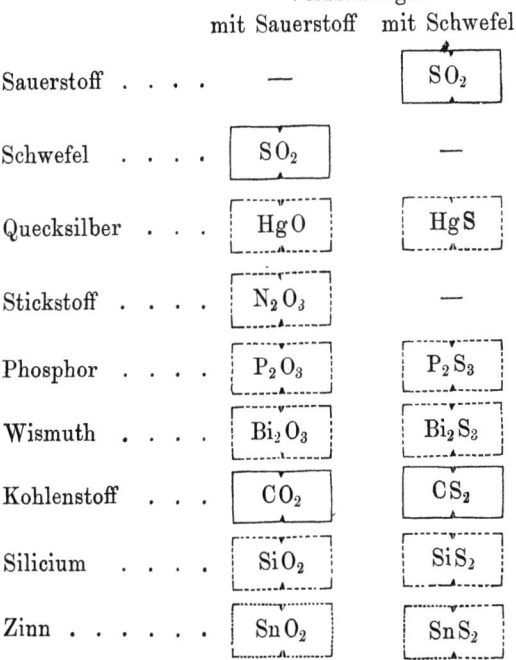

	Verbindungen	
	mit Sauerstoff	mit Schwefel
Sauerstoff	—	SO_2
Schwefel	SO_2	—
Quecksilber ...	HgO	HgS
Stickstoff	N_2O_3	—
Phosphor	P_2O_3	P_2S_3
Wismuth	Bi_2O_3	Bi_2S_3
Kohlenstoff ...	CO_2	CS_2
Silicium	SiO_2	SiS_2
Zinn	SnO_2	SnS_2

Aus vorstehender Tabelle erhellt zunächst, welches unbegrenzte Gebiet der Forschung in diesen neuen Bildungen sich vor uns ausbreitet. Allein wie zahlreich auch die Verbindungen, die wir hier übersehen, wie mannigfaltig ihre Eigenschaften, ob sie sich als flüchtig oder feuerbeständig erweisen: die Zusammensetzung einer jeden derselben lässt sich in den Verbindungsgewichten, welche sich aus unseren volumetrischen Studien entwickelten, oder in Multiplen derselben darstellen; und zwar sind es auch hier wieder die einfachen Multipla, welche uns bereits aus unseren früheren Betrachtungen geläufig sind. Wir beobachten, dass entweder beide Elemente in ihren Verbindungsgewichten selbst zusammentreten, oder dass das Verbindungsgewicht des einen Elementes sich mit 2 Verbindungsgewichten des anderen vereinigt, aber wir stossen auch auf weniger einfache Verhältnisse, insofern wir 2 Verbindungsgewichte des einen mit 3 Verbindungsgewichten des anderen vereint finden. Wir beobachten ferner, dass die durch das Zusammentreten der Verbindungsgewichte entstandenen Gewichte der Verbindungen, wenn sich letztere im gasförmigen Zustande erforschen lassen, in der That wieder das wohlbekannte Zweilitervolum erfüllen. Allein die durchbrochenen Zweiliterumrahmungen, welche bei weitem die Mehrzahl der verzeichneten Formeln umfangen, bekunden zugleich, wie wenige der Verbindungen, welche hier in unser Gesichtsfeld treten, im gasförmigen Zustande bekannt sind. Einige derselben, wie z. B. die Verbindung des Quecksilbers mit dem Sauerstoff, spalten sich beim Erhitzen in ihre Bestandtheile, allein die grössere Anzahl derselben ist feuerbeständig und bis jetzt wenigstens nur im starren und flüssigen Zustande zugänglich.

Wir haben in dem vorstehenden Abschnitte aus der Unzahl von chemischen Verbindungen einige wenige herausgegriffen, deren Studium für die Entwicklung einer allgemeineren Auffassung der Verbindungsgesetze uns wesentlichen Vorschub zu leisten versprach. Auch die Ordnung, in welcher dieselben nach einander an uns herantraten, war keine zufällige, denn nur bei geeignet gewählter Reihenfolge konnten wir hoffen Schritt für Schritt dem vorgesteckten Ziele näher zu kommen.

Von der Betrachtung gasförmiger Elemente und gasförmiger Verbindungen ausgehend, deren Natur sich uns in einfachen volumetrischen Versuchen enthüllte, waren wir bald auf starre, nicht flüchtige Elemente gestossen, welche sich der volumetrischen Behandlung entzogen, bei deren Erforschung wir daher die Hülfe der Wage mit in Anspruch zu nehmen hatten. Allein diese feuerbeständigen Elemente waren immer noch fähig, mit gasförmigen Elementen gasförmige oder leicht vergasbare Verbindungen zu erzeugen, und wir hatten diese Fähigkeit benutzt, um auch nichtflüchtige Elemente noch in den Kreis unserer volumetrischen Betrachtungen zu ziehen. Allein auch dieses Hülfsmittel konnte nicht lange ausreichen. Mit der Erweiterung unserer Beobachtungen hatten wir nachgerade auch Verbindungen kennen gelernt, welche nicht mehr im gasförmigen Zustande erhalten werden konnten, und für welche wir ausschliesslich auf die ponderale Forschung hingewiesen waren. Wir fanden in der That, dass die Mehrzahl auch der Verbindungen, wie der Elemente, bei den uns zugänglichen Temperaturen sich nicht verflüchtigen lassen, und sahen uns plötzlich auf ein Gebiet hingedrängt, auf welchem wir einzig und allein der Wage als Führerin vertrauen mussten. Allein wir betraten dieses Gebiet nicht unvorbereitet. Die Vorschule, welche wir durchlaufen hatten, das Studium der gasförmigen Verbindungen hatte bereits die Auffassung der Gesetze angebahnt, welche die Zusammensetzung aller Verbindungen beherrschen, ob aus flüchtigen oder feuerbeständigen Elementen gebildet, ob selber flüchtig oder feuerbeständig. **Die Erkenntniss, dass sich die Elemente bei der Bildung von Verbindungen nach gewissen durch den Versuch ermittelbaren Gewichten, oder nach einfachen Multiplen dieser Gewichte, mit einander vereinigen, ist in der That der Schlüssel, welcher uns das Verständniss der chemischen Erscheinungen im Allgemeinen erschliesst.**

VIII.

Verschiedene Methoden des Studiums chemischer Erscheinungen. — Betrachtung des Besonderen im Lichte des Allgemeinen. — Entwicklung des Allgemeinen aus der Betrachtung des Besonderen. — Entscheidung für die letztere Methode. — Ihre Vortheile, ihre Nachtheile. — Rückblick auf die Entwicklung des Begriffs des Verbindungsgewichtes. — Allgemeinere Auffassung dieses Begriffs. — Mannigfaltigkeit der Mittel für die Bestimmung des Verbindungsgewichtes von Elementen, welche flüchtige Verbindungen bilden. — Wahrscheinliches Verbindungsgewicht des Fluors. — Die Verbindungsgewichte von Elementen, deren Verbindungen feuerbeständig sind, nicht ermittelbar. — Auffassung des Begriffes Ersatzgewicht. — Bestimmung der Ersatzgewichte des Natriums und Kaliums durch Untersuchung ihrer Chloride, Oxide und Nitride. — Darstellung der Einwirkung des Natriums und Kaliums auf Chlorwasserstoff, Wasser und Ammoniak in chemischen Gleichungen. — Beziehung der Ersatzgewichte zu den Verbindungsgewichten. — Combination der Ersatzgewichtsbestimmung mit der Verbindungsgewichtsbestimmung. — Ersatzgewicht des Fluors. — Gasvolumgewichte der Elemente als Anhaltspunkte für die Bestimmung der Verbindungsgewichte. — Physikalische Hülfsmittel für die Bestimmung der Verbindungsgewichte. — Specifische Wärme der Elemente. — Bestimmung der specifischen Wärme des Natriums und Kaliums, des Quecksilbers, Wismuths und Zinns, endlich des Silbers, Bleis, Golds und Platins für die Ermittelung der Verbindungsgewichte dieser Elemente. — Krystallform der Verbindungen. — Das eingehende Studium der physikalischen Hülfsmittel späterer Betrachtung vorbehalten.

Wenn es sich darum handelt, einem Kreise Lernender das Gebiet der chemischen Erfahrungen zu erschliessen, so stehen demjenigen, der sich an der Lösung dieser Aufgabe versucht, zwei wesentlich von einander verschiedene Wege offen: Einmal könnte er die einfachen Gesetze voranstellen, welche sich aus dem Studium der Naturerscheinungen im Allgemeinen entwickelt haben, um alsdann die besonderen Erscheinungen selbst in ihrer Abhängigkeit von den sie beherrschenden Gesetzen dem Lernenden vorzuführen. Oder aber er versuchte sein Ziel in der entgegengesetzten Richtung zu erreichen. Von der Betrachtung einer besonderen Erscheinung ausgehend, würde er das in ihrer Erforschung Ermittelte in anderen besonderen Erscheinungen wieder aufsuchen. Der Lernende erführe auf diese Weise, was einer Reihe von Erscheinungen gemeinsam ist. Dem Studium einer Reihe von Erscheinungen schlösse sich die Erforschung einer anderen an, und indem so das Gemeinsame in stets wachsendem Kreise ermittelt würde, wäre allmälig die Erkenntniss der einfachen Gesetze angebahnt, denen sämmtliche bereits betrachtete Erscheinungen gehorchen. In dem einen Fall ist das Allgemeine der Spiegel, aus dem uns, Bild um Bild, das Besondere in willkommener Klarheit entgegentritt; in dem anderen Falle dient uns das Besondere als Leiter, auf deren Sprossen wir uns, Stufe um Stufe, zum Allgemeinen erheben.

Wir haben unsere chemischen Studien bisher in dem letzteren Sinne verfolgt. Es liegt in der Natur des menschlichen Geistes, dass ihm das Besondere zugänglicher ist als das Allgemeine, und wenn wir daher bemüht gewesen sind, das Verständniss der ermittelten Naturgesetze durch das Studium einer Reihe besonderer Erscheinungen anzubahnen, so haben wir nur den Weg eingeschlagen, auf welchem die Forschung ursprünglich zur Erkenntniss dieser Naturgesetze gelangt ist. Allerdings ist auch dieser Weg bisweilen nicht ohne Schwierigkeiten. Die Erfahrungen, welche wir, um zum Ziele zu gelangen, aus den verschiedensten Gebieten zusammenzutragen haben, erscheinen, so lange sich dieses Ziel noch nicht in voller Klarheit darstellt, oft nur in losem Zusammenhange mit einander, und die Aufmerksamkeit ermüdet, wenn sie, ohne in der Anordnung einen Ruhepunkt zu finden, für zu viele vereinzelte Thatsachen auf einmal in Anspruch genommen wird. Noch viel misslicher aber ist es, wenn sich die Thatsachen in solchem Maasse häufen, dass wir, am Ziele angelangt, kaum mehr im Stande sind, den Weg zu übersehen, auf welchem wir dasselbe erreicht haben.

Es kann nicht geleugnet werden, dass wir gerade bei der Entwicklung der Verbindungsgesetze, welche uns zuletzt beschäftigt haben, von diesen Schwierigkeiten nicht unberührt geblieben sind. Um zu dem Begriff des Verbindungsgewichtes zu gelangen, hatten wir ganze Reihen von Thatsachen, der grossen Mehrzahl nach aus Gebieten, die uns bisher völlig unbekannt geblieben waren, an uns vorüberziehen zu lassen, und es konnte nicht fehlen, dass wir unter dem Druck der Masse und Mannigfaltigkeit des zu bewältigenden Materials mehr als einmal in Gefahr waren, den Faden der Entwicklung aus den Händen zu verlieren.

Es ist gleichwohl von der allergrössten Wichtigkeit, dass wir den Begriff des Verbindungsgewichtes, aus dem sich alle in der Folge zu erwartenden neuen Vorstellungen entfalten, in voller Schärfe und Klarheit mit auf den Weg nehmen. Wir wollen daher den Blick nochmals rückwärts lenken, um in engerem Rahmen die verschiedenen Betrachtungen zusammenzufassen, aus denen sich dieser Begriff allmälig entwickelt hat.

Erinnern wir uns zunächst, dass wir den Begriff des Verbindungsgewichtes lediglich aus der Erfahrung geschöpft haben. In einem unserer ersten Versuche sahen wir 1 Lit. Wasserstoff mit 1 Lit. Chlor zu 2 Lit. Chlorwasserstoff zusammentreten. Spätere Versuche lehrten uns, dass sich bei der Bildung des Wassers 2 Lit. Wasserstoff zu 1 Lit. Sauerstoff, bei der des Ammoniaks 3 Lit. Wasserstoff zu 1 Lit. Stickstoff gesellen, dass aber gleichwohl die 3 Liter der Wasserbestandtheile und selbst die 4 Liter der Ammoniakbestandtheile in 2 Litern der fertigen Verbindungen Platz fanden. Die Idee, das Zweilitervolum bei der Vergleichung der zusammengesetzten Gase zu Grunde zu legen, war hiermit gegeben, und als wir später, in der Absicht, den gewonnenen Erfahrungen einen bündigeren und deshalb fasslicheren Ausdruck zu leihen, die Litergewichte der Elementargase, d. h. die in Krithen gelesenen Volumgewichte derselben, durch Buchstabensymbole

des Verbindungsgewichtes. 181

darstellten, waren es wieder Zweilitervolume, in denen die aus jenen Buchstabensymbolen gebildeten Formeln zum Vorschein kamen. So lange wir nur gasförmige oder vergasbare Elemente in Betracht zogen, hatten sich die Volumgewichtssymbole für unsere Zwecke ausreichend erwiesen, als wir aber in dem Kohlenstoff und dem Silicium mit den ersten nicht flüchtigen Elementen zusammentrafen, deren Volumgewichte nicht länger bestimmbar waren, musste sich unsere symbolische Ausdrucksweise dem neuerwachsenen Bedürfnisse anschmiegen. An die Stelle der Volumgewichte traten die Verbindungsgewichte. Auch hier kam uns wieder das Zweilitervolum zu statten. Wir nannten Verbindungsgewichte des Kohlenstoffs die in Krithen ausgedrückte Gewichtsmenge dieses feuerbeständigen Elementes, welche sich mit Wasserstoff verbindet, um 2 Lit. Grubengas zu bilden, Verbindungsgewicht des feuerbeständigen Siliciums die in 2 Lit. Siliciumwasserstoff enthaltene Gewichtsmenge Silicium. Der Gedanke lag nahe, diese Betrachtungsweise weiter auszudehnen und die Verbindungsgewichte auch der flüchtigen Elemente, welche wir in ihren Wasserstoffverbindungen kennen gelernt hatten, ins Auge zu fassen. Wir fanden, dass die Verbindungsgewichte, d. h. die Gewichte dieser Elemente, welche in dem Zweilitervolum ihrer Wasserstoffverbindungen enthalten sind, zu den uns bereits bekannten Gasvolumgewichten in der einfachsten Beziehung stehen; in der grossen Mehrzahl von Fällen — bei dem Chlor, Brom und Jod, bei dem Sauerstoff, Schwefel und Selen, endlich bei dem Stickstoff — stimmen beide Gewichte miteinander überein; bei anderen — dem Phosphor und Arsen — zeigen sich die Verbindungsgewichte halb so gross als die Volumgewichte. Die Verbindungsgewichte der Elemente und ihre Symbole, welche als Hülfsmittel für den scharfen und bündigen Ausdruck der gesammelten Erfahrungen uns bereits unentbehrlich geworden waren, gewannen eine ungleich höhere Bedeutung für uns, als wir denselben Gewichten der Elemente, welche wir in dem Zweilitervolum ihrer Wasserstoffverbindungen angetroffen hatten, nunmehr auch in dem Zweilitervolum ihrer Chlorverbindungen begegneten. Mit der Erforschung der Chloride hatten wir überdies eine neue Methode der Verbindungsgewichtsbestimmung erworben, die wir alsbald an dem Quecksilber, dem Wismuth und dem Zinn, Metallen, deren Wasserstoffverbindungen nicht bekannt sind, mit Nutzen erproben konnten. Auch das Verbindungsgewicht des Wasserstoffs, über welches wir bisher im Dunkeln geblieben waren, konnte nunmehr ermittelt werden und wir hatten, indem wir auch für den Wasserstoff Verbindungsgewicht und Volumgewicht zusammenfallen sahen, den Vortheil erreicht, dass beide Reihen von Gewichten, die der Verbindungsgewichte sowohl wie die der Volumgewichte, in einer gemeinschaftlichen Einheit, dem Litergewichte des Wasserstoffs, zusammenliefen. Die Möglichkeit, die Verbindungsgewichte der Elemente auch aus der Zusammensetzung der Chloride abzuleiten, liess uns, in der Hoffnung den Begriff des Verbindungsgewichtes allgemeiner zu fassen, den Versuch machen, noch andere Klassen von Verbindungen in diesem Sinne anzusprechen und wir erkannten mit Befriedigung, dass die Bromide und Jodide mit derselben Sicherheit zu dem Ende verwerthet werden können. Der Gedanke lag nahe, auch die Verbindungen des Sauerstoffs, Stickstoffs und Kohlenstoffs in dieser Richtung auszubeuten. Bei diesen Untersuchungen wurden andere Werthe erhalten, die aber immer noch mit den früher gefundenen Verbindungsgewichten in einfachster Beziehung stehen; in der That würde sich aus der Sauerstoffverbindung, dem Wasser bestimmt, für das Verbindungsgewicht des Wasserstoffs ein zweimal so grosser Werth ergeben haben; aus der Stickstoffverbindung, dem Ammoniak abgeleitet, ein dreimal so grosser; aus der Kohlenstoffverbindung endlich, dem Grubengas ermittelt, ein viermal so grosser als derjenige, welchen wir aus den Verbindungen mit dem Chlor, Brom und Jod gefunden hatten, und es war uns also hier zum ersten Male die wichtige, allerdings durch unsere volumetrischen Studien längst vorbereitete Erkenntniss erschlossen worden, dass die Elemente nicht nur nach ihren Verbindungs-

des Begriffs des Verbindungsgewichtes. 183

gewichten, sondern auch nach einfachen Multiplen derselben in den Zweilitervolumen ihrer Verbindungen auftreten. Zu ganz ähnlichen Ergebnissen gelangten wir, als wir das Verbindungsgewicht auch des Chlors aus seinen Verbindungen mit dem Sauerstoff, dem Phosphor, dem Kohlenstoff zu ermitteln suchten. An der Bildung des Zweilitervolums der Chloride dieser Elemente sahen wir das Chlor nacheinander seinem einfachen, zweifachen, drei- und vierfachen Verbindungsgewichte nach Theil nehmen, und die bei der Erforschung des Verbindungsgewichtes des Wasserstoffs erworbene Erfahrung trat uns hier zum zweiten Male in so bestimmter Form entgegen, dass wir nicht mehr daran zweifeln durften, der Fähigkeit nicht nur mit den Verbindungsgewichten, sondern auch nach Multiplen derselben in dem Zweilitervolume der Verbindungen zu erscheinen, auch bei den übrigen Elementen zu begegnen. Im Hinblick auf diese Erörterungen mussten wir allerdings zunächst darauf verzichten, die Verbindungen des Sauerstoffs, des Stickstoffs, des Kohlenstoffs für die Verbindungsgewichtsbestimmung zu verwerthen, allein mit der Erkenntniss der multiplen Verbindungsfähigkeit der Elemente hatte sich gleichwohl der Begriff des Verbindungsgewichtes bereits wesentlich erweitert, und wir suchten daher und fanden auch bald erwünschte Bestätigung der neuerworbenen Erfahrung. Dem Studium der Chloride schloss sich das der Bromide und Jodide an, in denen wir ebenfalls wieder die uns bereits geläufigen Verbindungsgewichte der Elemente sich mit 1, 2, 3 und 4 Verbindungsgewichten Brom und Jod vereinigen sahen. Wenn diese Studien unsere Aufmerksamkeit schon deshalb fesselten, weil sie uns bereits Bekanntes in neuen Beispielen vorführten, so beanspruchten sie doch ein ungleich höheres Interesse, insofern sie uns die ersten Einblicke in ein Gebiet der Forschung erschlossen, dessen Bebauung wir bisher absichtlich vermieden hatten. Von den untersuchten Brom- und Jodverbindungen war nur noch die Minderzahl flüchtig, und es konnte mithin nur in wenigen Fällen durch den Versuch nachgewiesen werden, dass die ihren Formeln entsprechenden

Allgemeinere Auffassung

Gewichte im gasförmigen Zustande in der That den Raum von 2 Litern einnehmen. Für die Bestimmung der Verbindungsgewichte konnte daher die Betrachtung dieser im gasförmigen Zustande nicht mehr erforschbaren Bromide und Jodide nur wenige Anhaltspunkte liefern, dagegen war uns die Bedeutung dieser Gewichte in einem neuen Lichte erschienen. Diese aus dem Studium gasförmiger oder vergasbarer Verbindungen hervorgegangenen Gewichte, denen wir nach einander in dem Zweilitervolum einer ganzen Reihe flüchtiger Verbindungen begegnet waren, sahen wir hier zum ersten Male an der Bildung auch von Verbindungen sich betheiligen, welche im gasförmigen Zustande unbekannt sind, welche sich wahrscheinlich niemals gasförmig werden erhalten lassen. In noch weiterem Umfange sollten sich endlich diese Erfahrungen bestätigen, als wir schliesslich die Elemente, welche wir bisher in ihren Wasserstoff-, Chlor-, Brom- und Jodverbindungen betrachtet hatten, sich nunmehr auch untereinander vereinigen liessen. Wenn wir schon bei den Bromiden und Jodiden eine Verminderung der Flüchtigkeit wahrgenommen hatten, so zeigte sich dieselbe in noch auffallenderer Weise bei vielen Gliedern dieser neuen Klasse von Verbindungen, welche nur ganz ausnahmsweise im gasförmigen Zustande untersucht werden konnten; die grosse Mehrzahl derselben erwies sich als feuerbeständig oder nicht ohne Zersetzung flüchtig. Aber wir hatten gerade deshalb eine neue Gelegenheit, die Anwendbarkeit unserer bei dem Studium der gasförmigen Materie gesammelten Kenntnisse auf die Erforschung auch der feuerbeständigen Materie zu erproben, denn auch bei dieser neuen Klasse waren es wieder die Verbindungsgewichte oder Multipla derselben, nach denen sich die Elemente gesellten, obwohl wir nicht ermitteln konnten, ob die fertigen Verbindungen den Raum von 2 Litern erfüllen.

Versuchen wir es nun, die Ergebnisse der Erfahrungen, die eben nochmals in raschem Fluge an uns vorübergezogen sind, zusammenzufassen, so hat der Begriff des Verbindungsgewichtes bereits eine allgemeinere Form angenommen. Wir

des Begriffs des Verbindungsgewichtes. 185

dürfen jetzt Verbindungsgewicht eines Elementes die in Krithen ausgedrückte kleinste Gewichtsmenge desselben nennen, welche in dem normalen Zweilitervolum irgend einer seiner Verbindungen enthalten ist, die kleinste Gewichtsmenge, von der alle in dem Zweilitervolum anderer Verbindungen enthaltenen Gewichtsmengen desselben Elementes Multipla sind.

In dieser allgemeineren Fassung des Begriffes ist die ganze Mannigfaltigkeit der Mittel angedeutet, welche uns für die Bestimmung der Verbindungsgewichte zu Gebote stehen. Wir sind nicht mehr auf die Wasserstoffverbindungen, auf die Chloride, Bromide und Jodide beschränkt, aus deren Studium sich der Begriff des Verbindungsgewichtes zunächst entwickelt hatte; jede Verbindung von bekannter Zusammensetzung, welche im gasförmigen Zustande erforschbar ist, lässt sich für diesen Zweck verwerthen. Allein wir sind gleichzeitig darauf hingewiesen, dass die Untersuchung einer einzigen Verbindung nicht ausreicht, denn wir wissen ja nicht sofort, ob wir gerade die Verbindung unter den Händen haben, deren Zweilitervolum die kleinste Menge des fraglichen Elementes enthält. Die in dem Zweilitervolum der fraglichen Verbindung aufgefundene Gewichtsmenge des Elementes könnte ja auch ein Multiplum des Verbindungsgewichtes sein. Dies würde sich alsbald herausstellen, wenn wir in dem Zweilitervolum einer zweiten und dritten Verbindung entweder einen kleineren Werth oder aber einen grösseren fänden, welcher kein Multiplum des zuerst ermittelten wäre.

Vergessen wir für einen Augenblick das uns geläufige Verbindungsgewicht des Chlors, um es im Sinne obiger Auffassung zu bestimmen. Die Analyse des Kohlenstoff- und Phosphorchlorids würde uns im Zweilitervolum beziehungsweise die Gewichte 142 und 106,5 Kth Chlor ergeben haben. Da aber die grössere dieser beiden Zahlen kein Multiplum der kleineren ist, so können wir die letztere als Verbindungsgewicht des Chlors nicht annehmen. Wir bestimmen deshalb auch die Gewichtsmenge Chlor, welche in dem

Zweilitervolume des Sauerstoffchlorids enthalten ist, und finden dieselbe zu 71 Kth. Allein auch diese Zahl können wir als Verbindungsgewicht des Chlors nicht gelten lassen, insofern zwar 142, nicht aber 106,5 ein Multiplum von 71 ist. Mit der Analyse des Wasserstoffchlorids endlich ist die Aufgabe gelöst. Die in dem Zweilitervolum des Chlorwasserstoffs enthaltene Gewichtsmenge von 35,5 Kth Chlor stimmt mit sämmtlichen aufgefundenen Zahlen, denn es ist $2 \times 35,5 = 71$, $3 \times 35,5 = 106,5$, endlich $4 \times 35,5 = 142$. Erst wenn wir eine Reihe von Verbindungen untersucht haben, erst wenn wir der kleinsten in dem Zweilitervolume irgend einer derselben aufgefundenen Gewichtsmenge des Elementes in dem Zweilitervolume mehrerer Verbindungen begegnet sind, erst wenn, im Falle sich mehrere Gewichtsmengen ergeben hätten, alle grösseren sich als Multipla der kleinsten erwiesen haben, dürfen wir daher diese Gewichtsmenge als das Verbindungsgewicht des in Frage stehenden Elementes gelten lassen, indem wir uns gleichwohl noch immer der Möglichkeit gewärtigen, dass weitere Forschungen die Annahme eines noch kleineren Verbindungsgewichtes erheischen können, welches alsdann allerdings ein aliquoter Theil des bisher angenommenen Verbindungsgewichtes sein müsste.

Noch ein Beispiel möge hier Platz finden, in dem sich die Methode der Verbindungsgewichtsbestimmung, der Beobachtung sowohl als auch der Discussion der Beobachtung, mit besonderer Klarheit abspiegelt. In dem Fluor werden wir später ein Element kennen lernen, welches sich seinem allgemeinen Verhalten nach der aus den Elementen Chlor, Brom und Jod bestehenden Gruppe nähert. Das Fluor bildet nur wenige im gasförmigen Zustande erforschbare Verbindungen, von denen die mit dem Silicium, das Siliciumfluorid, ein dem Siliciumchlorid ähnlicher Körper, die bekannteste ist. In dem Zweilitervolum des Siliciumfluorids sind 76 Kth Fluor aufgefunden worden, und wir würden, falls keine anderen Ergebnisse vorlägen, diese Zahl als das Verbindungsgewicht des Fluors zu betrachten haben. Allein es existirt auch eine gasförmige Verbindung des Fluors mit dem Bor, das Borfluorid, in dessen Zweilitervolum die Analyse nur 57 Kth Fluor nachgewiesen hat. Die Vergleichung beider Zahlen zeigt wieder, dass weder 76 noch 57 das Verbindungsgewicht des Fluors sein kann; andere Fluorverbindungen sind bis jetzt im gasförmigen Zustande nicht erforscht worden. Ein der oben gegebenen Begriffsbestimmung genügendes Verbindungsgewicht des Fluors ist daher nicht ermittelt, wir wissen aber, dass es nur durch eine Zahl ausgedrückt sein kann, von welcher sowohl 76 als 57 ein Vielfaches ist. Diese Zahl muss also 19 oder ein aliquoter Theil von 19 sein. Wir werden später sehen, dass Gründe vorliegen, welche den Werth 19 mit grosser Bestimmtheit als das Verbindungsgewicht des Fluors bezeichnen, obwohl man denselben in dem Zweilitervolum irgend einer gasförmigen Fluorverbindung bis jetzt nicht aufgefunden hat.

Die vorstehenden Beispiele dürften über die Natur der Verbindungsgewichte, über die Art ihrer Ermittelung, über die Schwierigkeiten, welche sich dieser Ermittelung entgegenstellen und die Wege, auf denen wir diesen Schwierigkeiten begegnen, keinen Zweifel lassen. Bei aller Freiheit der Bewegung, welche die allgemeinere Fassung des Begriffes Verbindungsgewicht gestattet, sind wir doch auf eine verhältnissmässig kleine Anzahl von Verbindungen hingewiesen. Denn da es sich zur möglichst schnellen Erreichung unseres Zieles zunächst darum handelt, dem Verbindungsgewichte eines Elementes selbst und nicht Multiplen desselben zu begegnen, so werden wir Angesichts der Erfahrungen, welche wir einzusammeln Gelegenheit gehabt haben, stets mit Vorliebe zur Untersuchung seiner Verbindungen mit dem Wasserstoff, dem Chlor, dem Brom und dem Jod zurückkehren, der Elemente also — wir constatiren schon jetzt die Thatsache mit Interesse, — welche sich zu gleichen Volumen und ohne Verdichtung mit einander vereinigen.

Besitzen wir nun — diese Frage bleibt uns zu beantworten — in dem eben entwickelten Verfahren eine allgemeine Methode für die Bestimmung der Verbindungsgewichte der Elemente? Diese Frage könnten wir offenbar nur dann mit

188 Lässt sich d. Verbindungsgew. v. Element. bestimmen,

ja beantworten, wenn es möglich wäre, sämmtliche Elemente in Verbindungen zu fassen, welche im gasförmigen Zustande untersucht werden können. Dies ist aber keineswegs der Fall. Wir kennen eine ganze Reihe von Elementen, welche weder selber, noch auch in Verbindung mit anderen Elementen bis jetzt sich haben vergasen lassen. Wir brauchen in der That aus dem uns bekannten Kreise nicht herauszutreten, um auf Beispiele dieser Art zu stossen, sind wir ihnen ja doch schon auf der Schwelle unserer Forschungen bereits mehrfach begegnet. Wir haben die wichtigen Dienste nicht vergessen, welche uns die beiden Metalle Natrium und Kalium gleich beim Eintritt in das Gebiet der chemischen Erscheinungen geleistet haben. Nacheinander auf die Salzsäure, das Wasser und das Ammoniak einwirkend, entwickelten uns diese Metalle den Wasserstoff, welcher der Ausgangspunkt aller unserer Betrachtungen geworden ist. Die Art, wie diese Wirkung ausgeübt ward, musste damals unerörtert bleiben, da uns die Natur der drei wasserstoffliefernden Substanzen noch unerschlossen war. Jetzt, nachdem wir die Zusammensetzung dieser Substanzen kennen gelernt haben, nachdem uns bereits die chemischen Verbindungen in Reihen durch die Hände gegangen sind, nachdem zumal die Einwirkung des Chlors auf das Wasser, auf das Ammoniak und auf das Grubengas Gegenstand eingehender Betrachtung gewesen ist, kann über die Rolle, welche das Natrium und das Kalium bei der Entwicklung des Wasserstoffs spielen, wohl kein Zweifel mehr obwalten. Gerade so, wie der Sauerstoff, der Stickstoff, der Kohlenstoff aus dem Wasser, dem Ammoniak, dem Grubengase frei wird, weil sich der Wasserstoff dieser Verbindungen mit dem Chlor vereinigt, ebenso entwickelt sich auch der Wasserstoff aus dem Chlorwasserstoff, dem Wasser, dem Ammoniak, weil das Natrium und Kalium mit den an den Wasserstoff gebundenen Elementen, dem Chlor, dem Sauerstoff, dem Stickstoff, zu chemischen Verbindungen zusammentritt. Allein das Verständniss der qualitativen Erscheinung befriedigt uns schon nicht mehr; wir fragen

welche keine flüchtigen Verbindungen bilden? 189

nach den quantitativen Beziehungen derselben, wir fühlen das Bedürfniss, diese Processe in chemischen Gleichungen wiederzugeben, denen ähnlich, welche wir früher für die Einwirkung des Chlors auf das Wasser und das Ammoniak aufstellten (vergl. S. 114), und es liegt uns daher vor allen Dingen ob, die Verbindungsgewichte des Natriums und des Kaliums kennen zu lernen, deren Symbole wir in die zu bildenden Gleichungen einführen können. Um diese Aufgabe nach dem uns bekannten Verfahren zu lösen, müssten wir die Gasvolumgewichte einiger Verbindungen des Natriums und des Kaliums bestimmen, aus diesen Bestimmungen die Gewichte des Zweilitervolums berechnen und die in dem Zweilitervolume enthaltenen Gewichtsmengen Natrium und Kalium durch den Versuch ermitteln.

Die Verbindung des Natriums mit dem Chlor, das Natriumchlorid, welches sich bei der Einwirkung des Natriums auf den Chlorwasserstoff bildet, ist das aus dem Alltagsleben uns wohl bekannte Kochsalz. Wenn das Natrium auf das Wasser einwirkt, so erzeugt sich unter günstigen Bedingungen eine weisse, feste Materie von stark ätzenden Eigenschaften, welche aus Natrium und Sauerstoff besteht und den Namen Natriumoxid führt. Bei der Zersetzung endlich des Ammoniaks durch Natrium erhält man bei geeignet geleitetem Versuche eine dunkelgefärbte Masse, welche eine Verbindung von Natrium und Stickstoff ist und Natriumnitrid genannt wird. Weder das Natriumchlorid, noch das Natriumoxid, oder Natriumnitrid hat man bis jetzt im gasförmigen Zustande untersuchen können. Ebensowenig kennt man irgend eine andere gasförmig erforschbare Verbindung dieses Metalls. Was von dem Natrium gesagt wurde, gilt auch für das Kalium. Die Verbindungsgewichte dieser beiden Metalle lassen sich also nach dem uns geläufigen Verfahren nicht bestimmen. Es fragt sich aber, ob wir nicht durch Methoden, welche, von Volumbestimmungen unabhängig, nur Gewichtsbestimmungen erheischen, eine Reihe von Werthen ermitteln können, welche sich mit demselben Vortheile, wie früher die Volumgewichte, später die Verbindungsgewichte für die Zwecke unserer chemischen Zeichensprache handhaben lassen.

Nichts hindert uns durch die Wage zu ermitteln, wie viel Kth Natrium und Kalium erforderlich sind, um die Zweilitervolume Chlorwasserstoff, Wassergas und Ammoniak beziehungsweise in die Chloride, Oxide und Nitride des Natriums und Kaliums zu verwandeln.

Mit Sorgfalt für diesen Zweck angestellte Versuche haben gezeigt, dass diese Chloride, Oxide und Nitride zu den Wasserstoffverbindungen, aus denen wir sie sich bilden sahen, zu dem Chlorwasserstoffe, dem Wasser und dem Ammoniak, in einfachsten Beziehungen stehen. Wenn sich das Zweilitervolum des Chlorwasserstoffs in Natrium- oder Kaliumchlorid verwandelt, so tritt 1 Kth Wasserstoff aus demselben aus, während beziehungsweise 23 Kth Natrium oder 39 Kth Kalium eintreten; es entstehen $23 + 35,5 = 58,5$ Kth Natriumchlorid und $39 + 35,5 = 74,5$ Kaliumchlorid. Wenn das Zweilitervolum Wassergas in Natrium- und Kaliumoxid übergeht, so verliert es 2 Kth Wasserstoff unter Aufnahme beziehungsweise von $46 = 2 \times 23$ Kth Natrium und $78 = 2 \times 39$ Kth Kalium; es werden $2 \times 23 + 16 = 62$ Kth Natriumoxid und $2 \times 39 + 16 = 94$ Kth Kaliumoxid gebildet. Wird endlich das Zweilitervolum Ammoniak in Natrium- und Kaliumnitrid übergeführt, so giebt es 3 Kth Wasserstoff auf, und nimmt dagegen beziehungsweise $69 = 3 \times 23$ Kth Natrium und $117 = 3 \times 39$ Kth Kalium ein; indem sich $3 \times 23 + 14 = 83$ Kth Natriumnitrid und $3 \times 39 + 14 = 131$ Kth Kaliumnitrid erzeugen.

Aus der folgenden tabellarischen Zusammenstellung treten diese Ergebnisse der Forschung uns übersichtlicher entgegen:

In $1 + 35,5$ Kth Chlorwasserstoff, $2 + 16$ Kth Wassergas und $3 + 14$ Kth Ammoniak beziehungsweise werden
1 Kth Wasserstoff ersetzt durch   23 Kth Natr. u.   39 Kth Kal.
2 „   „   „   „ $46 = 2 \times 23$ „   „   „ $78 = 2 \times 39$ „   „
3 „   „   „   „ $69 = 3 \times 23$ „   „   „ $117 = 3 \times 39$ „   „

des Natriums und Kaliums. Ersatzgewichte. 191

In allen diesen Fällen sehen wir unwandelbar 23 Kth Natrium und 39 Kth Kalium an die Stelle von 1 Kth, d. h. von einem Verbindungsgewicht Wasserstoff treten und wir dürfen daher 23 Kth und 39 Kth als die Ersatzgewichte beziehungsweise des Natriums und Kaliums bezeichnen. In welcher Beziehung stehen nun diese durch die Wage ermittelten Ersatzgewichte zu den Verbindungsgewichten? Gelänge es, die Chloride, Oxide und Nitride des Natriums und des Kaliums im gasförmigen Zustande zu erforschen und fände man, dass 58,5 Kth Natrium- und 74,5 Kth Kaliumchlorid, dass 62 Kth Natrium- und 94 Kth Kaliumoxid, dass endlich 83 Kth Natrium- und 131 Kth Kaliumnitrid den Raum von 2 Litern erfüllen, wir würden mit vollem Rechte 23 Kth und 39 Kth als die Verbindungsgewichte beziehungsweise des Natriums und Kaliums gelten lassen und es würde somit für diese beiden Metalle Ersatzgewicht und Verbindungsgewicht zusammenfallen.

Wie dem aber auch sein möge, eine sehr nahe Beziehung zwischen den festgestellten Ersatzgewichten des Natriums und Kaliums und den noch zu ermittelnden Verbindungsgewichten dieser Metalle ergiebt sich schon aus dem Umstande, dass wir die Verbindungsgewichte des Chlors, des Sauerstoffs, des Stickstoffs, welche sich beziehungsweise mit 1, 2 und 3 Verbindungsgewichten Wasserstoff vereinigen, beziehungsweise auch mit 1, 2 und 3 Ersatzgewichten Natrium und Kalium zusammentreten sehen.

Um nähere Aufschlüsse über die Beziehung zwischen Verbindungsgewicht und Ersatzgewicht zu gewinnen, wollen wir auf dem für die Erforschung des Natriums und Kaliums angedeuteten Wege die Ersatzgewichte einiger Elemente bestimmen, deren Verbindungsgewichte uns bekannt sind.

Das Verbindungsgewicht des Jods ist zu 127 Kth gefunden worden. Das Jod bildet mit dem Chlor eine uns bis jetzt nicht bekannt gewordene Verbindung, in welcher 127 Kth Jod mit 35,5 Kth, d. h. der in dem Zweilitervolume Chlorwasserstoff enthaltenen Gewichtsmenge Chlor vereinigt

192 Beziehung zwischen den Ersatzgewichten

sind. Denken wir uns das Jodchlorid aus Chlorwasserstoff entstanden, so ist in dem letzteren 1 Kth Wasserstoff durch 127 Kth Jod ersetzt worden. 127 Kth ist also das Ersatzgewicht des Jods, und es ist mithin **das Verbindungsgewicht des Jods gleich dem Ersatzgewicht desselben.**

Das Verbindungsgewicht des Sauerstoffs ist 16 Kth. Die Verbindung des Sauerstoffs mit dem Chlor haben wir bereits Gelegenheit gehabt kennen zu lernen (vergl. S. 156). Die Gewichtsanalyse des Sauerstoffchlorids hat gezeigt, dass 8 Kth Sauerstoff mit 35,5 Kth Chlor verbunden sind. Wäre das Sauerstoffchlorid aus dem Chlorwasserstoff entstanden, so würde 1 Kth Wasserstoff durch 8 Kth Sauerstoff ersetzt worden sein. Das Ersatzgewicht des Sauerstoffs ist also 8 Kth, und es ist mithin **das Verbindungsgewicht gleich dem zweifachen Ersatzgewichte des Sauerstoffs.**

Das Verbindungsgewicht des Stickstoffs ist 14 Kth. Auch die Verbindung des Stickstoffs mit dem Chlor ist bereits flüchtig an uns vorübergegangen (vergl. S. 157). Das furchtbar explosive Stickstoffchlorid konnte im gasförmigen Zustande nicht untersucht werden; allein die Gewichtsanalyse desselben hat sich ausführen lassen. In diesem Körper sind 4,66 Kth Stickstoff mit 35,5 Kth Chlor verbunden. Um das Stickstoffchlorid aus dem Chlorwasserstoff zu erzeugen, müssten wir an die Stelle von 1 Kth Wasserstoff 4,66 Kth Stickstoff treten lassen, welche Zahl uns mithin das Ersatzgewicht des Stickstoffs repräsentirt. **Bei dem Stickstoff ist daher das Verbindungsgewicht gleich dem dreifachen Ersatzgewichte.**

Das Verbindungsgewicht des Kohlenstoffs endlich ist 12 Kth. Das Kohlenstoffchlorid ist uns bereits durch die Hände gegangen (vgl. S. 159). Dieser Körper enthält 3 Kth Kohlenstoff vereinigt mit 35,5 Kth Chlor. Liesse sich der Chlorwasserstoff in

und Verbindungsgewichten. 193

Kohlenstoffchlorid verwandeln, so könnte dies nur durch den Eintritt von 3 Kth Kohlenstoff an die Stelle von 1 Kth Wasserstoff geschehen. Das Ersatzgewicht des Kohlenstoffs ist also 3 Kth und es ist mithin **das Verbindungsgewicht des Kohlenstoffs gleich dem vierfachen Ersatzgewichte.**

In den betrachteten Fällen stimmen also entweder Verbindungsgewicht und Ersatzgewicht überein, oder aber die Verbindungsgewichte sind Multipla der Ersatzgewichte. Bestimmten wir die Ersatzgewichte auch der übrigen Elemente, deren Verbindungsgewichte uns bekannt sind, wir würden zu ganz ähnlichen Ergebnissen gelangen.

Lassen wir diese auf dem Wege der Erfahrung ermittelte Beziehung als eine allgemeine gelten, so besitzen wir offenbar in der Ersatzgewichtsbestimmung ein Mittel, um uns auch über das Verbindungsgewicht eines Elementes einige Aufklärung zu verschaffen.

Wenden wir diese Erfahrungen auf die Metalle Natrium und Kalium an, so ist es klar, dass das Verbindungsgewicht des Natriums durch die Zahlen $23, 2 \times 23, 3 \times 23 \ldots n \times 23$, das Verbindungsgewicht des Kaliums durch die Zahlen $39, 2 \times 39, 3 \times 39 \ldots n \times 39$ ausgedrückt ist. Wir würden also je nach dem wir den einen oder den anderen dieser Werthe als Verbindungsgewicht gelten liessen, eine ganze Reihe von Symbolen für die beiden Metalle erhalten, welche wir durch Accente von einander unterscheiden könnten. Auf diese Weise erhielte man:

für das Natrium

$23 = Na'$; $2 \times 23 = 46 = Na''$; $3 \times 23 = 69 = Na'''$
und $n \times 23 \qquad = Na^n$

und für das Kalium

$39 = K'$; $2 \times 39 = 78 = K''$; $3 \times 39 = 117 = K'''$
und $n \times 39 \qquad = K^n$

und die Chloride, Oxide und Nitride der beiden Metalle würden sich durch folgende Formeln darstellen:

Natriumverbindungen

des Chlors,	des Sauerstoffs,	des Stickstoffs.
$Na'\ Cl$	$Na'_2\ O$	$Na'_3\ N$
$Na''\ Cl_2$	$Na''\ O$	$Na''_3\ N_2$
$Na'''\ Cl_3$	$Na'''_2\ O_3$	$Na'''\ N$
$Na^n\ Cl_n$	$Na^n_2\ O_n$	$Na^n_3\ N_n$.

Kaliumverbindungen

des Chlors,	des Sauerstoffs,	des Stickstoffs.
$K'\ Cl$	$K'_2\ O$	$K'_3\ N$
$K''\ Cl_2$	$K''\ O$	$K''_3\ N_2$
$K'''\ Cl_3$	$K'''_2\ O_3$	$K'''\ N$
$K^n\ Cl_n$	$K^n_2\ O_n$	$K^n_3\ N$

Je nachdem wir das einfache, zweifache, dreifache ... n-fache Ersatzgewicht als Verbindungsgewicht des Natriums und Kaliums gelten lassen, werden auch die Gleichungen, welche die Einwirkung dieser Metalle auf den Chlorwasserstoff, das Wasser und das Ammoniak darstellen, eine verschiedene Form annehmen. Wir begnügen uns hier die Gleichungen für den einfachsten Fall zu geben, wie sie sich nämlich gestalten, wenn Verbindungsgewicht und Ersatzgewicht zusammenfallen.

Einwirkung des Natriums auf

Chlorwasserstoff . $HCl + Na = NaCl + H$
Wasser . . . . . $H_2O + 2Na = Na_2O + 2H$
Ammoniak . . . $H_3N + 3Na = Na_3N + 3H$.

Einwirkung des Kaliums auf

Chlorwasserstoff . $HCl + K = KCl + H$
Wasser . . . . . $H_2O + 2K = K_2O + 2H$
Ammoniak . . . $H_3N + 3K = K_3N + 3H$.

Auf die Methode der Ersatzgewichtsbestimmung, die wir hier für das Natrium und Kalium kennen gelernt haben, sind wir für eine grosse Anzahl anderer metallischer Elemente hingewiesen, welche bis jetzt in gasförmig erforschbare Verbindungen nicht haben übergeführt werden können. Die Ersatzgewichte beanspruchen deshalb unser Interesse in eben so hohem, wenn nicht noch höherem Grade, als früher die

Ableitung des Ersatzgewichtes aus den Chloriden.

Verbindungsgewichte, und wir fragen uns zunächst gerade wie damals, ob uns zur Ermittelung des Ersatzgewichtes eines Elementes nicht auch noch andere Wege offen stehen, als die Bestimmung derjenigen Gewichtsmenge, welche 1 Kth, d. h. das Verbindungsgewicht des Wasserstoffs in seinen Verbindungen ersetzt. Eine einfache Ueberlegung zeigt uns, dass wir zu diesem Ende mit demselben Rechte die Gewichtsmenge ermitteln können, welche 35,5 Kth Chlor, d. h. das Verbindungsgewicht des Chlors in seinen Verbindungen vertritt, gerade so wie wir für die Bestimmung des Verbindungsgewichtes eines Elementes, welches wir zunächst aus der Wasserstoffverbindung abgeleitet hatten, später auch die Chlorverbindung in Anspruch nehmen durften. Indem wir die Gewichtsmengen Jod, Sauerstoff, Stickstoff, Kohlenstoff ermittelten, welche an die Stelle von 1 Kth Wasserstoff treten müssen, um den Chlorwasserstoff in die Chloride der vier genannten Elemente zu verwandeln, ergaben sich die Ersatzgewichte des Jods, des Sauerstoffs, des Stickstoffs, des Kohlenstoffs beziehungsweise zu 127 Kth, 8 Kth, 4,66 Kth und 3 Kth. Genau dieselben Werthe finden wir aber, wenn wir die Gewichte Jod, Sauerstoff, Stickstoff und Kohlenstoff bestimmen, welche in dem Chlorwasserstoff 35,5 Kth Chlor ersetzen müssen, um denselben beziehungsweise in Jodwasserstoff, Wasser, Ammoniak und Grubengas überzuführen.

Wenn wir bisher der Auffassung des Ersatzgewichtes stets den Chlorwasserstoff zu Grunde gelegt, wenn wir Ersatzgewicht eines Elementes diejenige Gewichtsmenge desselben genannt haben, welche bei seinem Uebergang in die Chlorverbindung das Verbindungsgewicht des Wasserstoffs, oder aber bei seinem Uebergang in die Wasserstoffverbindung, das Verbindungsgewicht des Chlors in dem Chlorwasserstoff ersetzt, so heisst dies, da ja bei der Bildung des Chlorwasserstoffs 1 Verbindungsgewicht Wasserstoff mit 1 Verbindungsgewicht Chlor zusammentritt, nichts anderes als die Gewichtsmenge, welche sich mit 1 Verbindungsgewicht Chlor oder 1 Verbindungsgewicht Wasserstoff vereinigt. Wir dürfen uns

196 Bestimmung des Ersatzgewichtes aus

also bei der Bestimmung des Ersatzgewichtes der vollkommen berechtigten, aber immerhin etwas schwerfälligen Betrachtung, aus welcher wir den Begriff desselben zuerst schöpften, ganz und gar begeben und uns begnügen, das Gewicht eines Elementes zu ermitteln, welches entweder mit 1 Kth Wasserstoff oder 35,5 Kth. Chlor zusammentritt. Ein Blick auf die folgende Tabelle zeigt uns die Methode der Ableitung des Ersatzgewichtes in übersichtlicher Form:

Es sind verbunden im

Chlorwasserstoff		Cl mit H
Jodchlorid		Cl „ I
Sauerstoffchlorid	2 Cl mit O also	Cl „ $\frac{O}{2}$
Stickstoffchlorid	3 Cl „ N „	Cl „ $\frac{N}{3}$
Kohlenstoffchlorid	4 Cl „ C „	Cl „ $\frac{C}{4}$

Oder aber im

Chlorwasserstoff		H mit Cl
Jodwasserstoff		H „ I
Wasser	2 H mit O also	H „ $\frac{O}{2}$
Ammoniak	3 H „ N „	H „ $\frac{N}{3}$
Grubengas	4 H „ C „	H „ $\frac{C}{4}$

Bei der Ersatzgewichtsermittelung eines Elementes sind wir also von volumetrischen Bestimmungen vollkommen unabhängig geworden. Die ponderale Untersuchung seiner Wasserstoff- und Chlorverbindung genügt für diesen Zweck. Allein wir sind nicht auf die Wasserstoff- und Chlorverbindungen beschränkt; die Bromide, die Jodide entsprechen in ihrer Zusammensetzung den Chloriden, den Wasserstoffverbindungen (vgl. S. 171 u. 156). Wir erhalten also ganz allgemein das Ersatzgewicht eines Elementes, indem wir die Gewichtsmenge er-

Sauerstoff-, Stickstoff- u. Kohlenstoffverbindungen. 197

mitteln, welche mit 1 Verbindungsgewicht Wasserstoff, Chlor, Brom und Jod zusammentritt, von Elementen also, bei denen Verbindungsgewicht und Ersatzgewicht zusammenfallen. Aber mehr noch, wir könnten jede andere Verbindung, Sauerstoff-, Stickstoff- und Kohlenstoffverbindung, der Ersatzgewichtsbestimmung zu Grunde legen, vorausgesetzt, dass die Beziehung zwischen Verbindungsgewicht und Ersatzgewicht für das betreffende Element ermittelt ist. Wollten wir das Ersatzgewicht eines Elementes aus seiner Sauerstoffverbindung bestimmen, wir müssten die mit dem Verbindungsgewicht des Sauerstoffs vereinigte Gewichtsmenge mit 2 dividiren, da ja das Verbindungsgewicht des Sauerstoffs gleich dem doppelten Ersatzgewicht ist; oder aber es sollte die Stickstoff-, die Kohlenstoffverbindung der Ersatzgewichtsermittelung zu Grunde gelegt werden: es wäre alsdann die mit 1 Verbindungsgewicht Stickstoff oder Kohlenstoff zusammentretende Gewichtsmenge des Elementes beziehungsweise mit 3 oder 4 zu dividiren, weil das Verbindungsgewicht des Stickstoffs das Dreifache, das Verbindungsgewicht des Kohlenstoffs das Vierfache des Ersatzgewichtes ist. Allein für die Ermittelung auch des Ersatzgewichtes, gerade so wie früher des Verbindungsgewichtes, würden wir den Verbindungen der Elemente, welche sich zu gleichen Volumen und ohne Verdichtung mit einander vereinigen, also des Wasserstoffs, Chlors, Broms und Jods, den Vorzug geben, weil sich aus ihrer Untersuchung die Ersatzgewichte direct ergeben.

Wenn uns die Bestimmung der Ersatzgewichte zunächst für diejenigen Elemente von Wichtigkeit ist, welche sich der Verbindungsgewichtsbestimmung entziehen, so wird sich doch die Ermittelung derselben auch für solche Fälle empfehlen, in denen, sei es wegen Mangel an geeigneten Verbindungen, oder weil der Versuch besondere Schwierigkeiten geboten hatte, dem aufgefundenen Verbindungsgewichte noch irgend welche Zweifel anhaften. In solchen Fällen liesse sich die Bestimmung beider Werthe nicht selten mit glücklichstem Erfolge combiniren. Fiele das aufgefundene Verbindungsgewicht mit dem Ersatzgewichte zusammen, oder erwiese es sich als ein Multiplum desselben, so würden wir dasselbe alsbald mit doppeltem Vertrauen begrüssen.

Oft auch kann die Ersatzgewichtsbestimmung zur Ermittelung von Werthen führen, welche wir als Verbindungsgewichte bezeichnen dürfen, obwohl dieselben in gasförmigen Verbindungen bisher nicht aufgefunden worden sind. Ein Beispiel möge schliesslich auch diesen Fall veranschaulichen. Wir erinnern uns, dass die Verbindungsgewichtsbestimmung des Fluors (vergl. S. 186) bis jetzt zu einem befriedigenden Abschluss nicht gelangt ist. In dem Zweilitervolum des Siliciumfluorids und des Borfluorids hatten wir beziehungsweise 76 und 57 Kth Fluor aufgefunden. Aus diesen Zahlen hatten wir geschlossen, dass das Verbindungsgewicht des Fluors 19 Kth oder ein aliquoter Theil dieses Werthes sein müsse. Versuchen wir nun auch noch, das Ersatzgewicht des Fluors zu bestimmen. Wie das Chlor, das Brom und das Jod, vereinigt sich das Fluor mit dem Wasserstoff; die Verbindung ist der durch seine glasätzenden Eigenschaften ausgezeichnete, in vieler Beziehung an den Chlorwasserstoff erinnernde Fluorwasserstoff. Die Gewichtsanalyse hat nun in der That nachgewiesen, dass in dem Fluorwasserstoff 1 Kth Wasserstoff und 19 Kth Fluor verbunden sind. Das Ersatzgewicht des Fluors ist also unzweifelhaft 19 Kth. Da aber das Verbindungsgewicht entweder mit dem Ersatzgewichte zusammenfällt oder ein Multiplum desselben ist, so zögern wir keinen Augenblick, die Zahl 19 auch als das Verbindungsgewicht des Fluors gelten zu lassen, und wir sind überzeugt, dass man, wenn es gelingt*), das Volumgewicht des Fluorwasserstoffgases zu ermitteln, in dem Zweilitervolume desselben 19 Kth Fluor auffinden wird.

---

*) Während diese Blätter durch die Presse gehen, ist die mit grossen experimentalen Schwierigkeiten verbundene Gasvolumgewichtsbestimmung des Fluorwasserstoffs ausgeführt worden, und es hat sich aus derselben in der That das Verbindungsgewicht des Fluors = 19 ergeben.

Volumgewicht des Quecksilbergases. 199

Aus den angeführten Beispielen erhellt zur Genüge, in wie vielen Fällen und in wie mannigfaltiger Weise die Ersatzgewichtsbestimmung für den Aufbau der chemischen Zeichensprache Verwendung findet. Wir wollen gleichwohl nicht vergessen, dass wir die Grundpfeiler derselben gerade in den Verbindungsgewichten besitzen und dass wir daher für die Elemente, bei denen wir nur das Ersatzgewicht kennen, stets bestrebt sind, auch nachträglich noch das Verbindungsgewicht zu ermitteln. Und diese Bestrebungen sind um so dringender geboten, als sich der Ermittelung der Ersatzgewichte einige Schwierigkeiten in den Weg stellen, welche wir erst in der Folge kennen lernen werden, wenn wir besser für ihr Verständniss und somit auch für ihre Beseitigung vorbereitet sein werden. Im Hinblick auf diese Schwierigkeiten aber würden wir im Interesse der Verbindungsgewichtsermittelung es selbst nicht unterlassen, wo dies möglich ist, auf die Gasvolumgewichtsbestimmung der Elemente selbst zurückzugehen, obwohl wir den Ergebnissen dieser Bestimmung keine endgültige Entscheidung einräumen.

Die Gasvolumgewichte, wir erinnern uns, stimmen in der grossen Mehrzahl von Fällen mit den Verbindungsgewichten überein, und wo immer eine Abweichung stattfindet, existirt wenigstens ein sehr einfaches Verhältniss zwischen beiden Gewichten. Für den Phosphor und das Arsen haben wir bereits ermittelt, dass die Gasvolumgewichte doppelt so gross sind wie die Verbindungsgewichte (vergl. S. 149); in ähnlicher Weise hat es sich bei der Untersuchung des Quecksilbergases herausgestellt, dass sein Volumgewicht nur halb so gross ist als sein Verbindungsgewicht. Letzteres ist uns bereits bekannt (vergl. S. 163); wir ermittelten es durch die Erforschung des Chlorids. Die in dem Zweilitervolum Quecksilberchlorid enthaltene Gewichtsmenge Quecksilber beträgt 200 Kth, und wir setzten daher Hg = 200. Bei der Volumgewichtsbestimmung zeigt es sich, dass das Quecksilbergas 100 mal schwerer als der Wasserstoff ist. Das Gewicht des Normalliters Quecksilbergas ist also 100 Kth, welche Gewichtsmenge wir in der für die Volumgewichte angewendeten Umrissschrift mit $\mathbb{H}\mathrm{g} = 100$ symbolisiren. Während wir also für den Phosphor und das Arsen

$$P = \frac{\mathbb{P}}{2} \text{ und As} = \frac{\mathbb{A}\mathrm{s}}{2}$$

finden, haben wir für das Quecksilber

$$\mathrm{Hg} = 2\,\mathbb{H}\mathrm{g}.$$

Hieraus folgt schon, dass uns die Gasvolumgewichte der Elemente keinen sicheren Halt für die Bestimmung ihrer Verbindungsgewichte bieten. Nehmen wir an, es wäre gelungen, die Volumgewichte des Natrium- und Kaliumgases zu ermitteln, und es hätten sich diese Gewichte beziehungsweise zu 23 und 39 ergeben, so könnten wir uns allerdings für berechtigt halten, in der Uebereinstimmung dieser Zahlen mit den Ersatzgewichten der beiden Metalle eine Garantie zu erblicken, dass sich dieselben auch als die Verbindungsgewichte herausstellen werden; allein wenn wir die eben erwähnte Abweichung bei dem Quecksilber bedenken, so ist es klar, dass die angenommener Maassen durch den Versuch bestimmten Volumgewichte 23 und 39 beziehungsweise des Natrium- und Kaliumgases die Zahlen $2 \times 23 = 46$ und $2 \times 39 = 78$ für die Verbindungsgewichte der beiden Metalle nicht ausschliessen, während freilich die Vermuthung, dass das Natrium und Kalium eine der des Phosphors und Arsens analoge Abweichung zeigen, d. h. die Verbindungsgewichte $\frac{23}{2} = 11,5$ und $\frac{39}{2} = 19,5$ haben könnten, auf Grund des bekannten Ersatzgewichtes abgelehnt werden muss.

Bei der grossen Schwierigkeit, welche die sorgfältige Erforschung erst bei hoher Temperatur gebildeter Gase bietet, darf man sich kaum der Hoffnung hingeben, dass die bis jetzt unbekannt gebliebenen Verbindungsgewichte vieler Elemente durch die Gasvolumgewichtsbestimmung noch nachträglich werden ermittelt werden. Es kann daher nicht auffallen, dass man sich bemüht hat, weitere Anhaltspunkte für die Bestimmung des Verbindungsgewichtes zu gewinnen.

Specifische Wärme der Elemente. 201

Diese Anhaltspunkte sind von den Chemikern auf den verschiedensten Gebieten der Wissenschaft eifrig gesucht und, fügen wir alsbald hinzu, theilweise wenigstens auch gefunden worden. Es sind zumal verschiedene physikalische Beobachtungen, welche in dieser Beziehung höchst werthvolle Aufschlüsse geliefert haben.

Hier verdienen vor Allem die merkwürdigen Ergebnisse erwähnt zu werden, zu welchen die Untersuchung der specifischen Wärme der Elemente geführt hat. Der Versuch zeigt, dass dieselben Gewichte verschiedener Elemente, um von einer gegebenen Temperatur auf eine andere gebracht zu werden, sehr ungleicher Wärmemengen bedürfen. Wir sagen, die specifischen Wärmen der verschiedenen Elemente sind ungleich. Vergleicht man andererseits die Wärmemengen, welche erforderlich sind, um die Verbindungsgewichte der Elemente von einer gegebenen Temperatur auf eine andere zu bringen, so zeigt sich das bemerkenswerthe Resultat, dass diese Wärmemengen gleich sind. Wir sagen, die specifischen Wärmen der Verbindungsgewichte verschiedener Elemente sind gleich. Dieses Gesetz hat leider seine noch keineswegs hinreichend erklärten Ausnahmen, sonst wären wir mit seiner Erkenntniss im Besitz der einfachsten und allgemeinsten Methode der Verbindungsgewichtsbestimmung. Allein obgleich wir dem erwähnten Gesetze eine unbeschränkte Geltung nicht einräumen dürfen, so liefert uns doch die Untersuchung der specifischen Wärme eines Elementes sehr häufig höchst willkommene Bestätigung von Ergebnissen, zu denen wir auf anderem Wege gelangt sind, und es mag schon hier bemerkt werden, dass die Chemiker schon deshalb geneigt sind, die Ersatzgewichte des Natriums und Kaliums auch als die Verbindungsgewichte dieser beiden Metalle gelten zu lassen, weil die Bestimmung der specifischen Wärme der genannten Metalle ebenfalls beziehungsweise zu den Zahlen 23 und 39 geführt hat.

Es verdient hervorgehoben zu werden, dass die Untersuchung der specifischen Wärme der Elemente uns werthvolle Fingerzeige für die Bestimmung ihrer Verbindungsgewichte ganz besonders gerade in denjenigen Fällen liefert, in welchen wir ihrer am meisten bedürfen, also bei der Erforschung von Elementen, die nicht nur selbst feuerbeständig sind, sondern auch keine flüchtigen Verbindungen bilden. Allein auch für die Bestimmung der Verbindungsgewichte von Elementen, welche flüchtige Verbindungen eingehen, deren Volumgewicht man bestimmen kann, ist die Ermittelung der specifischen Wärme von hohem Interesse, insofern sie uns für die bereits bestimmten Verbindungsgewichte eine willkommene Bestätigung bietet.

Ueber die Verbindungsgewichte der Metalle **Quecksilber**, **Wismuth** und **Zinn**, welche wir in einfacher Weise aus der Gasvolumgewichtsbestimmung und Analyse ihrer Chloride ermittelt haben (vergl. S. 163 bis 165), ist uns kein Zweifel geblieben, wir finden gleichwohl mit Genugthuung, dass die für die drei Metalle aufgefundenen Zahlen auch in der Bestimmung der specifischen Wärme derselben eine unzweideutige Bestätigung gefunden hat.

Die vier Metalle **Silber**, **Blei**, **Gold** und **Platin** andererseits hat man bis jetzt in Verbindungen, welche sich gasförmig erforschen lassen, nicht überführen können. Die **Verbindungsgewichte** des Silbers, Bleis, Golds und Platins sind daher nicht ermittelt. Nichts ist aber leichter, als die **Ersatzgewichte** derselben zu bestimmen. Die vier Metalle bilden leicht darstellbare wohlcharakterisirte Chlorverbindungen, deren Analyse zu den folgenden Ergebnissen geführt hat:

35,5 Kth Chlor verbinden sich mit 108 Kth Silber,
„ „ „ „ „ „ 103,5 „ Blei,
„ „ „ „ „ „ 65,56 „ Gold,
„ „ „ „ „ „ 49,35 „ Platin.

Diese Zahlen drücken die Ersatzgewichte der vier Metalle aus. Wollten wir die Chloride derselben aus dem Chlorwasserstoff darstellen, so würden wir 108 Kth Silber, 103,5

Kth Blei, 65,56 Kth Gold und 49,35 Kth Platin bedürfen, um
1 Kth Wasserstoff zu ersetzen. Man hat nun auch die specifische Wärme der genannten Metalle ermittelt und gefunden,
dass dieselbe Wärmemenge, welche 200 Kth Quecksilber,
208 Kth Wismuth, 118 Kth Zinn, d. h. die Verbindungsgewichte dieser Metalle, z. B. von 0^0 auf 100^0, zu erwärmen
vermag, auch für 108 Kth Silber nothwendig ist, dass sie
dagegen für $207 = 2 \times 103,5$ Kth Blei, für $196,7 = 3 \times 65,56$
Kth Gold und endlich für $197,4 = 4 \times 49,35$ Kth Platin
ausreicht. Die Bestimmung der specifischen Wärme würde
also andeuten, dass bei dem Silber Verbindungsgewicht und
Ersatzgewicht zusammenfallen, dass die Verbindungsgewichte
des Bleis, des Golds, des Platins dagegen beziehungsweise
zweimal, dreimal und viermal so gross sind, als die Ersatzgewichte dieser Metalle. In ähnlicher Weise hat man die Untersuchung der specifischen Wärme für die Feststellung der
Verbindungsgewichte einer Reihe von anderen Metallen zu
verwerthen versucht.

Die Betrachtung der **Krystallformen**, welche den Körpern eigenthümlich sind, hat ebenfalls zu wichtigen Anhalts-
punkten für die Bestimmung der Verbindungsgewichte geführt. Man hat gefunden, dass Körper von analoger Constitution gewöhnlich **isomorph** sind, d. h. beim Krystallisiren
dieselben oder stammverwandte Formen annehmen. Vergleichung zweier gleichkrystallisirter Verbindungen, die eine aus
Elementen von bekannten Verbindungsgewichten, die andere
aus Elementen gebildet, deren Verbindungsgewichte nur
unvollkommen oder selbst gar nicht bestimmt sind, hat in
einer grossen Anzahl von Fällen den Schlüssel zur Ermittelung der wahrscheinlichen Verbindungsgewichte geliefert.

Es liegt nicht in unserem Plane, die physikalischen Hülfsmittel für die Verbindungsgewichtsbestimmung an dieser
Stelle näher ins Auge zu fassen. Dies könnte nur geschehen,
wenn wir ihre Anwendung auf besondere Fälle ins Einzelne
verfolgten. Wir würden aber zu dem Ende das engum-
grenzte Gebiet, auf welches wir uns bisher absichtlich fast

204 Physik. Hülfsmittel späterer Betracht. vorbehalten.

ausschliesslich beschränkt haben, mehr und mehr verlassen müssen. Wir begnügen uns daher, auf diese für den Chemiker höchst wichtigen Beziehungen schon hier in allgemeinen Zügen aufmerksam gemacht zu haben. Ihre eingehende Betrachtung bleibt mit Vortheil einer späteren Periode vorbehalten, wenn uns Bekanntschaft mit einer grösseren Anzahl von Elementen und ihren Verbindungen für das Verständniss dieser Beziehungen besser vorbereitet haben wird.

Für den Augenblick enthalten wir uns jeder weiteren Erörterung über die Verbindungsgewichte und die Methoden ihrer Bestimmung. Wir nehmen aber deshalb von den Verbindungsgewichten, denen schon jetzt unser ganzes Interesse gehört, keinen Abschied. Nach welcher Richtung immer sich unsere Forschung lenke, überall begleiten uns diese Gewichte, deren Sinn und Bedeutung uns nicht länger zweifelhaft sind.

Unmittelbarer Erwerb der Erfahrung, hervorgegangen aus der einfachen Beobachtung, deren Ergebniss sich in jeder neuergründeten Erscheinung bewahrheitete, dienen uns die Verbindungsgewichte als die Landmarken, nach denen wir uns auf dem bereits durchforschten Gebiete zurechtfinden, und nach denen wir auch in der Folge unseren Curs steuern wollen.

IX.

Verhalten des Stickstoffs zu dem Sauerstoff. — Salpetersäure — ihr Anhydrid — ihre Zusammensetzung — ihre Zersetzung — durch die Wärme, durch Metalle — durch Zinn, unter Bildung von Untersalpetersäure — durch Silber, unter Bildung von salpetriger Säure — durch Kupfer, unter Bildung von Stickstoffoxid — durch Zink, unter Bildung von Stickstoffoxidul. — Charaktere dieser Producte. — Sind dieselben chemische Verbindungen oder mechanische Mischungen? — Erweiterung des Begriffes der chemischen Verbindung. — Vereinigung zweier Elemente in verschiedenen Verhältnissen. — Gesetz der multiplen Proportionen. — Zweiliterformeln der Stickstoff-Sauerstoffverbindungen. — Verhältnisse der Volume fertiger Verbindungen zu den Volumen ihrer Bestandtheile. — Elemente, welche sich in verschiedenen Verhältnissen mit einander verbinden, haben verschiedene Ersatzgewichte. Die Ersatzgewichte des Stickstoffs aus seinen Sauerstoffverbindungen abgeleitet. — Ungleiche Bedeutung der verschiedenen Ersatzgewichte eines Elementes.

In den vorstehenden Abschnitten sind wir bemüht gewesen, den Grund zu einem Gebäude zu legen, in dessen luftigem Fachwerk die Resultate der chemischen Forschung in übersichtlicher, weil geordneter Reihenfolge Platz finden sollen. Die Grundmauern, welche eben zu Tage getreten sind, ruhen in dem sicheren Boden des Versuchs, dessen Ergebnisse uns in den meisten und gerade in den wichtigsten Fällen zur unmittelbaren Anschauung gekommen sind. Eine grosse Anzahl von Thatsachen, welcher wir nachgerade für die Weiterführung unseres Baues bedurften, hätte gleichwohl unserer eigenen Beobachtung nicht ohne viele Schwierigkeiten zugänglich gemacht werden können, und in der Zuversicht, welche das Zeugniss schlagender Versuche in uns begründet hatte, trugen wir daher kein Bedenken, auch das von Anderen erworbene Material für unsere Zwecke zu verwerthen. Es war zumal in den letzten Abschnitten, dass wir uns fast ausschliesslich auf fremde Erfahrungen zu verlassen hatten, und leider können uns auch die wichtigen Resultate der Forschung, denen sich unsere Aufmerksamkeit nunmehr zuzulenken hat, nur noch in vereinzelten Fällen unmittelbar vor Augen treten. Unter diesen Umständen ruht der Blick nochmals mit erneutem Interesse auf den einfachen aber scharfumrissenen Bildern, welche uns der Versuch schon auf der Schwelle unserer Betrachtungen vorgeführt hat. Auch in dem Lichte betrachtet, welches von unseren neuesten Erfahrungen ausgeht, haben diese Bilder nicht an Frische verloren, und auch heute noch wie damals erblicken wir in dem Chlorwasserstoff, dem Wasser, dem Ammoniak und dem Grubengas die grossen Modelle, nach denen sich die Materie mit Vorliebe in ihren Verbindungen gestaltet. Wir haben gleichwohl längst erfahren, dass die Natur weit davon entfernt ist, ausschliesslich nach diesen Mustern zu arbeiten, und sind darauf vorbereitet, den Reichthum ihrer Schöpfungen in stets mannigfaltigeren Formen sich entfalten zu sehen.

Wir brauchen in der That über die fünf Elemente Wasserstoff, Chlor, Sauerstoff, Stickstoff und Kohlenstoff, welche unsere Aufmerksamkeit bisher so oft in Anspruch genommen haben, nicht hinauszugehen, um uns solchen neuen Formen gegenüber zu finden. Sind es ja doch bisher fast ausschliesslich die Wasserstoffverbindungen der vier letztgenannten Elemente gewesen, welche wir eingehend betrachtet haben. So sehr nun aber auch unser Interesse für diese vier typischen Verbindungen gerechtfertigt erschien, in denen wir die Hauptpfeiler unseres Baues zu erkennen glaubten, so dürfen wir darum nicht säumen, die Bekanntschaft einer zahlreichen Reihe von Verbindungen dieser uns geläufigen Elemente zu machen, an deren Zusammensetzung der Wasserstoff keinen Antheil nimmt. An der Spitze dieser neuen Classe von Körpern begegnen wir den Verbindungen, welche das Chlor, der Sauerstoff, der Stickstoff, der Kohlenstoff mit einander bilden. Die erschöpfende Betrachtung sämmtlicher Glieder der reichhaltigen Gruppe, welche aus der Vereinigung der

und Kohlenstoffs unter einander. Salpetersäure. 207

genannten Elemente unter einander hervorgeht, würde uns von dem Ziele, welches wir im Auge behalten müssen, zu weit abführen; für die Zwecke der vorliegenden Einleitung, welche gewisse Schranken nicht überschreiten darf, müssen wir uns begnügen, aus der reichen Kette der in Sicht tretenden Erscheinungen ein einzelnes Glied herauszugreifen.

Wir wollen zu dem Ende das Verhalten des Stickstoffs zu dem Sauerstoff der Untersuchung unterwerfen, und es lenkt sich unsere Aufmerksamkeit alsbald einem der kräftigsten und häufigst angewendeten Agentien zu, über welche der Chemiker gebietet.

Unter dem Namen Aqua fortis ist seit Jahrhunderten eine Flüssigkeit bekannt, welche gegenwärtig für die Zwecke der Industrie im Grossen dargestellt und als Salpetersäure bezeichnet wird. Diese Flüssigkeit enthält neben Wasser eine Verbindung von Stickstoff mit Sauerstoff, welche, von dem Wasser vollständig getrennt, wasserfreie Salpetersäure oder Salpetersäure-Anhydrid genannt wird. Die Trennung gelingt nicht ganz so leicht wie bei der Chlorwasserstoffsäure, welche, wie wir uns erinnern, für diesen Zweck nur zum Sieden erhitzt zu werden braucht. Durch geeignete Mittel, deren Betrachtung einer späteren Periode vorbehalten bleiben muss, hat man gleichwohl diese völlige Entwässerung der Salpetersäure bewerkstelligt.

Die wasserfreie Salpetersäure stellt weisse, schmelzbare Krystalle dar, in denen die Analyse auf je 2 Lit. Stickstoff 5 Lit. Sauerstoff, oder dem Gewicht nach auf $2 \times 14 = 28$ Kth Stickstoff $5 \times 16 = 80$ Kth Sauerstoff nachgewiesen hat. Die wasserfreie Salpetersäure ist eine Verbindung von höchst geringer Beständigkeit. Schon bei gelindem Erwärmen zerlegt sie sich unter Entwicklung rother Dämpfe, welche beim Durchleiten durch Wasser zum grossen Theil verschluckt werden; der aus dem Wasser austretende Antheil ist ein farbloses Gas, welches man mit Leichtigkeit als Sauerstoff erkennt.

Allein nicht nur im wasserfreien Zustande zeigt die Salpetersäure diese leichte Zersetzbarkeit. Die gewöhnliche

Zersetzung der Salpetersäure

wasserhaltige Säure liefert beim Erhitzen Dämpfe, welche sich
bei schwacher Rothglühhitze in eine ähnliche Mischung von

Fig. 75.

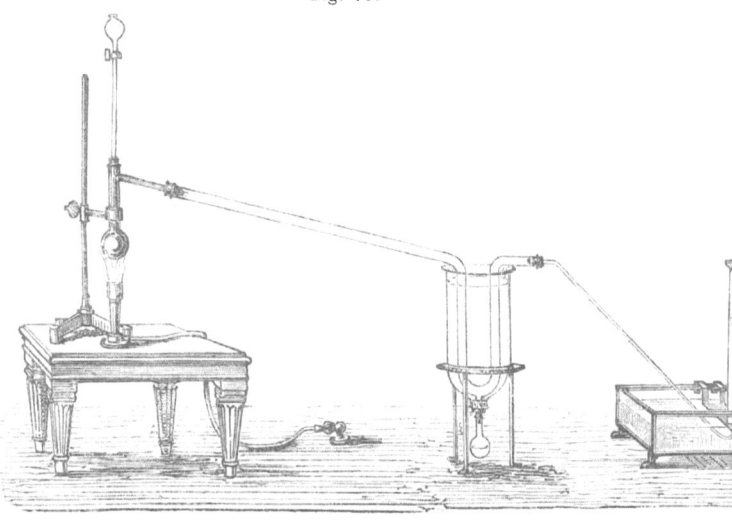

in Wasser löslichen rothen Dämpfen und farblosem Sauerstoff
zerlegen. Wir bringen diese Erscheinung am besten in einem
kleinen Platinkolben, dessen Hals mit einer Abzugsröhre versehen ist, zur Anschauung (Fig. 75). In diesen Hals ist mittelst Gyps eine gläserne Tropfröhre eingekittet, deren Kugel
durch einen Hahn abgeschlossen werden kann. Korke oder
Kautschuckpfropfen müssen bei dieser Operation vermieden
werden, da sie von der Salpetersäure zerstört werden. Die
Abzugsröhre des Kolbens ist mit einer U-Röhre in Verbindung,
welche, mit Ausnahme der an dem Bug angeblasenen Spitze,
von kaltem Wasser umgeben ist. An dem anderen Ende der
U-Röhre ist ein Entbindungsrohr befestigt, welches in eine
Wasserwanne mündet. Unter dem Platinkolben steht ein
kräftiger Gasbrenner. Wenn das Platin rothglühend geworden ist, lässt man die Salpetersäure — welche, damit sie das
Platin nicht angreife, chlorwasserstoffsäurefrei sein muss —

tropfenweise aus der Kugel in den Kolben fliessen; alsbald entwickeln sich rothe Dämpfe, welche zu einer braunen, aus der Spitze in ein Sammelkölbchen niederrinnenden Flüssigkeit verdichtet werden. Gleichzeitig treten aus dem Entbindungsrohr farblose Gasblasen aus, welche man über Wasser auffängt. Sie werden ohne Schwierigkeit als Sauerstoff erkannt.

Man hat nicht immer einen Platinkolben zur Hand. Der Versuch lässt sich daher wohl auch in folgender Weise anstellen (Fig. 76). Die Salpetersäure wird in einer Glasretorte zum Sieden gebracht; der ausgezogene Hals der Retorte ist

Fig. 76.

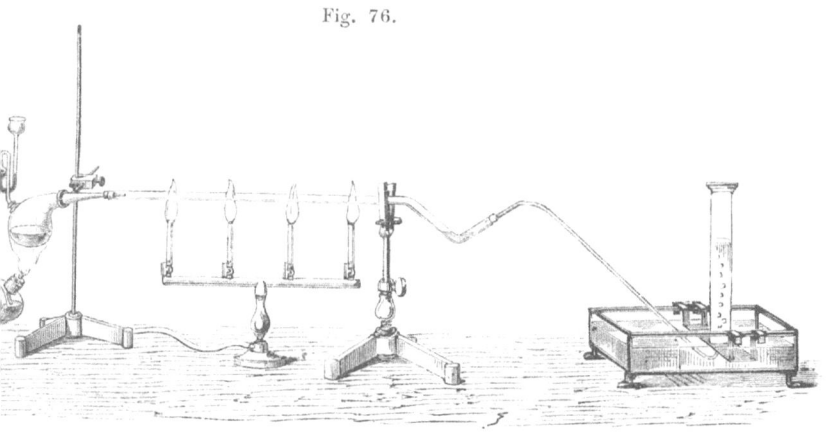

mittelst eines Korkes in eine Glasröhre befestigt, welche durch Gasflammen zu einer die Salpetersäuredämpfe zersetzenden Temperatur erhitzt wird. Das vordere Ende dieser Röhre ist knieförmig gebogen; der kalt bleibende Bug dient zur Verdichtung der rothen Dämpfe, sowie unzersetzt verflüchtigter Salpetersäure. In die Mündung endlich ist ein Entbindungsrohr eingepasst, welches das Gas in eine Wasserwanne zu führen und den gewaschenen Sauerstoff in Cylindern aufzusammeln gestattet. Der Versuch sollte nicht ohne einige Vorsichtsmaassregeln angestellt werden. Bei rascher Abkühlung der aus der erhitzten Röhre austretenden, in Wasser theilweise löslichen Dämpfe könnte das Wasser der Wanne unter dem Drucke der Atmosphäre in der Entbindungsröhre aufsteigen und, in die glühende Röhre tretend, Veranlassung zu einer heftigen Explosion geben. Diese Gefahr ist durch eine in den Tubulus der Retorte eingeschliffene Sicherheitsröhre beseitigt, deren Verschlingung durch eine kleine Säule von Salpetersäure gesperrt ist. Bei plötzlich durch rasche Abkühlung bedingter Druckverminderung im Inneren des Apparates würde die Luft durch das Salpetersäureventil eindringen, ehe das Wasser der Wanne zurücksteigen könnte.

Eine aus 2 Lit. Stickstoff und 5 Lit. Sauerstoff bestehende Verbindung sehen wir in diesem Versuche einen gewissen Antheil Sauerstoff entlassen, und es erhellt daraus, dass die rothen Dämpfe, was immer sonst ihre Natur sein mag, auf 2 Lit. Stickstoff weniger als 5 Lit. Sauerstoff enthalten müssen.

Die Abscheidung dieser rothen Dämpfe aus der Salpetersäure lässt sich selbst bei gewöhnlicher Temperatur erreichen, wenn man die Säure der Einwirkung gewisser Körper aussetzt, welche, wie z. B. die Mehrzahl der Metalle, eine grosse Anziehung für den Sauerstoff besitzen.

Zinn, Silber, Kupfer, Zink werden schon beim blossen Eintauchen in Salpetersäure mit Heftigkeit angegriffen; es entwickeln sich, wie bei der Einwirkung der Wärme, gasförmige Producte, denen aber diesmal kein Sauerstoff beigemengt ist.

Der früher freigewordene Sauerstoff wird jetzt von den Metallen in Beschlag genommen, welche sich damit zu sauerstoffhaltigen Verbindungen, zu Oxiden, vereinigen. Die Menge des so entzogenen Sauerstoffs wechselt mit der Natur des Metalls und mit den Bedingungen des Versuchs, insbesondere der Temperatur und der Verdünnung der angewendeten Säure.

Das Zinn entzieht der Salpetersäure unter günstigen Umständen $1/5$ ihres Sauerstoffs unter Entwicklung braunrother Dämpfe, welche sich bei niedriger Temperatur zu einer braunen Flüssigkeit und, wenn vollständig entwässert, selbst zu weissen Nadeln verdichten. Dieser Körper, welcher den

durch Zinn, Silber, Kupfer, Zink. 211

Namen Untersalpetersäure führt, enthält 2 Lit. Stickstoff mit 4 Lit. Sauerstoff verbunden, oder $2 \times 14 = 28$ Kth des ersteren mit $4 \times 16 = 64$ Kth des letzteren Elements.

Unter geeigneten Bedingungen der Einwirkung des Silbers ausgesetzt, verliert die Salpetersäure $2/5$ ihres Sauerstoffgehaltes und verwandelt sich in einen gelblich rothen Dampf, der beim Abkühlen zu einer blau-grünen Flüssigkeit verdichtet wird. Diese Flüssigkeit, welche man salpetrige Säure genannt hat, enthält 2 Lit. Stickstoff mit 3 Lit. Sauerstoff verbunden, oder $2 \times 14 = 28$ Kth Stickstoff und $3 \times 16 = 48$ Kth Sauerstoff.

Bringt man Kupfer mit der Salpetersäure in Berührung, so eignet sich das Metall $3/5$ ihres Sauerstoffgehaltes an; es entwickelt sich ein farbloses Gas, welches 2 Lit. Stickstoff mit 2 Lit Sauerstoff oder $2 \times 14 = 28$ Kth des ersteren mit $2 \times 16 = 32$ Kth des letzteren Elementes verbunden enthält. Dieses Gas, welches die Chemiker Stickstoffoxid genannt haben, besitzt die merkwürdige Eigenschaft, in Berührung mit der Luft sich in gelblich-rothe Dämpfe zu verwandeln, indem durch Sauerstoffaufnahme wieder die sauerstoffreichere salpetrige Säure gebildet wird.

Unter dem Einflusse des Zinks endlich werden der Salpetersäure bei wohlgeleitetem Versuche nicht weniger als $4/5$ ihres Sauerstoffgehaltes entzogen, unter gleichzeitiger Entwicklung eines im Wasser etwas löslichen, farblosen Gases, welches sich auch mit der Luft in Berührung farblos erhält; in diesem Gase, welches wir Stickstoffoxidul nennen, sind 2 Lit. Stickstoff mit 1 Lit. Sauerstoff, dem Gewichte nach $2 \times 14 = 28$ Kth Stickstoff mit 16 Kth Sauerstoff gesellt.

Die beschriebenen Versuche haben uns nicht weniger als fünf verschiedene Stickstoff und Sauerstoff enthaltende Körper kennen gelehrt, deren Zusammensetzung dem Volum und Gewicht nach in der folgenden Tabelle zusammengestellt ist:

212 Fünf Verbindungen von Stickstoff und Sauerstoff.

Name. Zusammensetzung,

	dem Volum nach: Stickstoff Sauerst	dem Gewicht nach: Stickstoff Sauerstoff
Stickstoffoxidul . .	2 Lit. $+$ 1 Lit.	$2\times14=28$ Kth $+1\times16=16$ Kth
Stickstoffoxid . . .	2 „ $+$ 2 „	$2\times14=28$ „ $+2\times16=32$ „
Salpetrige Säure .	2 „ $+$ 3 „	$2\times14=28$ „ $+3\times16=48$ „
Untersalpetersäure	2 „ $+$ 4 „	$2\times14=28$ „ $+4\times16=64$ „
Salpetersäure . .	2 „ $+$ 5 „	$2\times14=28$ „ $+5\times16=80$ „

Oder, indem wir Volume und Gewichte symbolisiren:

Stickstoffoxidul.

| N | N | $+$ | O | $2N + O$

Stickstoffoxid.

| N | N | $+$ | O | O | $2N + 2O$

Salpetrige Säure.

| N | N | $+$ | O | O | O | $2N + 3O$

Untersalpetersäure.

| N | N | $+$ | O | O | O | O | $2N + 4O$

Salpetersäure.

| N | N | $+$ | O | O | O | O | O | $2N + 5O$

Was uns bei sorgfältiger Betrachtung dieser merkwürdigen Reihe von Körpern zunächst auffällt, ist die **Mannigfaltigkeit der Verhältnisse**, in denen Stickstoff und Sauerstoff zusammentreten, während wir in früheren Versuchen die Elemente sich nur in einem Verhältnisse vereinigen sahen.

Bis jetzt sind wir in der That nur mit einer chemischen Verbindung von Wasserstoff mit Chlor, von Wasserstoff mit

Sauerstoff, von Wasserstoff mit Stickstoff bekannt geworden, obwohl wir mechanische Mischungen dieser Gase in jedem Verhältnisse erhalten konnten. Wir waren daher innerhalb der Grenzen unserer damaligen Erfahrung, als wir die chemische Verbindung von der mechanischen Mischung in der Weise unterschieden, dass wir in der ersteren die Elemente in einem einzigen unveränderlichen Verhältnisse zusammentretend annahmen, während sie sich zur Bildung mechanischer Mischungen in mannigfachen Verhältnissen gesellen können.

Angesichts der Erscheinungen, mit denen wir soeben bekannt geworden sind, können wir diese Vorstellung offenbar nicht länger gelten lassen. Wenn die fünf oben betrachteten Körper chemische Verbindungen und nicht mechanische Mischungen sind, so muss sich unsere frühere Auffassung der chemischen Verbindung in der Art umgestalten und erweitern, dass sie diese Körper mit einschliesst; dass diese Körper aber wahre chemische Verbindungen sind, dafür besitzen wir unzweideutige Beweise, einmal in der Bestimmtheit und Unveränderlichkeit ihrer Zusammensetzung, dann aber auch in der wesentlichen Verschiedenheit ihrer Eigenschaften von den Eigenschaften ihrer elementaren Bestandtheile.

Stickstoff und Sauerstoff sind farblose, in Wasser unlösliche Gase, welche sich nicht zu Flüssigkeiten und noch weniger zu starren Körpern verdichten lassen. Die wasserfreie Salpetersäure einerseits und andererseits die Untersalpetersäure erstarren bei niedriger Temperatur zu weissen, krystallinischen Körpern. Die salpetrige Säure verdichtet sich bei niedriger Temperatur zu einer blaugrünen Flüssigkeit, das Stickstoffoxid nimmt bei Berührung mit Luft eine braunrothe Farbe an, das Stickstoffoxidul endlich löst sich in Wasser mit grösserer Leichtigkeit auf als seine beiden Bestandtheile.

Es ist somit erwiesen, dass diese Körper keineswegs mechanische Mischungen, sondern wahre chemische Verbindungen des Stickstoffs und des Sauerstoffs sind, und wir werden auf diese Art unabweisbar zu der höchst wichtigen Schlussfolgerung geführt, dass sich zwei Elemente in mehreren Verhältnissen zu wahren chemischen Verbindungen vereinigen können, von denen jede verschieden von der anderen und alle wieder verschieden von den elementaren Bestandtheilen sind. Der Unterschied zwischen mechanischer Mischung und chemischer Verbindung ist deshalb nicht weniger scharf ausgesprochen. In der mechanischen Mischung gesellen sich die Elemente in den mannigfaltigsten Verhältnissen, deren Zahl durch willkürliche Steigerung des einen oder des anderen Bestandtheils ins Unendliche vermehrt werden kann; in der chemischen Verbindung sind die Elemente in nur wenigen unveränderlichen Verhältnissen geeinigt. Auf der einen Seite begrenzte, auf der anderen schrankenlose Mannigfaltigkeit; auf der einen Seite scharf bestimmte, auf der anderen Seite ganz willkürliche Verhältnisse.

Die Summe der möglichen Mischungen des Stickstoffs und des Sauerstoffs lässt sich in Zahlen nicht wiedergeben; der aufgefundenen Verbindungen sind nur fünf: 2 Lit. Stickstoff verbinden sich chemisch, wie wir gesehen haben, entweder mit 1, 2, 3, 4 oder 5 Lit. Sauerstoff, oder indem wir von Volumen zu Gewichten übergehen, 2 Verb.-Gew. Stickstoff vereinigen sich mit 1, 2, 3, 4 oder 5 Verb.-Gew. Sauerstoff und, so weit unsere Erfahrung reicht, in keinem anderen Verhältnisse. Allein es ist nicht nur in der Beschränktheit der Zahl von Verhältnissen, in welchen zwei Elemente zusammentreten, dass sich der eigenthümliche Charakter der chemischen Verbindung kundgiebt, es ist gerade in den Verhältnissen selbst, nach denen die Einigung stattfindet, dass sich ihr Unterschied von der mechanischen Mischung am klarsten spiegelt. Die einfachste Verbindung des Stickstoffs mit dem Sauerstoff ist das Stickstoffoxidul, in welchem 2 Lit. oder 2 Verb.-Gew. Stickstoff mit 1 Lit. oder 1 Verb.-Gew. Sauerstoff gesellt sind. Ein Blick auf die vorstehenden Tabellen zeigt uns, dass die Sauerstoffmengen, welche in dem Stickstoffoxid, in der salpetrigen Säure, in der Untersalpetersäure, in der Salpetersäure mit 2 Lit. oder 2 Verb.-Gew. Stickstoff zusammentreten, zu dem Sauerstoff in dem Stick-

in mehreren Verhältnissen. 215

stoffoxidul in den einfachsten Verhältnissen stehen, welche überhaupt denkbar sind. Die Stickstoffmenge, welche in der sauerstoffärmsten Verbindung mit 1 Lit. oder 1 Verb.-Gew. Sauerstoff zusammentrat, sehen wir in den sauerstoffreicheren Verbindungen sich mit der doppelten, dreifachen, vierfachen, fünffachen Menge Sauerstoff vereinigen.

Indem wir die Quantität des Stickstoffs in sämmtlichen Verbindungen constant setzen, sehen wir die Sauerstoffmenge in bestimmt abgemessenen Sprüngen wachsen. In der Reihe der gebildeten Verbindungen herrscht keine Willkür, wie in einer Reihe mechanischer Mischungen. Mit einem Worte: In der chemischen Verbindung einigen sich die Bestandtheile in wie immer mannigfaltigen, doch stets discreten Verhältnissen; in der mechanischen Mischung sind die Verhältnisse der Bestandtheile der Natur der Sache nach variabel.

Die Fähigkeit des Stickstoffs und Sauerstoffs, sich zu mehreren scharf charakterisirten Verbindungen zu vereinigen, finden wir bei vielen, wir dürfen sagen bei den meisten Elementen wieder. Die Verbindungen des Chlors mit dem Sauerstoff bilden eine ganz ähnliche Reihe, wie die Verbindungen des Stickstoffs mit dem Sauerstoff, welche wir besprochen haben, während der Wasserstoff und Sauerstoff, welche wir bisher nur zu Wasser vereint gesehen haben, sich zu einer zweiten Verbindung, dem sogenannten Wasserstoffsuperoxyd, gesellen, in welchem mit einer gegebenen Menge Wasserstoff zwei Mal soviel Sauerstoff als im Wasser vereinigt ist. Den Kohlenstoff haben wir bisher in Verbindung mit dem Wasserstoff nur als Grubengas kennen gelernt, allein es giebt kaum zwei Elemente, welche zu einer grösseren Anzahl von Verbindungen zusammentreten als der Kohlenstoff und Wasserstoff.

In der Folge werden wir in der That mit Fällen dieser Art in so grosser Zahl und Mannigfaltigkeit bekannt werden, dass wir die Fähigkeit in mehreren Verhältnissen zusammenzutreten für eine allgemeine Eigenschaft der elementaren Materie halten könnten, wären nicht Beispiele von Elementen bekannt, welche nur eine Verbindung mit einander bilden.

216 Die Möglichkeit mehrerer Verbindungen zwischen

Wasserstoff und Chlor, soweit unsere Kenntnisse reichen, vereinigen sich nur in dem **einen** Verhältnisse, welches die Bildung des Chlorwasserstoffs bedingt, und in ganz ähnlicher Weise hat man bis jetzt nur **eine** Verbindung des Wasserstoffs und Stickstoffs, nämlich das Ammoniak, erzielt.

Wenn uns die Fähigkeit der Elemente sich zu mehreren Verbindungen zu vereinigen, wie sie uns in der Stickstoffsauerstoffreihe zum ersten Male und in entschieden ausgesprochener Weise entgegentrat, bei dem Studium der typischen Wasserstoffverbindungen unenthüllt blieb, so rührt dies einerseits daher, dass mehrere der an ihrer Bildung betheiligten Elemente entweder gar nicht oder nur schwierig zu mehr als einer Verbindung sich vereinigen lassen, andererseits aber daher dass wir bemüht waren, den Blick auf ein möglichst beschränktes Feld der Beobachtung zu concentriren. Aber schon auf diesem beschränkten Gebiete waren wir einer grossen Anzahl von Verbindungen begegnet, in deren Zweilitervolum wir das eine der Elemente nach einander in einer ganzen Reihe von Verhältnissen eintreten sahen, während allerdings das zweite Element jedes Mal ein anderes wurde. In diesen Erfahrungen war jedoch offenbar die Existenz auch von Verbindungen angedeutet, in denen sich beide Elemente nach einander in mehreren Verhältnissen an der Bildung des Zweilitervolums betheiligen. Wenn wir das Stickstoffoxidul, das Stickstoffoxid, die salpetrige Säure, die Untersalpetersäure, die Salpetersäure als Verbindungen ansprechen, in welche die Elemente entweder in ihren **Verbindungsgewichten** selbst, oder in **Multiplen** derselben eintreten, befinden wir uns wieder auf bekanntem Gebiete, und die Mannigfaltigkeit in den Verbindungserscheinungen des Stickstoffs und Sauerstoffs, welche uns eben noch als neu und befremdlich erschien, schliesst sich dem Kreise altbekannter Erfahrungen an. In der That je sorgfältiger wir die durch Vereinigung des Stickstoffs mit dem Sauerstoff entstehenden Körper untersuchen, um so mehr finden wir, dass sie sich in jeder Beziehung den allgemeinen Verbindungsgesetzen unterordnen,

zwei Elementen schon früher angedeutet. 217

mit denen wir in den vorstehenden Abschnitten bekannt geworden sind.

Wir haben bisher nur die Volumverhältnisse, in denen die Elemente bei der Bildung der Stickstoff-Sauerstoffverbindungen zusammentreten, nicht aber die Volume der fertigen Verbindungen betrachtet. Wenn wir, um das regelmässige Wachsen des Sauerstoffs in der Reihe zu Tage treten zu lassen, das Volum des an ihrer Bildung betheiligten Stickstoffs als constant setzten, so folgt hieraus nicht, dass auch sämmtliche Glieder der Stickstoff-Sauerstoffreihe in ihren Zweilitervolumen dasselbe Volum Stickstoff enthalten, sich also nur durch die Verschiedenheit des Sauerstoffgehaltes von einander unterscheiden. Um die Zusammensetzung des Zweilitervolums, d. h. also die Formeln der Verbindungen, festzustellen, müssen wir die Gasvolumgewichte derselben bestimmen.

Von den fünf Verbindungen des Stickstoffs mit dem Sauerstoff hat man bisher nur drei im gasförmigen Zustande erforschen können, das Stickstoffoxidul, das Stickstoffoxid, die Untersalpetersäure. Die Untersuchung dieser drei Verbindungen hat folgende Ergebnisse geliefert:

Stickstoffoxidul.

Gasvolumgewicht 22.

Gewicht des Zweilitervolums $2 \times 22 = 44$ Kth.

Zusammensetzung des Zweilitervolums:

28 Kth $= 2 \times 14 = 2$ Verb.-Gew. Stickstoff
16 „ $= 1$ Verb.-Gew. Sauerstoff
----
44 Kth $= 2$ Lit. Stickstoffoxidul.

Stickstoffoxid.

Gasvolumgewicht 15.

Gewicht des Zweilitervolums $2 \times 15 = 30$ Kth.

Zusammensetzung des Zweilitervolums:

14 Kth $= 1$ Verb.-Gew. Stickstoff
16 „ $= 1$ Verb.-Gew. Sauerstoff
----
30 Kth $= 2$ Lit. Stickstoffoxid.

Zweiliterformeln

Untersalpetersäure.

Gasvolumgewicht 23.

Gewicht des Zweitervolums 2 × 23 = 46 Kth.

Zusammensetzung des Zweiltervolums:

14 Kth		= 1 Verb.-Gew. Stickstoff
32 „	= 2 × 16	= 2 Verb.-Gew. Sauerstoff
46 Kth		= 2 Lit. Untersalpetersäure.

Wir gelangen auf diese Weise zu den folgenden Formeln für die drei Verbindungen:

Stickstoffoxidul.   Stickstoffoxid.   Untersalpetersäure.

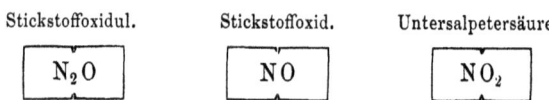

Nehmen wir für die salpetrige Säure und die Salpetersäure, deren Gasvolumgewichte, weil sich diese Verbindungen ausserordentlich leicht zersetzen, bisher nicht haben bestimmt werden können, die einfachsten Ausdrücke, welche sich aus dem Verhältniss der zusammentretenden Elementarvolume ergeben, so erhalten wir für die Verbindungen des Stickstoffs mit dem Sauerstoff die folgende Reihe von Formeln:

$N_2O \quad NO \quad N_2O_3 \quad NO_2 \quad N_2O_5$.

Von den fünf Gliedern der Stickstoff-Sauerstoffreihe sehen wir also nicht weniger als drei in demselben Zweilitervolum zusammengedrängt, in welchem auch die Elemente unserer typischen Wasserstoffverbindungen und so vieler anderer Verbindungen, mit denen wir im Laufe unserer Untersuchungen bekannt geworden sind, bei ihrer Vereinigung Platz fanden, und es wirft sich die Frage auf, ob auch die Volume der Elemente, welche in den Formeln der beiden übrigen Stickstoff-Sauerstoffverbindungen neben einander stehen, sich zu 2 Litern verdichten. Zahlreiche Analogien sprechen für diese Annahme, allein die Frage muss eine offene bleiben, bis es gelingt, die Gasvolumgewichte der salpetrigen Säure und der Salpetersäure zu ermitteln.

der Stickstoff-Sauerstoffverbindungen. 219

Wir müssen also bei dem gegenwärtigen Stande unserer Kenntnisse das erste, zweite und vierte Glied der Stickstoff-Sauerstoffreihe von dem dritten und fünften Gliede unterscheiden, insofern die Gasvolumgewichte, mithin auch die Gewichte der Zweilitervolume der drei erstgenannten durch Beobachtung festgestellt sind, während sie für die beiden letztgenannten bisher nicht haben bestimmt werden können, mithin auch nur als gedachte Zweilitervolume gelten können.

Bei der graphischen Darstellung der fünf Verbindungen (S. 220) umrahmen wir die Zweilitervolume der salpetrigen Säure und der Salpetersäure, deren Gewicht noch näher zu bestimmen ist, wiederum mit punktirten Linien, durch welche wir ähnliche Zweifel bereits mehrfach angedeutet haben.

Volumetrische Construction der Stickstoff-Sauerstoff-Reihe.

Stickstoffoxidul.

$$\left.\begin{array}{c}\boxed{N}\\ \boxed{N}\end{array}\right\} \;+\; \boxed{O} \;=\; \boxed{N_2O}$$

Stickstoffoxid.

$$\boxed{N} \;+\; \boxed{O} \;=\; \boxed{NO}$$

Salpetrige Säure.

$$\left.\begin{array}{c}\boxed{N}\\ \boxed{N}\end{array}\right\} \;+\; \left\{\begin{array}{c}\boxed{O}\\ \boxed{O}\\ \boxed{O}\end{array}\right. \;=\; \boxed{N_2O_3}$$

Untersalpetersäure.

$$\boxed{N} \;+\; \left\{\begin{array}{c}\boxed{O}\\ \boxed{O}\end{array}\right. \;=\; \boxed{NO_2}$$

Salpetersäure.

$$\left.\begin{array}{c}\boxed{N}\\ \boxed{N}\end{array}\right\} \;+\; \left\{\begin{array}{c}\boxed{O}\\ \boxed{O}\\ \boxed{O}\\ \boxed{O}\\ \boxed{O}\end{array}\right. \;=\; \boxed{N_2O_5}$$

Verdichtungsverhältnisse. 221

Vergleichen wir die Verdichtungsverhältnisse, welche diese Tabelle zeigt, mit den Verdichtungsverhältnissen der Elemente unserer typischen Wasserstoffverbindungen (siehe S. 75), so ergiebt es sich, dass das erste und vierte Glied der Reihe, die Verbindungen N_2O und NO_2, obwohl ihrer eigenen Structur nach Gegensätze, dennoch, was das Verdichtungsverhältniss der zusammentretenden Elemente ($^2/_3$) anlangt, treue Nachbildungen des Wassers (H_2O) sind. In dem zweiten Gliede (NO) sind die Elemente ohne Verdichtung ($^1/_1$), ähnlich wie in dem Chlorwasserstoff (HCl), verbunden. Das dritte und fünfte Glied endlich, die salpetrige Säure (N_2O_3) und die Salpetersäure (N_2O_5), würden, falls sich unsere Annahme hinsichtlich ihrer volumetrischen Construction bestätigt, weniger einfache Verdichtungsverhältnisse ($^2/_5$ und $^2/_7$) darstellen, für welche unsere bisherigen Erfahrungen keine Vorbilder liefern.

Mit dem nöthigen Vorbehalte, welchen die bis jetzt nur wahrscheinlichen Volumgewichte der salpetrigen Säure und der Salpetersäure erheischen, dürfen wir unsere bisher gesammelten Erfahrungen über die Verdichtung, welche gasförmige Elemente bei ihrem Zusammentreten zu chemischen Verbindungen zeigen, in folgender Weise zusammenfassen:

Volumetr. Zusammensetzung chemischer Verbindungen und Verdichtungsverhältniss ihrer Elemente.

Elementarbestandtheile.	Verbindung.	Verdichtungsverh.
1 Vol. + 1 Vol.	= 2 Vol.	1
1 Vol. + 2 Vol.	= 2 Vol.	$^2/_3$
1 Vol. + 3 Vol.	= 2 Vol.	$^1/_2$
2 Vol. + 3 Vol.	= 2 Vol.	$^2/_5$
2 Vol. + 5 Vol.	= 2 Vol.	$^2/_7$

Mit der Erkenntniss, dass sich die Elemente in mannigfaltigen, aber doch immer discreten Verhältnissen mit einander zu chemischen Verbindungen einigen können, tritt eine schon früher (vergl. S. 198) flüchtig angedeutete mehr

222 Elemente, die sich in mehreren Verhältn. einigen,

scheinbare als wirkliche Schwierigkeit an uns heran, die wir hier schliesslich noch einen Augenblick betrachten müssen. Es handelt sich um die Bestimmung der Ersatzgewichte. Wenn sich ein Element mit einem zweiten in mehreren Verhältnissen verbinden kann, so muss es auch mehrere Ersatzgewichte besitzen. Wir haben früher das Ersatzgewicht des Stickstoffs aus der Analyse des Ammoniaks und des Chlorstickstoffs ermittelt, indem wir die mit 1 Kth Wasserstoff oder 35,5 Kth Chlor verbundene Gewichtsmenge $= 4{,}66$ Kth Stickstoff als Ersatzgewicht dieses Elementes ansprachen. Nunmehr aber soll das Ersatzgewicht aus den verschiedenen Sauerstoffverbindungen bestimmt werden. Wir ermitteln also, wie viel Stickstoff in einer jeden der uns bereits geläufigen fünf Verbindungen mit 1 Verbindungsgewicht Sauerstoff vereinigt ist und dividiren, da bei dem Sauerstoff das Ersatzgewicht gleich dem halben Verbingungsgewicht ist, die erhaltenen Werthe mit 2. Es sind aber verbunden

		Sauerst. m.	Stickstoff.	Daher Ersatzgew. d. Stickst.
Im Stickstoffoxidul	N_2O	16 Kth „	$2 \times 14 = 28$ Kth	$\frac{28}{2} = 14$
„ Stickstoffoxid	$N\ O$	„ „	14 „	$\frac{14}{2} = 7$
In der salpetr. Säure	N_2O_3	„ „	$\frac{2 \times 14}{3} = 9{,}33$ Kth	$\frac{9{,}33}{2} = 4{,}66$
„ „ Untersalpeters.	$N\ O_2$	„ „	$\frac{14}{2} = 7$ „	$\frac{7}{2} = 3{,}5$
„ „ Salpetersäure	N_2O_5	„ „	$\frac{2 \times 14}{5} = 5{,}6$ „	$\frac{5{,}6}{2} = 2{,}8$

Wir sehen also den Stickstoff mit nicht weniger als fünf verschiedenen Ersatzgewichten auftreten. Eine flüchtige Betrachtung zeigt, dass alle diese Werthe den Charakter wahrer Ersatzgewichte tragen: sie alle sind aliquote Theile des Verbindungsgewichtes, denn es ist $1 \times 14 = 2 \times 7 = 3 \times 4{,}66 = 4 \times 3{,}5 = 5 \cdot 2{,}8 = 14$. Denken wir uns in der That die fünf Oxide des Stickstoffs aus dem Oxide des Wasserstoffs, dem Wasser abgeleitet, so genügt ein Blick auf die Formeln:

haben mehrere Ersatzgewichte.

Wasser $\left.\begin{array}{l}H\\H\end{array}\right\}O$ $\left.\begin{array}{l}N\\N\end{array}\right\}O$ Stickstoffoxidul

„ $\left.\begin{array}{l}H\\H\end{array}\right\}O$ $\left.N\right\}O$ Stickstoffoxid

„ $\left.\begin{array}{l}H\\H\end{array}\right|O$
   $\left.\begin{array}{l}H\\H\end{array}\right\}O$ $\left.N\begin{array}{l}O\\O\\O\end{array}\right.$ Salpetrige Säure
   $\left.\begin{array}{l}H\\H\end{array}\right\}O$ N

„ $\left.\begin{array}{l}H\\H\end{array}\right\}O$ $\left.N\begin{array}{l}O\\O\end{array}\right\}$ Untersalpeters.
   $\left.\begin{array}{l}H\\H\end{array}\right\}O$

„ $\left.\begin{array}{l}H\\H\end{array}\right\}O$
   $\left.\begin{array}{l}H\\H\end{array}\right\}O$ $N\,O$
   $\left.\begin{array}{l}H\\H\end{array}\right\}O$ $\left.\begin{array}{l}O\\O\end{array}\right.$ Salpetersäure
   $\left.\begin{array}{l}H\\H\end{array}\right\}O$ $N\,O$
   $\left.\begin{array}{l}H\\H\end{array}\right\}O$ O

um zu sehen, dass bei der Bildung des Stickstoffoxiduls 2 Verb.-Gew. Wasserstoff durch 2 Verb.-Gew. Stickstoff, also 1 Kth Wasserstoff durch 14 Kth Stickstoff ersetzt werden, während bei der Entstehung des Stickstoffoxids 1 Verb.-Gew. Stickstoff an die Stelle von 2 Verb.-Gew. Wasserstoff, also $\frac{14}{2} = 7$ Kth Stickstoff an die Stelle von 1 Kth Wasserstoff tritt. Bei der Bildung der salpetrigen Säure andererseits werden 6 Verb.-Gew. Wasserstoff durch 2 Verb.-Gew. Stick-

224 Ungleiche Bedeutung verschiedener Ersatzgewichte.

stoff, also 1 Kth Wasserstoff durch $\frac{2}{6} \times 14 = 4{,}66$ Kth vertreten. Untersalpetersäure wird erzeugt, wenn sich 1 Verb.-Gew. Stickstoff, 4 Verb.-Gew. Wasserstoff, also $\frac{14}{4} = 3{,}5$ Kth Stickstoff, 1 Kth Wasserstoff substituirt; bei dem Uebergang des Wassers in Salpetersäure endlich sind 2 Verb.-Gew. Stickstoff an die Stelle von nicht weniger als 10 Verb.-Gew. Wasserstoff, also $\frac{2}{10} \cdot 14 = 2{,}8$ Kth Stickstoff an die Stelle von 1 Kth Wasserstoff getreten.

Dürfen wir nun, diese Frage tritt schliesslich an uns heran, einem der verschiedenen Ersatzgewichte, welche wir für ein Element aufgefunden haben, eine vorwiegende Bedeutung beilegen? Diese Frage wird man wohl in den meisten Fällen mit Ja beantworten dürfen. Wir hätten zu untersuchen, mit welchem Ersatzwerthe ein Element am häufigsten bei der Bildung chemischer Verbindungen, mit welchem Ersatzwerthe es bei der Bildung der wichtigsten Verbindungen, auftritt, und würden alsdann dem am häufigsten und in den wichtigsten Verbindungen vorkommenden unsere besondere Aufmerksamkeit schenken. Bei dem Stickstoff beansprucht das Ersatzgewicht 4,66 den übrigen gegenüber schon deshalb unser vorwaltendes Interesse, weil wir diesem Werthe als Ersatz von 1 Kth Wasserstoff schon in mehreren Fällen, zunächst bei der Ableitung des Ammoniaks, dann des Chlorstickstoffs aus dem Chlorwasserstoff und schliesslich wieder bei der Ableitung der salpetrigen Säure aus dem Wasser begegnet sind. Dieses Interesse wird sich aber noch wesentlich höhen, wenn wir die Stellung des Ammoniaks als typische Verbindung ins Auge fassen, von der sich, wie uns die weitere Entwicklung unserer Studien zeigen wird, zahllose Verbindungen ableiten, in denen allen, ob wir sie auf den Chlorwasserstoff oder das Wasser beziehen, wir den Stickstoff stets mit dem Ersatzgewichte 4,66 auftreten sehen werden.

X.

Speculative Auffassung chemischer Erscheinungen. — Hypothese und Theorie. — Natur der Materie. — Starrer, flüssiger und gasförmiger Zustand der Materie. — Zusammensetzung der Materie. — Mole und Molecule. — Molare und moleculare Thätigkeiten in der Materie. — Moleculare Anziehung, moleculare Abstossung. — Molare und moleculare Theilung der Materie, erstere eine reale, letztere eine ideale Theilung. — Anhaltspunkte für die Molecularspeculation. — Verwerthung der Wärmeerscheinungen im Sinne derselben. — Wirkung der Wärme auf die Körper. — Latentwerden von Wärme bei dem Uebergang vom starren in den flüssigen und vom flüssigen in den gasförmigen Zustand. — Ungleichmässige Ausdehnung starrer und flüssiger, gleichmässige Ausdehnung gasförmiger Körper durch die Wärme. — Experimentale Demonstration des Verhaltens der Gase unter dem Einflusse gleicher Veränderungen der Temperatur und des Druckes. — Begrenzte Theilbarkeit der Materie. — Gleichartigkeit der Molecularstructur einfacher wie zusammengesetzter Gase. — Zusammensetzung der Molecule der Elemente wie der Verbindungen aus Atomen. — Molare, moleculare, atomistische Construction der Materie.

Auf dem Wege, den wir bisher verfolgten, haben wir das Gebiet der Erfahrung nicht einen Augenblick verlassen; unser Interesse hat sich lediglich auf Thatsachen beschränkt, Thatsachen, von denen wir entweder durch eigene Anschauung oder auf das glaubwürdige Zeugniss Anderer hin Kenntniss nahmen. Wir haben uns begnügt, chemische Erscheinungen zu beobachten, die Ergebnisse unserer Beobachtung zu sammeln, zu ordnen und mit einander zu vergleichen, ohne es jedoch bis jetzt zu versuchen, die Erscheinungen zu erklären.

Die Ursachen der beobachteten Wirkungen sind uns bis jetzt fremd geblieben. Zu ihrer Erforschung fühlen wir uns gleichwohl durch einen der mächtigsten Impulse unserer intellectuellen Natur unwiderstehlich hingezogen. Dieser instinctive Forschungstrieb kann niemals völlig befriedigt werden. Die letzte der Ursachen liegt jenseits der Grenzen unseres Fassungsvermögens. Die Ermittlung der Bedingungen, unter denen sich die Erscheinungen gestalten, der Reihenfolge, in der sie auftreten, ihrer Aehnlichkeit oder Verschiedenheit, endlich ihres Zusammenhangs, sind berechtigte Aufgaben der Forschung; für die wahre Natur der Erscheinungen, ihren letzten Ursprung, dürfen wir kaum hoffen, jemals ein klares Verständniss zu gewinnen. Allein der Lösung selbst solcher Aufgaben, welche über das uns zugängliche Gebiet nicht hinausgehen, stellen sich immer noch Schwierigkeiten aller Art entgegen. Wir begegnen ihnen oft nur dadurch, dass wir, der Eingebung unserer Phantasie vertrauend, gewisse Voraussetzungen gelten lassen, welche eine Reihe vereinzelter Beobachtungen und Versuche miteinander verknüpfen. Indem wir im Lichte dieser Voraussetzungen das Lückenhafte unserer Erfahrungen erkennen, sind wir alsbald auf die Bahn hingewiesen, auf der wir durch neue Beobachtungen, durch neue Versuche diese Lücken ausfüllen können. Führen diese Beobachtungen, diese Versuche zu den Ergebnissen, welche im Sinne unserer Voraussetzungen zu erwarten standen, so sind wir dem wahren Verständniss einer Erscheinung schon um einen grossen Schritt näher gerückt. Solche Voraussetzungen nennen wir Hypothesen (von $\dot{v}\pi\acute{o}$, unter, und $\Theta\acute{e}\sigma\iota\varsigma$, einem Abkömmling von $\tau\acute{\iota}\vartheta\eta\mu\iota$, ich stelle, also wörtlich Unterstellungen).

Die Hypothese ist eines der werthvollsten Hülfsmittel wissenschaftlicher Forschung, allein sie wird in den meisten Fällen kaum mehr als zeitweisen Nutzen gewähren, denn sie muss erweitert und selbst aufgegeben werden, je nachdem sie für die Ergebnisse fortgesetzter Forschung zu enge wird oder aufhört, sich ihnen anzupassen. Umfasst und erklärt die Hypothese andererseits ausgedehnte Reihen von Erscheinungen, treten in fortgesetzten Versuchen die Ergebnisse zu Tage, welche die Hypothese in Aussicht stellt, wird sie durch

Natur der Materie. Theilbarkeit. 227

in ihrem Sinne gemachte Entdeckungen höher und höher in der Wahrscheinlichkeitsscale gehoben, so verliert sie nachgerade auch ihren provisorischen Charakter, bis sie schliesslich mit dem Namen und Rang einer Theorie (von θεωρέω, ich betrachte) den anerkannten Lehren der Wissenschaft sich anreiht.

Das Zusammentreten der Elemente nach ihren Verbindungsgewichten oder nach einfachen Multiplen dieser Verbindungsgewichte kann durch eine Hypothese erklärt werden, die wir ihrer Wahrscheinlichkeit und ihrer Tragweite halber wohl als Theorie gelten lassen dürfen. Dieser Theorie, deren Verständniss durch die uns bekannten Versuche, sowie durch die Symbole, in welchen wir die Ergebnisse derselben verzeichneten, vorbereitet ist, müssen wir nunmehr unsere Aufmerksamkeit schenken, indem wir gleichwohl Sorge tragen, uns nicht zu weit auf dem Gebiete der Speculation zu verlieren.

Im Laufe der Versuche, mit denen wir unsere Studien eröffneten, ist bereits eine ganze Reihe von Fragen an uns herangetreten, denen wir kaum länger ausweichen können. Was ist das Wesen der Materie? Aus welchen Theilen besteht sie? Wie sind diese Theile gebildet, und wie werden sie zusammengehalten? Wie kommt es, dass derselbe Stoff, das Wasser z. B., sich einmal im starren Zustande zeigt, als Eis, ein anderes Mal im flüssigen Zustande, als geschmolzenes Eis, oder aber als Gas, wenn sich das geschmolzene Eis durch weiteres Erhitzen in Dampf verwandelt hat? Und endlich was ist die Natur der Veränderungen, welche die Materie erleidet, wenn ihre verschiedenen Elementarformen sich, wie wir gesehen haben, zu Körpern vereinigen, deren Eigenschaften von denen ihrer Bestandtheile so gänzlich abweichen?

Diese und ähnliche Fragen haben die Forscher aller Zeiten und aller Völker aufs Lebhafteste beschäftigt, und die gedrängteste Aufzählung der endlosen Controversen, welche sie veranlasst haben, würde zahlreiche Bände füllen. Ja die einfache Vorfrage: ist die Materie unendlich theilbar, oder besteht sie aus kleinsten Theilchen, welche nicht weiter theilbar sind? hat zu ganz entgegengesetzten Ansichten und Betrachtungen geführt, deren blosse Anführung weit über die Grenzen der Zeit und des Raumes, welche uns zu Gebote stehen, hinausgehen würde.

Eine klare Würdigung hypothetischer Auffassungen, die Erkenntniss ihres Werthes, wenn sie sich innerhalb billiger Schranken bewegen, ihrer Unfruchtbarkeit, wenn sie dieselben überschreiten, hat den Führern der modernen Chemie bei dem Versuche, die angeregten Fragen zu lösen, die äusserste Mässigung, die gemessenste Zurückhaltung eingeflösst.

Indem wir, in ähnlichem Sinne, die ins Maasslose sich verlierenden Speculationen über die Natur der Materie unberücksichtigt lassen, beschränken wir uns auf die Betrachtung einer Hypothese, die am meisten geeignet scheint, die Ergebnisse der Forschung unter einem gemeinsamen Gesichtspunkte zu fassen.

Zu dem Ende wollen wir unsere Aufmerksamkeit von Neuem einem wohlbekannten Körper, dem Wasser, zulenken, über dessen Natur wir aus unseren Versuchen bereits wichtige Aufschlüsse gewonnen haben. Wir kennen diesen Körper in drei Zuständen, als Eis, als flüssiges Wasser, als Wassergas oder Wasserdampf, deren Verhalten nicht verschiedener gedacht werden kann. Gleichwohl bewahrt das Wasser gewisse Eigenschaften, welche von seinen Zuständen ganz unabhängig sind.

Das Eis, das flüssige Wasser, das Wassergas üben zweierlei Thätigkeiten aus: Die eine dieser Thätigkeiten äussert sich in Massen von messbarer Grösse und macht sich auf messbare Entfernungen hin geltend; die andere wirkt zwischen unmessbaren Theilchen und erstreckt sich nur über unmessbare Entfernungen hin.

Das lateinische Wort für „Masse" ist *moles*; und das moderne Diminutiv desselben, *molecula*, gebrauchen wir für „ein unmessbares Theilchen"; Thätigkeiten, welche zwischen unmessbaren Theilchen auf unmessbare Entfernungen hin zur

Mole u. Molecule. Molare u. moleculare Thätigkeiten. 229

Ausübung kommen, werden daher als moleculare Thätigkeiten bezeichnet. Um den Gegensatz hervortreten zu lassen, dürfen wir schon messbare Massen als Mole, die Thätigkeiten aber, welche sich zwischen messbaren Massen oder Molen auf messbare Entfernungen hin geltend machen, als molare Thätigkeiten ansprechen.

In der Anziehung zwischen Massen von Materie, wie wir sie in dem Umlaufe der Gestirne, in der Bewegung eines fallenden Körpers, in dem Druck, welchen ein ruhender Körper auf seine Unterlage ausübt, wahrnehmen, haben wir Beispiele molarer Thätigkeiten; wir beobachten sie in gleicher Weise am Eis, am flüssigen Wasser, am Wassergase; denn alle drei besitzen Gewicht: messbare Massen derselben stehen, auf messbare Entfernungen hin angezogen und anziehend, in Wechselwirkung mit der Erde.

Wenn wir andererseits die molecularen Thätigkeiten ins Auge fassen, wie sie sich im Eis, im Wasser und im Wassergase darstellen, so erkennen wir alsbald, dass sie in zwei wesentlich von einander verschiedenen Formen zur Geltung kommen. Der molecularen Anziehung tritt die moleculare Abstossung gegenüber, erstere vorzugsweise in dem starren Eise, letztere vorwaltend in dem Wassergase zur Anschauung kommend. Der molecularen Anziehung verdanken starre Körper ihre Festigkeit; die moleculare Abstossung bedingt in gasförmigen Körpern die freie Beweglichkeit der Molecule untereinander. In flüssigen Körpern, welche uns im vorliegenden Falle das Wasser darstellt, sind diese beiden Formen molecularer Thätigkeit auf einer Zwischenstufe ins Gleichgewicht getreten. Die Molecule flüssiger Körper werden noch mit beträchtlicher Anziehung zusammengehalten; an einem in Wasser getauchten Stabe haftet beim Herausziehen ein Aggregat solcher aneinander hangender Molecule in Gestalt eines schwebenden Wassertropfens. Allein verglichen mit der Anziehung, welche die Molecule starrer Körper, in einem Eisblock z. B., aneinander kittet, ist die Anziehung der Molecule eines flüssigen Körpers nur noch eine äusserst schwache. Die letzteren sind überdies beweglich, sie sind fähig aneinander hinzugleiten, wie die mit dem Stabe bewegte Wasserschicht oder der aus einem Gefässe in das andere übergegossene Wasserstrahl hinlänglich bekundet; aber diese Beweglichkeit ist wiederum ungleich geringer, als die der Gasmolecule. Wir würden es vergeblich versuchen, mit dem Stabe einen Gastropfen aufzunehmen; dem Stabe haftet kein Aggregat von Gasmoleculen an, welches sich mit dem schwebenden Wassertropfen vergleichen liesse. Es ist gerade diese stärkere Molecularanziehung, welche in Flüssigkeiten eine so viel geringere moleculare Beweglichkeit bedingt, als sie Gasen eigenthümlich ist. Daher denn die Beschaffenheit der Flüssigkeiten, welche man als Zähflüssigkeit bezeichnet, eine Eigenschaft, welche verschiedene Flüssigkeiten in sehr ungleichem Grade besitzen, welche aber den Gasen gänzlich abgeht, denn ihre Molecule zeigen mehr Bestreben, sich voneinander zu entfernen, als aneinander zu haften.

Diese Verschiedenheit des Verhaltens kann uns nicht befremden, wenn wir uns erinnern, wie viel grösser die Zwischenräume sind, welche die Gasmolecule, z. B. die Molecule des Wassergases, von einander trennen, als die Abstände zwischen den Molecülen flüssiger oder starrer Körper, z. B. des flüssigen Wassers oder des Eises.

Eis und Wasser zeigen nur geringe Verschiedenheit der Raumerfüllung. Bei dem Gefrierpunkte und in der Nähe desselben nimmt das Wasser etwas weniger Raum ein als das Eis. Das Wassergas aber erfüllt bei 100^0 einen 1689 mal grösseren Raum als das Wasser bei derselben Temperatur.

Es folgt hieraus, dass die Wassergasmolecule durch Zwischenräume von einander getrennt sind, welche, obwohl unmessbar klein, dennoch 1689 mal grösser als die Zwischenräume zwischen den Wassermoleculen im flüssigen Zustande sein müssen.

Wenn wir uns mit der Natur der Materie und zumal mit den Kräften beschäftigen, welche ihre Theile zusammenhalten, so führt uns die Betrachtung naturgemäss zur Erörterung der

Molare und moleculare Theilung der Materie. 231

Mittel, welche wir besitzen, diesen Kräften entgegenzuwirken, d. h. die Materie zu theilen. Die Unterscheidung von molaren und molecularen Thätigkeiten, von Molen und Moleculen stellt auch eine **molare** und eine **moleculare Theilbarkeit** der Materie in Aussicht.

Die Mittel mechanischer Zerkleinerung, welche uns zur Verfügung stehen, Mühle, Mörser und dergleichen, führen uns nicht über die Grenzen der **molaren** Theilung der Materie hinaus. Wie fein wir z. B. das Eis zerrieben, wir würden es doch immer noch mit Massen zu thun haben, welche aus verschiedenen Eismoleculen bestehen. Das feinste Eisstäubchen wäre immer noch ein Aggregat sehr kleiner Eisfragmente, unter dem Einflusse der Wärme würde es sich in Wasser verwandeln, welches sich schon durch den flüssigen Zustand, durch die Verschiebbarkeit seiner Theile als aus kleineren Theilchen zusammengesetzt erwiese. Bis jetzt ist kein Fall bekannt geworden, in dem mechanische Zerkleinerung eines starren Körpers die Verflüssigung desselben bedingt hätte. Wir dürfen daher mit Sicherheit annehmen, dass das feinste unfühlbare Product mechanischer Zerkleinerung immer noch ein Aggregat von Moleculen ist.

Der **molaren** Theilung, welche, selbst bis zur äussersten erreichbaren Grenze getrieben, immer noch Aggregate von Moleculen liefert, müsste, wollten wir die Theilung noch weiter fortsetzen, die **moleculare** folgen, allein die moleculare Theilung, d. h. also die Spaltung der **Mole** in **Molecule**, lässt sich weder durch mechanische noch durch irgend welche andere Mittel, die uns zur Verfügung stehen, bewerkstelligen; denn obwohl wir uns die Zusammengesetztheit der Mole aus Moleculen durch die Einwirkung physikalischer Kräfte (der Wärme z. B.) auf die kleinsten Massen veranschaulichen können, so ist doch schon in der Begriffsbestimmung des Moleculs, d. h. eines Theilchens von unmessbarer Grösse, welches sich also der Beobachtung entzieht, die Unmöglichkeit einer Abscheidung der einzelnen Molecule aus einem Aggregat derselben ausgesprochen. Wir müssen also molare und moleculare Theilbarkeit der Materie in der Weise unterscheiden, dass wir die erstere als eine reale, die letztere als eine ideale bezeichnen.

Dieser Unterschied kann in der That nicht scharf genug betont werden, da wir keinen Augenblick vergessen dürfen, dass alle Vorstellungen, zu welchen wir über die Natur der Molecule und über ihre Lagerungsweise in den Körpern gelangen können, lediglich als Kinder der Speculation zu betrachten sind.

Anlehnungspunkte für diese Speculation sind nun nacheinander auf den verschiedensten Gebieten der Naturforschung gesucht worden. Die Wärmelehre, die Lehre von der Elektricität und vom Licht, sind mit mehr oder weniger Erfolg für die Zwecke einer tieferen Erkenntniss der Molecularconstruction der Körper angesprochen worden, und es sind zumal die Wärmeerscheinungen, deren sorgfältiges Studium in dieser Richtung werthvolle Aufschlüsse geliefert hat. Wir haben hier zunächst ein Interesse, diejenigen Ergebnisse der Speculation kennen zu lernen, welche sich für den Ausbau unserer Wissenschaft bereits von erheblichem Nutzen erwiesen haben, und wollen daher, an dieser Stelle wenigstens, ausschliesslich den Anschauungen Rechnung tragen, welche sich aus der Erforschung der Wärmewirkungen entwickelt haben.

Mit den bemerkenswerthen Veränderungen, welche die Körper unter dem Einfluss der Wärme erleiden, sind wir durch die Erfahrung des Alltagslebens hinlänglich vertraut. Wir wollen indessen diese Veränderungen nochmals an uns vorüberziehen lassen und wählen auch jetzt wieder als Träger der Versuche den Körper, dessen Dienste wir bereits in so vielen Fällen in Anspruch genommen haben.

Ein Becherglas, mit Eisfragmenten von 0^0 gefüllt, steht auf einem Drahtnetze über einer Gasflamme. In kürzester Frist ist die starre Eismasse in flüssiges Wasser verwandelt. Wir sagen das Eis ist durch die Wirkung der Wärme geschmolzen. Im Lauf des Versuches ist die Temperatur der Flüssigkeit von Zeit zu Zeit geprüft worden, und es hat sich

Latentwerden der Wärme im flüssigen Wasser etc. 233

ergeben, dass, so lange das kleinste Eisstückchen ungeschmolzen geblieben war, die Temperatur trotz aller in das Becherglas einströmenden Wärme sich nicht über 0^0 erhoben hatte.

Das letzte Eisfragment ist geschmolzen, wir lassen aber gleichwohl das Becherglas über der Gasflamme stehen, und bald zeigen leichte von der Oberfläche der Flüssigkeit aufsteigende Dampfwolken die rasche Temperaturzunahme des Wassers; in kürzester Frist ist die Quecksilbersäule des Thermometers auf 100^0 gestiegen, — das Wasser siedet.

Das Becherglas verbleibe noch immer über der Gasflamme; Wärme dringt nach wie vor in das Wasser ein, die Temperatur hat gleichwohl von Neuem aufgehört zu steigen. Das Wasser vermindert sich zusehends, es „verkocht", wie man sich auszudrücken pflegt, d. h. es wird in Wassergas verwandelt, welches in die Luft entweicht; zuletzt hat sich das Wasser vollständig verflüchtigt. Wir haben also Wärme nacheinander in das schmelzende Eis, in das siedende Wasser eindringen sehen, ohne dass wir eine Temperaturerhöhung beobachtet hätten. Was ist aus dieser verschwundenen Wärme geworden? Mit ihrem Verschwinden oder — um alsbald den hergebrachten wissenschaftlichen Ausdruck zu gebrauchen — mit ihrem Latentwerden haben sich die Eismolecule in flüssiges Wasser verwandelt, sind die Wassermolecule in Wassergas übergegangen. Nichts ist leichter, als das Wassergas in flüssiges Wasser zurückzuführen und die verborgene Kraft als fühlbare Wärme wieder in Freiheit zu setzen, wir können auch das flüssig gewordene Wassergas wieder in starres Eis verwandeln, wir wissen aber auch, dass gleichzeitig dieselbe Wärmemenge wieder in Freiheit gesetzt wird, welche das Eis früher beim Schmelzen verschluckt hatte. Angesichts dieser Erscheinungen können wir nicht daran zweifeln, dass die stufenweise Gestaltung des flüssigen und gasförmigen Zustandes die Folge des Latentwerdens der Wärme ist, dass sich also das flüssige von dem starren, das gasförmige von dem flüssigen Wasser ausschliesslich durch einen Mehrgehalt von Wärme unterscheidet.

Wirkungen der Wärme auf die Körper.

Hiermit sind wir aber auch auf der Grenze unserer Erkenntniss angelangt. Wollten wir uns noch weitere Rechenschaft über die Art und Weise verschaffen, wie die Wärme auf die Molecule eines Körpers bei diesem Uebergange aus einem in den andern Zustand einwirkt, so hätten wir naturgemäss zunächst die Frage zu beantworten: Was ist die Wärme? und wir fänden uns so Angesichts einer der interessantesten aber auch schwierigsten Aufgaben, welche die Forscher der Gegenwart bewegt.

Es liegt nicht in unserem Plane, eine Lösung dieser Aufgabe auch nur zu versuchen. Wir dürfen uns hier mit der Vorstellung begnügen, dass die Wärme, was immer ihre eigentliche Natur sei, selbst wenn sie, wie die moderne Physik annimmt, nichts Anderes als die Bewegung der Molecule ist, mit der zwischen den Moleculen thätigen Anziehung im directen Gegensatze steht. Wird ein starrer Körper durch geeignete Wärmezufuhr verflüssigt, so ist die zugeführte Wärmekraft mit einem Theile der zwischen den Moleculen des starren Körpers wirksamen Anziehungskraft ins Gleichgewicht getreten. Hat sich endlich durch weitere Wärmezufuhr der flüssige Körper vergast, so ist nunmehr nicht nur die Anziehung, welche sich zwischen den Moleculen des flüssigen Körpers noch geltend machte, durch die im entgegengesetzten Sinne wirkende Wärmekraft aufgehoben worden, sondern die in dem Gase latent gewordene Wärme hat den Moleculen auch noch überdies ein Bestreben eingepflanzt, sich von einander zu entfernen, welchem erst durch äusseren Druck eine Grenze gesetzt wird.

Die Uebergänge von dem starren in den flüssigen, von dem flüssigen in den gasförmigen Zustand sind nicht die einzigen Veränderungen, welche die Wärme bei ihrem Eindringen in die Körper bewirkt. Jedermann weiss, dass sich, einige vereinzelte Ausnahmen abgerechnet, die Körper, ob starr, ob flüssig, ob gasförmig, unter dem Einflusse der Wärme ausdehnen. Die Auffassung der Wärme, welche wir uns gestattet haben, erleichtert das Verständniss auch dieser Erschei-

Ausdehnung der Körper durch die Wärme. 235

nungen. Nach den vorausgeschickten Erörterungen kann es nicht befremden, wenn wir das Maass dieser Ausdehnung, ein Minimum bei starren Körpern, bei flüssigen schon beträchtlich sich erweitern, bei gasförmigen Körpern endlich ein Maximum werden sehen. Ist doch die zwischen den Moleculen der festen Körper thätige Anziehung in den flüssigen Körpern zum grossen Theile bereits bewältigt, in den gasförmigen Körpern aber auch bis zum letzten Reste verschwunden, so dass nur noch der äussere die Gasmolecule zusammenhaltende Druck zu überwinden ist.

Erforschung der Ausdehnung starrer und flüssiger Körper hat bis jetzt nicht zur Erkenntniss einfacher allgemeiner Gesetze geführt. Man hat gefunden, dass das Maass der Ausdehnung, welche durch gleiche Temperaturerhöhung bedingt wird, je nach der Natur des untersuchten Körpers ein verschiedenes ist.

Für die Ausdehnung des starren Platins und Kupfers, des flüssigen Quecksilbers und Wassers z. B. hat der Versuch folgende Zahlen ergeben:

	Volum bei 0^0.	Volum bei 100^0.
Platin . . .	100,000	100,265
Kupfer . . .	100,000	100,515
Quecksilber . .	100,000	101,815
Wasser . . .	100,000	104,298.

Ganz anders die gasförmigen Körper. Hier scheint, wie bereits schon früher (S. 111) angedeutet wurde, das Maass der Ausdehnung, welche gleiche Temperaturerhöhung hervorbringt, von der Natur des Gases ganz unabhängig zu sein, ist mithin für alle Gase gleich. Ob wir die elementaren Gase Wasserstoff, Chlor, Sauerstoff, Stickstoff, ob wir die gasförmigen Verbindungen Chlorwasserstoff, Ammoniak, Grubengas untersuchen, wir finden, dass sie alle, wenn man sie um dieselbe Anzahl von Temperaturgraden erwärmt, dieselbe Ausdehnung erfahren. 100,000 Volume der genannten Gase bei 0^0 gemessen, werden auf 100^0 erwärmt zu 136,650 Volumen,

236   Ausdehnung starrer, flüssiger und

wobei wir allerdings von ausserordentlich kleinen Abweichungen, welche der Versuch für einzelne Gase ergeben hat, absehen.

Man hat ferner gefunden, dass bei starren und flüssigen Körpern das Maass der Ausdehnung eines gegebenen Körpers ein verschiedenes ist, je nachdem man ihn um dieselbe Anzahl von Temperaturgraden entweder bei niederer oder bei höherer Temperatur erwärmt, mit anderen Worten: bei starren und flüssigen Körpern wächst das Maass der Ausdehnung mit der Temperatur.

Bei dem Platin und Kupfer wurden in dieser Beziehung folgende Werthe beobachtet:

	Volum bei 0^0,	Volum bei 100^0,	Volum bei 300^0,
Platin	100,000	100,265	100,826
Kupfer	100,000	100,515	101,694.

Wäre das Maass der Ausdehnung, wie es für Platin und Kupfer zwischen 0^0 und 100^0 gefunden wurde, auch für die Temperaturabschnitte 100 bis 200 und 200 bis 300 dasselbe geblieben, so würden sich 100,000 Vol. Platin beim Erwärmen von 0^0 auf 300^0 nur auf 100,795, 100,000 Vol. Kupfer nur auf 101,546 Volume ausgedehnt haben. Ganz entsprechende Ergebnisse haben sich bei der Untersuchung des Quecksilbers und, in noch auffallenderer Weise, bei der des Wassers herausgestellt:

	Volum bei 0^0,	Volum bei 50^0,	Volum bei 350^0,
Quecksilber	100,000	100,901	106,574.

	Volum bei 0^0,	Volum bei 50^0,	Volum bei 100^0,
Wasser . .	100,000	101,176	104,298.

Hätte das Quecksilber und das Wasser die zwischen 0^0 und 50^0 beobachtete Ausdehnung auch für höhere Temperaturen beibehalten, so würden 100,000 Vol. Quecksilber beim Erwärmen von 0^0 auf 350^0 nur zu 106,307 Volumen, 100,000 Vol. Wasser beim Erwärmen auf 100^0 nur zu 102,352 Volumen sich ausgedehnt haben.

gasförmiger Körper durch die Wärme. 237

Ganz anders die gasförmigen Körper. Bei ihnen bedingt Erwärmung um eine gewisse Anzahl von Thermometergraden dieselbe Ausdehnung, ob die Erwärmung bei niederer, ob sie bei höherer Temperatur stattfinde. Bei den Gasen ist also das Maass der Ausdehnung für alle Temperaturen ein constantes. Wenn sich 100,000 Vol. Wasserstoff, Chlor, Sauerstoff und Stickstoff, Chlorwasserstoff, Ammoniak und Grubengas beim Erwärmen von 0^0 auf 100^0 zu 136,650 Volumen ausgedehnt haben, so würden wir dieselben 100,000 Volume Gas durch Erwärmen auf 200^0 zu $173,300 = 136,650 + 36,650$ Volume, durch Erwärmen auf 300^0 zu $209,950 = 173,300 + 36,650$ Volume Gas anwachsen sehen.

Wir dürfen allerdings nicht vergessen, dass es gerade die Ausdehnung der Gase durch die Wärme ist, welche uns als Maass der Temperatur dient. Immerhin aber erhellt aus dem Gesagten, dass wenn sich durch eine gewisse Temperaturerhöhung ein starrer, ein flüssiger und ein gasförmiger Körper ausdehnen, eine weitere Erhöhung der Temperatur, welche bei dem gasförmigen Körper das Maass der Ausdehnung verdoppelt, bei dem starren und flüssigen Körper das Maass der Ausdehnung um mehr als das Doppelte steigert. In kürzerer Fassung: die Ausdehnung der starren und flüssigen Körper durch die Wärme ist der Ausdehnung der gasförmigen nicht proportional.

Das Verhalten der Gase unter dem Einflusse der Wärme ist für unsere Betrachtungen von ganz besonderem Interesse und es scheint daher zweckmässig, wenigstens die Gleichheit der Ausdehnung verschiedener Gase im Versuche zur Anschauung zu bringen. Wir wollen zu dem Ende das Verhalten einiger Gase mit einander vergleichen, welche in ihren Eigenschaften möglichst weit auseinander stehen; wir könnten wohl kaum bessere Beispiele wählen, als die beiden Elementargase Wasserstoff und Sauerstoff und die beiden gasförmigen Verbindungen Chlorwasserstoff und Ammoniak, welche vier Körper uns als Repräsentanten der einfachen und der zusammengesetzten Gase dienen können.

Ein nicht allzu complicirter Apparat (Fig. 77) gestattet uns die Vergleichung des Verhaltens dieser Gase unter dem Einfluss der Wärme. Er besteht in einer Abänderung der doppelten U-Röhre, deren wir uns bereits für einen anderen Zweck bedient haben (vergl. S. 62). Diese U-Röhre von Glas mit Schenkeln von sehr ungleicher Länge ist auf einem geeigneten Stative befestigt. Der lange Schenkel ist oben offen und erweitert sich zu einer trichterförmigen Mündung; der kurze Schenkel trägt einen horizontalen Glasarm und aus diesem steigen vier verticale Zweigröhren auf, deren obere Enden durch Glashähne geschlossen sind; diese vier Glasröhren sind ausserdem mit oben offenen, unten in federnden Metallhülsen einsitzenden Glascylindern umgeben; die federnden Hülsen communiciren mit einer horizontalen Metallröhre, die ihrerseits wieder mit einem kleinen Dampfkessel in Verbindung steht. Ferner befindet sich noch ein Glashahn an dem unteren Theile des Apparates, welcher seine Füllung sowohl als seine Entleerung wesentlich erleichtert. Der ganze Apparat ist mit Quecksilber gefüllt. Um die Gase, welche verglichen werden sollen, in die für sie bestimmten Röhren einzubringen, werden die Spitzen der letzteren mit den betreffenden Gasentwicklungsapparaten durch Kautschukschläuche in Verbindung gesetzt, und nach dem Oeffnen der Hähne das Quecksilber aus dem am unteren Theile des Apparates angebrachten Glashahn abgelassen. Durch geeignete Handhabung der Hähne gelingt es, die vier Röhren etwa zur Hälfte mit gleichen Mengen der zu untersuchenden Gase zu füllen, deren Volum wir durch Kautschukringe bezeichnen können. Wird jetzt der Dampf siedenden Wassers durch die die vier Glasröhren umgebenden Glascylinder geleitet, so beobachten wir, dass sich alle vier Gase genau in demselben Maasse ausdehnen und, sobald man den Apparat erkalten lässt, auch wieder zusammenziehen.

Volumveränderungen der Gase werden keineswegs ausschliesslich durch Erhöhung oder Erniedrigung der Temperatur bedingt. Im Sinne unserer Auffassung der Wärmeerschei-

unter dem Einflusse von Temperaturveränderungen. 239

nungen ist das jeweilige Volum eines Gases das Ergebniss der Wechselwirkung der Wärmekraft und des von Aussen

Fig. 77.

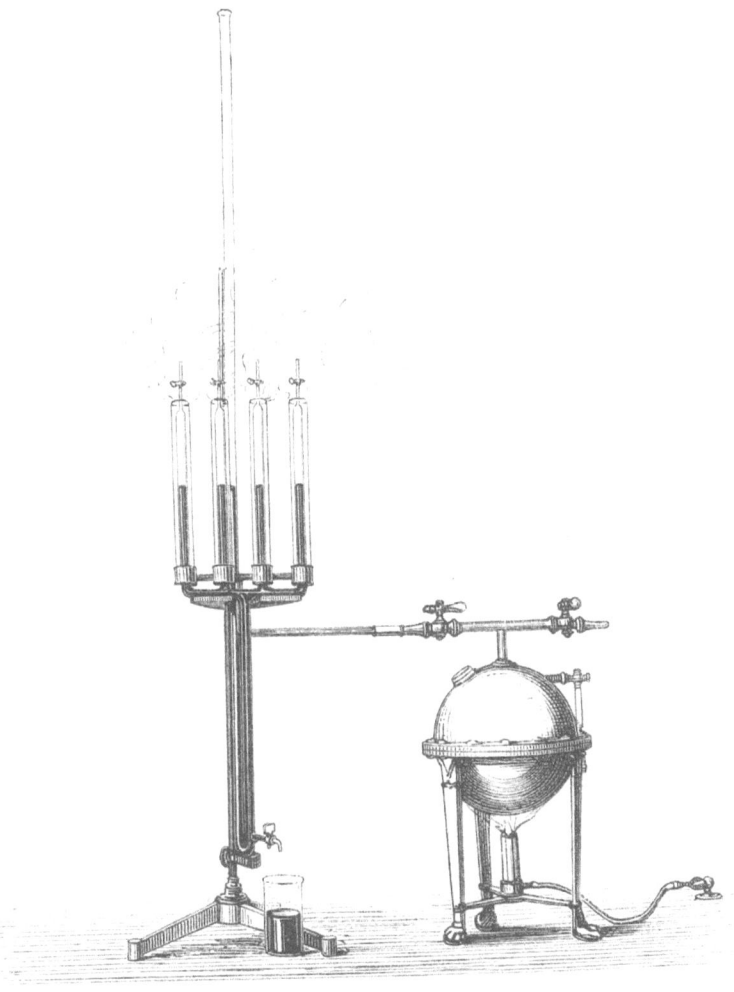

geübten mechanischen Druckes, welche sich mit einander ins Gleichgewicht gesetzt haben. Das Volum eines Gases muss sich also mit dem Wechsel des äusseren Druckes ebensowohl als der Temperatur verändern. Aus der Gleichheit der Volumveränderung sämmtlicher Gase bei demselben Temperaturwechsel folgt auch, dass dieselbe Veränderung des Druckes das Volum aller Gase in gleicher Weise beeinflussen muss. Auch dieses Verhalten der Gase lässt sich mit Hülfe des eben angewendeten Apparates ohne Schwierigkeit veranschaulichen. Der auf unseren vier Gasen, dem Wasserstoff und Sauerstoff, sowie dem Chlorwasserstoff und Ammoniak, lastende Druck ist, da das Quecksilber in den vier Zweigröhren und dem langen Schenkel im Niveau steht, das Gewicht der auf dem Quecksilberspiegel in der offenen Röhre stehenden Luftsäule. Wird jetzt noch mehr Quecksilber in die lange Röhre gegossen, so übt die sich aufstauende Säule auf die in den Zweigröhren enthaltenen Gasvolume denselben vermehrten Druck aus, und wir ersehen aus dem gleichmässigen Steigen des Metalles in diesen Röhren, dass die vier Gase dieselbe Volumverminderung erleiden. Lässt man andererseits das Quecksilber aus dem unteren Hahne abfliessen, so zeigt es sich, dass die Gase unter dem für alle gleichmässig verminderten Druck zu ihrem ursprünglichen Volume und wenn noch mehr Quecksilber abgelassen war, auch noch darüber hinaus genau in derselben Weise ausgedehnt werden.

Die hier gewonnene Einsicht in die Natur der Gase, im Gegensatze zu der Natur der starren und flüssigen Körper, erschliesst uns eigentlich erst die Beweggründe, aus denen wir unsere chemischen Vorstellungen sich an gasförmigen Körpern haben entwickeln lassen. Nur im gasförmigen Zustande konnten wir die verschiedenen Formen der Materie auf ein einheitliches Volum zurückführen.

Es bleibt uns jetzt noch übrig, die molecularen Anschauungen zu erörtern, zu denen die Betrachtung der ermittelten Thatsachen geführt hat. Bis jetzt sind es ausschliesslich die gasförmigen Körper, in deren Natur die Physiker und Chemiker durch das Studium der Wärmeerscheinungen einen tieferen Einblick gewonnen zu haben glauben. Für ein Urtheil über die Lagerungsverhältnisse der Molecule in den starren und flüssigen Körpern bieten diese Erscheinungen nur höchst unsichere Anhaltspunkte; dagegen scheint die Beobachtung, dass sich alle wahren Gase unter denselben Veränderungen der Temperatur und des Drucks in gleicher Weise ausdehnen und zusammenziehen, zu dem Schlusse zu berechtigen, **dass die moleculare Structur aller gasförmigen Körper dieselbe sei.** Da wir uns nun die Molecule von einer eigenthümlichen, in bis jetzt unermittelter Art mit der Wärme zusammenhängenden, die Molecule von einander zu trennen strebenden Kraftsphäre — wie wir es nennen könnten — umhüllt denken, so kann Gleichartigkeit der molecularen Structur gasförmiger Körper nichts Anderes bedeuten, als dass alle Gase unter denselben Bedingungen der Temperatur und des **Drucks in gleichem Volum dieselbe Anzahl kraftumhüllter Molecule enthalten.** Und als logische Folgerung ergiebt sich, dass bei allen Gasen die Molecule — welcher Ausdruck uns fortan die materiellen Punkte sammt ihren Kraftsphären bedeuten soll — **unter denselben physikalischen Bedingungen dieselben Dimensionen besitzen.** Einfacher gefasst: unsere Volumeinheit, das Liter, ob mit Wasserstoff, ob mit Chlorwasserstoff, ob mit einem andern Gase, einfach oder zusammengesetzt, erfüllt, enthält (*omnibus paribus*) eine **gleiche Anzahl gleichgrosser Molecule.**

Auf dieser Stufe unserer Erörterungen angelangt, müssen wir nochmals auf die Theilbarkeit der Materie zurückkommen; wir erinnern uns, dass wir dieselbe in zwei Formen, der **molaren** und **molecularen**, kennen gelernt haben, erstere die reale Spaltung der Materie in messbare Massen, Mole, letztere die **ideale** Theilung derselben in **unmessbare** Massen, Molecule. Die Fassung des Begriffes **Molecul** deutet bereits zur Genüge an, dass uns im Augenblick die Mittel fehlen, die **absolute** Grösse des Moleculs zu ermitteln. Allein

242 Begrenzte Theilbarkeit der Materie.

für die Aufgabe, deren Lösung unsere Betrachtung anstrebt, würde die Kenntniss der absoluten Grösse nur ein untergeordnetes Interesse haben. Für unsern Zweck genügt es, die Molecule als die kleinsten Theilchen der Materie zu betrachten, denen wir, da uns die Mittel fehlen sie von einander zu trennen, in Gedanken wenigstens eine gesonderte Existenz beilegen, wobei es dann Jedem überlassen ist, je nach dem Bedürfniss seiner besonderen Auffassung bei einer beliebigen Vorstellung über die Grösse derselben stehen zu bleiben. Was aber auch immer diese Vorstellung sei, sie setzt die Annahme voraus, dass die Theilbarkeit der Materie eine begrenzte sei.

Diese begrenzte Theilbarkeit hat man vielfach geglaubt bestreiten zu müssen. Mit der Annahme von Moleculen — hat man eingewendet — habe man den Boden der Beobachtung mit dem Reiche der Speculation vertauscht, welche sich nicht mehr in künstliche Schranken einengen lasse.

Es ist nicht zu leugnen, dass in der Idee eine begrenzte Theilbarkeit nicht existirt. Ein Theilchen sei noch so klein, nichts hindert uns, es in Gedanken in zwei Hälften zu spalten. Wir theilen und theilen, bis die Phantasie erschöpft den Dienst versagt, und sind schliesslich doch nicht zu Ende gekommen. Allein obwohl sich die Berechtigung dieser Speculation nicht verkennen lässt, so schliesst sie gleichwohl die Annahme nicht aus, dass in der Natur eine Grenze existire, über welche hinaus die Materie sich nicht mehr theilen lasse, obwohl wir diese Grenze mit den uns zu Gebote stehenden Mitteln lange nicht zu erreichen im Stande sind. Erst mit der Annahme einer solchen Grenze hat sich der Begriff des Moleculs vollendet.

Nach diesen Erörterungen können wir über die Schranken, innerhalb derer sich unsere Speculationen über die Natur der Molecule halten müssen, nicht länger im Zweifel sein. Wir sind lediglich darauf beschränkt, die relative Grösse der Molecule ins Auge zu fassen. In dieser Beziehung aber hat uns die Betrachtung der Wärmeerscheinungen, für die Gas-

Grösse d. Molecule, den Gasvolumgew. proportional. 243

molecule wenigstens, bereits zu einem ganz bestimmten Ergebnisse geführt. Mit Hülfe derselben sind wir zu dem Schlusse gelangt, dass die Molecule gasförmiger Körper, elementarer sowohl als zusammengesetzter, unter denselben physikalischen Bedingungen dieselbe Grösse besitzen, indem wir, es verdient wiederholt zu werden, mit dem Ausdrucke Molecul das Massentheilchen mit der es umhüllenden Kraftsphäre bezeichnen. Ist dieser Schluss richtig, so folgern wir mit derselben Sicherheit die relativen Gewichte der Molecule. Die Gewichte der Molecule müssen sich verhalten wie die Gasvolumgewichte der betreffenden Elemente und Verbindungen.

Mit der Erkenntniss dieser Proportionalität erscheinen uns die Gasvolumgewichte der Körper plötzlich in einem ganz neuen Lichte. Diese Gewichte, denen wir bereits auf der Schwelle unserer chemischen Forschung begegneten, welche uns später die ersten Pfeiler für den Aufbau unserer chemischen Zeichensprache lieferten, und welche uns, als die Volumgewichtssymbole den Verbindungsgewichtssymbolen weichen mussten, noch immer die wichtigsten Dienste für die Bestimmung der Verbindungsgewichte leisteten, die wir aber, als sich uns auch die Ersatzgewichte erschlossen hatten, immer mehr aus dem Gesichte verloren, treten jetzt plötzlich als Hauptträger unserer Betrachtungen über die Constitution der Materie von Neuem wieder in den Vordergrund.

Wenn uns diese Betrachtungen zur Annahme von Moleculen, d. h. von kleinsten, einer gesonderten Existenz fähigen Massentheilchen, geführt haben, deren relative Gewichte wir durch Ermittlung der Gasvolumgewichte der verschiedenen Körper bestimmen, so ist gleichwohl die Speculation über die Natur der Materie mit dieser Annahme nicht zum Abschluss gekommen.

Bis aufs Aeusserste getrieben, wie uns die ideale Spaltung der Materie in Molecule bereits erscheint, unaussprechlich klein, wie wir uns die Molecule vorstellen, wir wissen gleichwohl, ja wir beweisen es durch den Versuch, dass diese

Molecule noch aus Theilen bestehen, welche nothwendig kleiner sein müssen als die Molecule selbst. Wir brauchen uns in der That nur an die gasförmigen Verbindungen zu erinnern. Die Materie, aus welcher das Molecul des Chlorwasserstoffs besteht, ist zweierlei Art; das Chlorwasserstoffmolecul enthält sowohl Wasserstoff als Chlor. Wir müssen nothwendig wenigstens zwei verschiedene Theile in demselben unterscheiden, ein Wasserstofftheilchen und ein Chlortheilchen. Diese letzten Bestandtheile der Molecule nennen wir Atome (von τέμνω, ich schneide, ich theile, mit dem α privativum). Was sich für den Chlorwasserstoff herausgestellt hat, gilt natürlich auch für das Wassergas, für das Ammoniak und die übrigen zusammengesetzten Gase, und wir können uns daher der Erkenntniss nicht verschliessen, dass die Molecule gasförmiger Verbindungen Aggregate von Atomen sind.

Eine Betrachtung einfachster Art zeigt uns aber, dass auch die Molecule der gasförmigen Elemente aus Atomen zusammengesetzt sind. Fassen wir nochmals den Chlorwasserstoff ins Auge, dessen volumetrische Construction wir schon früh unserm Gedächtniss eingeprägt haben. 1 Lit. Wasserstoff verbindet sich mit 1 Lit. Chlor zu 2 Lit. Chlorwasserstoff. Es sei nun in 1 Lit. Wasserstoff die unbekannte Anzahl n Wasserstoffmolecule enthalten, offenbar müssen alsdann in 1 Lit. Chlor gleichfalls n Chlormolecule, in 2 Lit. Chlorwasserstoff aber $2n$ Chlorwasserstoffmolecule vorhanden sein. Da nun jedes Chlorwasserstoffmolecul wenigstens 1 Atom Wasserstoff und 1 Atom Chlor enthalten muss, so sind in $2n$ Moleculen auch wenigstens $2n$ Wasserstoffatome und ebenfalls wenigstens $2n$ Chloratome vorhanden. Diese sind aber von n Moleculen Wasserstoff und n Moleculen Chlor geliefert worden. Es hat also jedes einzelne Wasserstoffmolecul wenigstens 2 Atome Wasserstoff, jedes einzelne Chlormolecul wenigstens 2 Atome Chlor zur Bildung des Chlorwasserstoffs beigesteuert, d. h. aber in anderen Worten: 1 Molecul Wasserstoff besteht aus 2 Atomen Wasserstoff, 1 Molecul Chlor aus 2 Atomen Chlor. Ganz ähnliche Ergebnisse liefert auch

elementarer wie zusammengesetzter. 245

die analoge Untersuchung der übrigen gasförmigen Elemente, welche wir kennen gelernt haben, und wir kommen auf diese Weise zu dem Schluss, dass die Molecule sowohl der Verbindungen, als auch der Elemente, Aggregate von Atomen sind.

Aus den Betrachtungen, welche uns die atomistische Constitution auch der Elementarmolecule erschlossen, tritt uns überdies der Unterschied zwischen Molecul und Atom in willkommener Schärfe entgegen. Wir haben das Molecul als das kleinste Massentheilchen definirt, welchem wir noch eine gesonderte, selbstständige Existenz beilegen. Es kann also von Molecularfragmenten nicht mehr die Rede sein, und wenn wir uns gleichwohl in die unvermeidliche Nothwendigkeit versetzt sehen, das Molecul als ein Aggregat von Atomen zu betrachten, so ist eine solche Auffassung nur möglich, indem wir uns das Atom als jeder gesonderten Existenz unfähig denken. Das Atom hat für uns nur als Bestandtheil des Moleculs eine Bedeutung, als Bestandtheil, der sich aus einem Molecul loslösen kann, aber nur um in demselben Augenblicke wieder Bestandtheil eines anderen Moleculs zu werden, der also im freien Zustande nicht denkbar ist. In der That, wenn wir das Zusammentreten des Wasserstoffs und Chlors zu Chlorwasserstoff vom Gesichtspunkte der Molecularhypothese aus betrachten, so müssen, da uns beide Elemente nur in Moleculen zur Verfügung stehen, alsbald und gleichzeitig 2 Chlorwasserstoffmolecule zu Stande kommen, in denen die in dem Wasserstoffmolecul enthaltenen 2 Atome Wasserstoff und die in dem Chlormolecul enthaltenen 2 Atome Chlor ihre Verwerthung gefunden haben. In ähnlicher Weise ist im Sinne der Molecularhypothese die Zersetzung eines Moleculs Chlorwasserstoff in seine elementaren Bestandtheile nicht möglich. Wir müssen wenigstens so viele Molecule Chlorwasserstoff zerlegen, dass sich die zur Bildung von Wasserstoff- und Chlormoleculen nöthige Anzahl Wasserstoff- und Chloratome zusammenfinden, also wenigstens 2 Chlorwasserstoffmolecule, in denen die zur Gestaltung von 1 Molecul Wasserstoff erforderlichen 2 Atome Wasserstoff und ebenso die zur Gestaltung

246 Molare, moleculare, atomist. Construction d. Materie.

von 1 Molecul Chlor erforderlichen 2 Atome Chlor gegeben sind.

Mit der Auffassung des Atoms, dieses letzten Spaltungsproductes des Molecules, sind unsere Betrachtungen über die Constitution der Materie zum Abschluss gekommen. Diese Constitution stellte sich uns als eine dreifache und zwar nach einander als molare, moleculare und atomistische, dar. Die durch reale Spaltung der Materie erzielten messbaren, d. h. der Beobachtung zugänglichen Massen oder Mole erwiesen sich, im Lichte der Speculation betrachtet, als Aggregate von unmessbaren Moleculen, die wir als die kleinsten, selbstständiger gesonderter Existenz noch fähigen Theilchen der Materie auffassen. Die aus der idealen Spaltung der Mole hervorgegangenen unmessbaren, also nur dem geistigen Auge noch sichtbaren Molecule liess uns dieselbe Speculation immer noch als Aggregate von Atomen erkennen. Die Atome endlich sind die kleinsten, keiner selbstständigen, gesonderten Existenz mehr fähigen, also nur noch als Bestandtheile der Molecule denkbaren Elementartheilchen, aus denen sich die Materie aufbaut.

XI.

Verwerthung der chemischen Zeichensprache im Dienste der atomistischen und molecularen Auffassung der Materie. — Symbolische Darstellung elementarer und zusammengesetzter Molecule. — Die elementaren wie die zusammengesetzten Molecule durch Zusammentreten von Elementaratomen gebildet. — Zweiatomige, vieratomige und einatomige Elementarmolecule. — Beziehung der Gasvolumgewichte der Elemente zur Atomigkeit ihrer Molecule. — Die ungleiche atomistische Construction der Elementarmolecule an Beispielen erläutert. — Graphische Zusammenstellung elementarer und zusammengesetzter Molecule. — Beziehungen zwischen Atomgewicht und Moleculargewicht. — Hypothetische Moleculargewichte nicht gasförmig erforschbarer, elementarer oder zusammengesetzter Körper. — Einfluss der molecularen Auffassung der Materie auf die Construction chemischer Gleichungen. — Atomistische und moleculare Schreibweise. — Bildungsgleichungen und Zersetzungsgleichungen im atomistischen und im Molecularstyl. — Vortheile beider Style. — Die chemischen Erscheinungen vom molecularen Standpunkte aus betrachtet.

Von dem Standpunkte aus, auf welchen uns die Betrachtungen über die Constitution der Materie geführt haben, stellen sich die chemischen Erscheinungen in einem neuen Lichte dar. Die einzelnen Thatsachen, deren Beobachtung uns den Kreis dieser Erscheinungen erschloss, und an denen sich unsere ersten chemischen Vorstellungen entwickelten, zeigen sich erst jetzt in dem Zusammenhang, den wir wohl ahnten, den wir aber bisher kaum überschauen konnten. Damit sich dieser Zusammenhang in durchsichtiger Klarheit enthülle, wollen wir, wie früher die Resultate unserer Beobachtungen über die Zusammensetzung der Verbindungen, so jetzt die Ergebnisse unserer Betrachtungen über die Constitution der Materie in die knappe Zeichensprache fassen, welche uns bereits unentbehrlich geworden ist.

Den neu erworbenen Anschauungen bequemt sich diese Zeichensprache mit wunderbarer Schmiegsamkeit. In der That finden wir in derselben allen Bedürfnissen der Bezeichnung und der Darstellung, die jetzt an uns herantreten, im Voraus und in umfassender Weise Rechnung getragen.

Betrachten wir in diesem Sinne zunächst wieder die einfachste aller chemischen Verbindungen, den Chlorwasserstoff, dessen Untersuchung wir die ersten Aufschlüsse über die atomistische Construction der Molecule verdanken. Wir haben bereits festgestellt, dass 1 Molecul Chlorwasserstoff zum wenigsten 1 At. Wasserstoff und 1 At. Chlor enthalten muss, verkennen also nicht, dass auch eine grössere Anzahl von Wasserstoff- und Chloratomen an der Bildung desselben betheiligt sein kann. Da wir weder das absolute Volum der Molecule noch das der Atome kennen, so lässt sich auch die absolute Anzahl der in einem Molecule enthaltenen Atome vorerst nicht ermitteln. Was wir aber mit Sicherheit wissen, ist dieses: Wenn wir das Gewicht der Summe von Wasserstoffatomen, welche in das Molecul des Chlorwasserstoffs eintreten, mit 1 bezeichnen, so wiegt die Summe der mit dem Wasserstoff sich verbindenden Chloratome 35,5, und das durch das Zusammentreten der Wasserstoff- und Chloratome gebildete Molecul der Verbindung begreiflich $1 + 35,5 = 36,5$. Ferner: Wenn wir das Volum der zur Bildung des Chlorwasserstoffmoleculs erforderlichen Wasserstoffatome $= 1$ setzen, so ist das Volum der erforderlichen Chloratome ebenfalls $= 1$, das Volum des durch Vereinigung beider zu Stande gekommenen Chlorwasserstoffmoleculs $= 2$.

Wir haben hier in anderer Form die Thatsachen wiedergegeben, deren Kenntniss wir der experimentalen Erforschung des Chlorwasserstoffs verdanken, und welche in der Formel

f. d. atomist. u. moleculare Constitution d. Materie. 249

$$\boxed{\text{H Cl}}$$

einen graphischen Ausdruck gefunden haben. An diesen Ausdruck hat sich bisher die Vorstellung eines absoluten Volums und eines absoluten Gewichtes geknüpft, allein nichts hindert uns, einen anderen Sinn in denselben hineinzulegen. Die umrahmte Formel, welche uns bisher 2 Liter oder 1 + 35,5 = 36,5 Kth Chlorwasserstoff bezeichnete, stelle uns jetzt das Molecul des Chlorwasserstoffs dar. Die Buchstabensymbole H und Cl, bisher die Repräsentanten beziehungsweise von 1 Lit. = 1 Kth Wasserstoff und 1 Lit. = 35,5 Kth Chlor oder auch der Verbindungsgewichte beider Elemente, bedeuten uns nunmehr beziehungsweise die Summe der Wasserstoffatome und die Summe der Chloratome, welche sich an der Bildung des Chlorwasserstoffmoleculs betheiligen. Da sich nun aber, wie bereits bemerkt, die Zahl der Atome nicht ermitteln lässt, so dürfen wir, um die Betrachtung zu vereinfachen, statt der unbekannten Zahl die kleinste mögliche Zahl von Wasserstoff- und Chloratomen in dem Chlorwasserstoffmolecul annehmen. Im Sinne dieser Annahme bestände das Chlorwasserstoffmolecul aus 1 At. Wasserstoff und 1 At. Chlor, und wenn wir die oben gegebene graphische Formel als Ausdruck des Chlorwasserstoffmoleculs zulassen, so steht nunmehr das Buchstabensymbol H für 1 Atom Wasserstoff, das Buchstabensymbol Cl für 1 Atom Chlor.

Was wir hier für den Chlorwasserstoff und seine Elemente entwickelt haben, gilt für sämmtliche Verbindungen und ihre Elemente. Die Zweiliterformeln der Verbindungen drücken uns die Molecule derselben, die Verbindungsgewichtsymbole der Elemente die Atomgewichte, d. h. die kleinsten an der Bildung des Moleculs theilnehmenden Gewichtsmengen derselben aus.

Mit der schärferen Auffassung des Chlorwasserstoffmoleculs haben wir jetzt auch eine präcisere Anschauung der Elementarmolecule gewonnen, deren Atome bei seinem Aufbau verwendet werden. Die Schlussbetrachtungen des letzten

Vortrages (vergl. S. 244) hatten uns bereits keinen Zweifel gelassen, dass die Construction auch der Elementarmolecule eine atomistische sei. Da wir den Moleculen der gasförmigen Elemente dasselbe Volum zuschreiben, welches das Molecul der gasförmigen Verbindungen erfüllt, so ist hiermit auch die Zahl der Wasserstoffatome, welche wir in dem Wasserstoffmolecul, und ebenso die Zahl der Chloratome gegeben, welche wir in dem Chlormolecul anzunehmen haben. Das durch H dargestellte Wasserstoffatom erfüllt den halben Raum, welchen das Chlorwasserstoffmolecul HCl einnimmt. Ein Wasserstoffvolum von dem Volum des Chlorwasserstoffmoleculs muss also 2 At. Wasserstoff enthalten. Ebenso erfüllt das durch Cl bezeichnete Chloratom nur den halben Raum von HCl; es müssen also auch 2 Chloratome in dem Molecul des Chlors Platz finden. Dem Molecule des Chlorwasserstoffs gegenüber, nehmen daher die graphischen Ausdrücke für die dasselbe bildenden Elemente folgende Gestalt an:

Der Blick ruht mit Interesse auf diesen drei Diagrammen, weil sich in ihnen die Gleichartigkeit der atomistischen Construction, wie der zusammengesetzten, so der elementaren Molecule in willkommener Klarheit abspiegelt.

Sie dienen uns fortan als Vorbilder für den atomistischen Aufbau der übrigen Molecule.

Brom- und Jodwasserstoff, wir erinnern uns, sind dem Chlorwasserstoff entsprechende Verbindungen, deren Zweilitervolum 1 Verb.-Gew. Wasserstoff vereint beziehungsweise mit 1 Verb.-Gew. Brom und 1 Verb.-Gew. Jod enthält. Da nun aber die Verbindungsgewichte die Atome darstellen, so enthalten die Molecule des Brom- und Jodwasserstoffs 1 At. Wasserstoff vereint beziehungsweise mit 1 At. Brom und 1 At. Jod; und da ferner die Atome des Broms und Jods das halbe Volum des Brom- und Jodwasserstoffmoleculs einnehmen, so besteht das Brommolecul aus 2 At. Brom, das Jodmolecul aus

und zusammengesetzter Molecule. 251

2 At. Jod in ihrer Zusammensetzung dem Wasserstoffmolecul und dem Chlormolecul entsprechend.

Wasserstoffmolecul.	Chlormolecul.	Brommolecul.	Jodmolecul.
H H	Cl Cl	Br Br	I I

In allen diesen Moleculen nehmen wir also die Existenz von 2 Atomen an. Wir sagen daher wohl auch die Molecule der Verbindungen Chlor-, Brom- und Jodwasserstoff sind zweiatomig, und ebenso sind die Molecule der an ihrer Bildung betheiligten Elemente zweiatomige Molecule.

In ähnlicher Weise nimmt nun auch die uns geläufige Zweiliterformel des Wassers

$$H_2 O$$

eine andere Bedeutung an.

Wenn wir aus dieser Formel bisher einfach herauslasen, dass in 2 Lit. Wassergas 2 Lit. Wasserstoff mit 1 Lit. Sauerstoff zusammengetreten sind, so repräsentirt sie uns jetzt das dreiatomige Wassergasmolecul, in welchem sich 2 At. Wasserstoff zu 1 At. Sauerstoff gesellt haben. Ein Blick auf diese Formel enthüllt uns aber gleichzeitig auch die atomistische Construction des Sauerstoffmoleculs, denn da sie uns sagt, dass das Volum des in ihr figurirenden Sauerstoffatoms halb so gross als das Volum des Wassergasmoleculs selbst ist, so bedarf es zweier Sauerstoffatome, um ein Sauerstoffmolecul zu bilden, welches also in dem Ausdrucke

$$O O$$

gegeben ist.

Dem Wassergas haben wir den Schwefelwasserstoff und den Selenwasserstoff an die Seite gestellt. Die uns geläufigen Formeln dieser Verbindungen

lassen uns dieselben ebenfalls als dreiatomige Molecule erkennen, und die Molecule des Schwefels und Selens erweisen sich durch einfache Wiederholung der hinsichtlich der atomistischen Construction des Sauerstoffmoleculs angestellten Untersuchungen wie das letztere als zweiatomige Molecule

$$\boxed{S\,S} \text{ und } \boxed{Se\,Se}$$

Betrachten wir nun von dem neuen Gesichtspunkte aus auch noch das Ammoniak, dessen volumetrische Zusammensetzung sowohl von der des Chlorwasserstoffs als der des Wassergases abweicht.

Auch hier wieder nehmen wir die altbekannte Zweiliterformel

$$\boxed{H_3\,N}$$

als Ausdruck des Moleculs. In demselben finden wir 3 Atome Wasserstoff und 1 At. Stickstoff vereinigt, und das Ammoniakmolecul erweist sich somit als vieratomiges Molecul, der Construction nach verschieden von den Moleculen des Wassergases und des Chlorwasserstoffs, welche wir beziehungsweise als dreiatomige und zweiatomige Molecule erkannt haben. Dagegen besteht das Stickstoffmolecul, wie sämmtliche Elementarmolecule, welche wir bis jetzt näher betrachtet haben, aus 2 Atomen, denn der Versuch hat ja festgestellt, dass in 2 Lit. Ammoniak 1 Lit. Stickstoff enthalten ist, gerade so, wie wir in 2 Lit. Wassergas und in 2 Lit. Chlorwasserstoff beziehungsweise 1 Lit. Sauerstoff und 1 Lit. Chlor begegnet sind, Elementen, deren zweiatomige Molecularconstruction wir nicht länger bezweifeln.

Der Betrachtung des Ammoniakmoleculs schliesst sich naturgemäss die Erörterung der Molecule des Phosphor- und Arsenwasserstoffs an. Ein Blick auf die Zweiliterformeln

$$\boxed{H_3\,P} \text{ und } \boxed{H_3\,As}$$

lässt uns die Molecule beider Verbindungen alsbald ebenfalls als vieratomige erkennen. Dürfen wir nun aber aus der analogen Construction dieser beiden Molecule und des Ammoniak-

und vieratomige Molecule.

moleculs schliessen, dass auch die Molecule des Phosphors und Arsens dem Molecul des Stickstoffs ähnlich zusammengesetzt sind? Wir brauchen uns in der That nur an die Ergebnisse der volumetrischen Untersuchung dieser Elemente zu erinnern, um einzusehen, dass dies nicht der Fall ist; das Zweilitervolum des Phosphor- und Arsenwasserstoffs enthält nicht 1 Lit. Phosphor- und Arsengas, sondern nur $1/2$ Lit. Wenn wir also für den Stickstoff, dessen Wasserstoffverbindung im Zweilitervolum 1 Lit. dieses Elementes enthält, ein zweiatomiges Molecul annehmen, so müssen die Molecule des Phosphors und Arsens offenbar beziehungsweise 4 At. Phosphor und 4 At. Arsen enthalten und in den Formeln

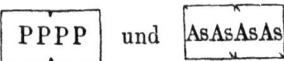

ihren Ausdruck finden. Wir begegnen hier also zwei Elementen, deren atomistische Molecularconstruction von derjenigen aller übrigen bisher betrachteten Elemente vollkommen abweicht.

Wie auffallend immer diese Verschiedenheit in der atomistischen Construction der Elementarmolecule auf den ersten Blick erscheinen mag, so entgeht es uns doch bei näherer Prüfung nicht, dass wir uns hier altbekannten Thatsachen gegenüber befinden. Wir erinnern uns, dass sich unsere ersten Vorstellungen über chemische Verbindungen an den Gasvolumgewichten der Elemente entwickelten, an deren Stelle erst später die Verbindungsgewichte traten. Bei einer grossen Anzahl von Elementen sahen wir beide Gewichte zusammenfallen. Nun sind aber im Sinne unserer gegenwärtigen Auffassung die Verbindungsgewichte nichts anderes als die Atomgewichte der Elemente. Da wir nun Verbindungsgewicht eines Elementes die kleinste Gewichtsmenge nennen, welche in das Zweilitervolum einer seiner gasförmig erforschbaren Verbindungen eintritt, die Volumgewichte aber auch die Gewichte des Normalliters darstellen, so muss, wenn Verbindungsgewicht und Gasvolumgewicht bei einem Elemente übereinstimmen, das Verbindungsgewicht den halben Raum des Zweilitervolums seiner Verbindung erfüllen, das Atom also die Hälfte des Volums des Moleculs dieser Verbindung besitzen. Da nun aber die Molecule der Elemente denselben Raum einnehmen wie die Molecule der Verbindungen, so muss das Atom des betreffenden Elementes auch halb so gross als sein eigenes Molecul sein, letzteres also aus 2 Atomen bestehen. Die Molecule sämmtlicher Elemente, bei denen Verbindungsgewicht und Gasvolumgewicht übereinstimmen, sind also zweiatomig. Weichen bei einem Elemente die beiden genannten Werthe von einander ab, so muss auch die atomistische Construction seines Moleculs je nach dem Verhältnisse, in welchem beide Werthe zu einander stehen, eine andere werden. Bei der Untersuchung des Phosphors und Arsens hatten sich die Gasvolumgewichte dieser Elemente doppelt so gross ergeben als ihre Verbindungsgewichte, d. h. in dem Zweilitervolume ihrer Verbindungen sind wir nur $1/2$ Lit. Phosphor- und $1/2$ Lit. Arsengas begegnet, die Atome des Phosphors und Arsens erfüllen mithin nur halb so viel Raum wie das Stickstoffatom, mithin nur den vierten Theil des Raumes, welchen die Molecule des Phosphor- und Arsenwasserstoffs und schliesslich auch des Phosphors und Arsens selbst einnehmen. Es drängen sich also in den Moleculen der letzteren beziehungsweise 4 At. Phosphor und 4 At. Arsen zusammen.

Phosphor und Arsen sind nicht die einzigen Elemente, bei denen Gasvolumgewicht und Verbindungsgewicht von einander abweichen; auf einen ähnlichen Mangel an Uebereinstimmung haben wir schon früher bei dem Quecksilber hingewiesen (vergl. S. 199). Bei diesem Metalle findet aber gerade die umgekehrte Beziehung statt. Während die Gasvolumgewichte des Phosphors und Arsens doppelt so gross als ihre Verbindungsgewichte sind, hat man das Gasvolumgewicht des Quecksilbers nur halb so gross als sein Verbindungsgewicht gefunden.

Wenn wir nun die Molecule der Elemente, bei denen Gasvolumgewicht und Verbindungsgewicht übereinstimmen, als aus 2 Atomen zusammengesetzt erkannt haben, wenn wir ferner in den Moleculen von Elementen, bei welchen das Volumgewicht 2 mal so gross als das Verbindungsgewicht gefunden wurde, in Folge einfacher Betrachtungen $2 \times 2 = 4$ Atome annehmen müssen, so führen uns dieselben Betrachtungen zu dem consequenten Schlusse, dass die Molecule von Elementen, bei welchen das Volumgewicht nur $1/2$ so gross ist als das Verbindungsgewicht, auch nur $2/2 = 1$ Atom enthalten können. Wir gelangen auf diese Weise zu dem auf den ersten Blick allerdings seltsamen Ergebniss, dass das Quecksilbermolecul einatomig ist, dass also bei diesem Metalle Molecul und Atom zusammenfallen. Das Befremdliche dieser Schlussfolgerung verliert sich aber, wenn wir uns erinnern, dass die Auffassung des Wasserstoffmoleculs als eines zweiatomigen Moleculs einfach auf einer Annahme beruht.

Was wir wirklich wissen, ist dieses: Das Wasserstoffmolecul ist, was Gewicht und Raumerfüllung anlangt, doppelt so gross als die kleinste in irgend ein Molecul eintretende Wasserstoffmenge. Diese kleinste überhaupt in Molecule eintretende Wasserstoffmenge haben wir als 1 Atom Wasserstoff aufgefasst einzig und allein der Einfachheit wegen. Allein diese kleinste Menge kann — nichts spricht dagegen — eine Gruppe von Atomen, ein Aggregat von hundert, tausend, von einer Million von Atomen sein, und wenn wir daher das Wasserstoffmolecul mit $\boxed{HH}$, das Wasserstoffatom mit $\boxed{H}$ bezeichnen, so kann dies nichts anderes heissen, als dass, welches immer die Zahl der zu H vereinten Atome sein möge, das Wasserstoffmolecul HH die doppelte Anzahl von Atomen, also zweihundert, zweitausend, zwei Millionen Atome enthalte. In algebraischer Form: Wenn $2n$ die Zahl der in dem Werthe HH enthaltenen Wasserstoffatome ausdrückt, so ist die Zahl der in dem Werthe H enthaltenen n. In ganz ähnlicher Weise müssen wir die atomistische Structur des Quecksilbermoleculs auffassen. Wenn die Zahl der das Wasserstoffmolecul HH bildenden Atome $2n$ ist, so sind in dem Quecksilbermolecule Hg eine durch n ausgedrückte Anzahl von Atomen vorhanden. Es ist aber nur die Annahme, das Wasserstoffmolecul sei zweiatomig, welche uns zu dem Schlusse führt, das Quecksilbermolecul sei einatomig. Wir dürfen uns mit ganz gleicher Berechtigung der Vorstellung hingeben, die atomistische Complicirtheit beider Molecule sei das Millionfache, wenn wir nur in dem relativen Verhältnisse dieser Complicirtheit nichts ändern.

In der Folge werden wir noch ein zweites Metall kennen lernen, das Cadmium, bei welchem sich ein ähnliches Verhältniss zwischen dem Volumgewicht und Verbindungsgewicht herausgestellt hat wie beim Quecksilber, und dessen atomistische Molecularconstruction in ganz ähnlicher Weise aufzufassen ist.

Aus den vorstehenden Erörterungen dürfen wir die Elementarmolecule je nach ihrer atomistischen Construction als zweiatomige, vieratomige und einatomige unterscheiden; zur besseren Uebersicht wollen wir die Hauptrepräsentanten der drei Gruppen in einem besonderen Diagramm (S. 257) vereinigen, aus dem uns die Einfachheit der verschiedenen Beziehungen zwischen Atomgewicht und Moleculargewicht recht anschaulich entgegentritt.

Die Moleculargewichte der Elemente stehen zu einander in dem Verhältniss ihrer Gasvolumgewichte, welche wir auf den Wasserstoff als Einheit bezogen haben. Allein der Wasserstoff ist uns nicht nur die Einheit der Gasvolumgewichte, sondern auch der Verbindungsgewichte oder, wie wir uns jetzt ausdrücken müssen, der Atomgewichte geworden. Der Wasserstoff ist also das Element, dessen Atom- und Moleculargewicht uns als Maasse für die Atom- und Moleculargewichte der übrigen Elemente gelten. Da nun das Molecul des Wasserstoffs doppelt so gross als das Atom desselben ist, wir aber das Atomgewicht des Wasserstoffs $= 1$ annehmen, so müssen wir das Moleculargewicht desselben $= 2$ setzen; wir gelangen auf diese Weise für die Atom- und Moleculargewichte der bisher betrachteten Elemente zu den auf Seite 258 verzeichneten Werthen:

Atomistische Construction der Elementarmolecule.

1. Zweiatomige Molecule.

Wasserstoff und Chlor.

Gasvolumgewicht gleich dem Verbindungsgewicht.

2. Vieratomige Molecule.

Phosphor und Arsen.

Gasvolumgewicht gleich dem doppelten Verbindungsgewicht.

3. Einatomige Molecule.

Quecksilber und Cadmium.

Gasvolumgewicht gleich dem halben Verbindungsgewicht.

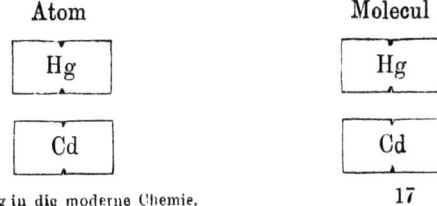

258 Graphische Darstellung elementarer

	Atom		Molecul	
	Gewicht	Symbol	Gewicht	Symbol
Wasserstoff . .	1	H	2	H H
Chlor	35,5	Cl	71	Cl Cl
Brom	80	Br	160	Br Br
Jod	127	I	254	I I
Sauerstoff . .	16	O	32	O O
Schwefel . . .	32	S	64	S S
Selen	79	Se	158	Se Se
Stickstoff . .	14	N	28	N N
Phosphor . .	31	P	124	P P P P
Arsen . . .	75	As	300	As As As As
Quecksilber . .	200	Hg	200	Hg
Cadmium . .	112	Cd	112	Cd

Die Ermittlung der Atomigkeit eines Moleculs bietet jetzt keine Schwierigkeit mehr, der Quotient des Moleculargewichtes durch das Atomgewicht giebt uns die Anzahl der in dem Molecul enthaltenen Atome. Die Zahl der in dem Chlormolecul enthaltenen Atome ist $\frac{71}{35,5} = 2$; die Zahl der

und zusammengesetzter Molecule. 259

im Arsenmolecul enthaltenen Atome ist $\frac{300}{75} = 4$; die Zahl der in dem Cadmiummolecul enthaltenen Atome endlich ist $\frac{112}{112} = 1$.

Es liegt in der Natur der Sache, dass das Moleculargewicht des Wasserstoffs, auf welches wir die Gewichte der Elementarmolecule bezogen haben, auch als Maass für die Moleculargewichte sämmtlicher Verbindungen gilt. Ein Blick auf die folgende Tabelle, in welcher die Moleculargewichte sämmtlicher auf unserem Wege erforschter Verbindungen zusammengestellt sind, zeigt uns, dass sich in den Formeln derselben nichts ändert.

Wasserstoff	H H	2
Chlorwasserstoff . .	H Cl	36,5
Bromwasserstoff . .	H Br	81
Jodwasserstoff . . .	H I	128
Stickstoffoxid . . .	N O	30
Wasser	H_2O	18
Schwefelwasserstoff .	H_2S	34
Selenwasserstoff . .	H_2Se	81
Sauerstoffchlorid . .	Cl_2O	87
Quecksilberchlorid .	Cl_2Hg	271
Quecksilberbromid .	Br_2Hg	360

17*

260 Graphische Darstellung zusammengesetzter Molecule.

Quecksilberjodid . .	$I_2 Hg$	454
Stickstoffoxidul . .	$N_2 O$	44
Untersalpetersäure .	$N O_2$	46
Ammoniak	$H_3 N$	17
Phosphorwasserstoff .	$H_3 P$	34
Arsenwasserstoff . .	$H_3 As$	78
Phosphorchlorid . .	$Cl_3 P$	137,5
Arsenchlorid . . .	$Cl_2 As$	181,5
Wismuthchlorid . .	$Cl_3 Bi$	314,5
Arsenjodid	$I_3 As$	456
Grubengas	$H_4 C$	16
Kohlenstoffchlorid .	$Cl_4 C$	154
Siliciumwasserstoff .	$H_4 Si$	32,5
Siliciumchlorid . .	$Cl_4 Si$	170,5

Beziehung zwischen Moleculargewicht u. Atomgewicht. 261

Zinnchlorid . . .	$Cl_4 Sn$	260
Kohlenstoffoxid . .	$O_2 C$	44
Kohlenstoffsulfid . .	$S_2 C$	76
Sauerstoffsulfid . .	$O_2 S$	64

Aus dem Vorstehenden erhellt zur Genüge, dass wir für die Ermittlung der Moleculargewichte, sowohl der Elemente als auch der Verbindungen, ausschliesslich auf die Bestimmung des Gasvolumgewichts angewiesen sind. Wir wissen zwar, dass zwischen den Moleculargewichten und Atomgewichten stets eine einfache Beziehung stattfindet, allein wir sind nicht im Stande, die Natur dieser Beziehung in einem gegebenen Falle im Voraus zu bestimmen.

Auch wenn das Atomgewicht eines Elementes mit grosser Sicherheit ermittelt ist, bleiben wir über sein Moleculargewicht im Zweifel, insofern wir nicht wissen, ob die Construction seines Moleculs eine zweiatomige ist, wie die des Wasserstoffs und der Mehrzahl der erforschten Elemente; ob sie vieratomig, wie die des Phosphormoleculs; ob sie einatomig, wie die des Quecksilbermoleculs, oder endlich, ob nicht noch ein anderes bis jetzt von uns nicht beobachtetes Verhältniss obwaltet.

Wir haben bereits mehrfach Gelegenheit gehabt darauf hinzuweisen, dass der im gasförmigen Zustande erforschten Elemente verhältnissmässig wenige sind, und dass auch nur geringe Aussicht vorhanden ist, die Gasvolumgewichte bei der Mehrzahl von Elementen zu ermitteln. Wir sind daher auch nur im Besitz einer verhältnissmässig kleinen Anzahl von Moleculargewichten elementarer Körper.

Es giebt kaum ein Element, dessen Atomgewicht mit grösserer Sicherheit erforscht wäre, als das des Kohlenstoffs. Die Ermittlung des Verbindungsgewichtes dieses Elementes durch die Untersuchung seiner Wasserstoffverbindung, des Grubengases, sowie des Kohlenstoffchlorids sind noch frisch in unserer Erinnerung. Gasvolumgewichtsbestimmung und Analyse zahlreicher anderer Verbindungen, zumal des Kohlenstoffoxids und des Kohlenstoffsulfids, mit denen wir bereits in einem früheren Abschnitt zusammengetroffen sind (vgl. S. 175), würden uns zu ganz ähnlichen Ergebnissen geführt haben. In dem Zweilitervolum aller dieser Verbindungen sind 12 Kth Kohlenstoff enthalten, eine Gewichtsmenge, die uns früher das Verbindungsgewicht darstellte, die wir aber jetzt als das Atomgewicht des Kohlenstoffs gelten lassen. Dagegen hat man das Moleculargewicht des Kohlenstoffs bis jetzt nicht ermitteln können, da, wie wir ja wissen, alle Versuche den Kohlenstoff zu vergasen bis jetzt fehlgeschlagen sind. So lange aber das Gasvolumgewicht dieses Elementes nicht bekannt ist, fehlen uns sichere Anhaltspunkte für die Bestimmung des Moleculargewichtes. Manche Chemiker sind allerdings nicht abgeneigt, dem Kohlenstoffmolecul eine zweiatomige Construction zuzuschreiben wie dem Wasserstoffmolecul und den Moleculen der Mehrzahl der gasförmig erforschten Elemente; in diesem Falle würde das Moleculargewicht des Kohlenstoffs $= 2 \times 12 = 24 =$ CC sein; aber es könnte sich ja auch ähnlich wie das Molecul des Phosphors aus 4 Atomen zusammensetzen, also den Werth $4 \times 12 = 48$ $=$ CCCC besitzen, oder es könnte endlich die Construction des Quecksilbermoleculs nachahmen, d. h. auch bei dem Kohlenstoff könnten Atomgewicht und Moleculargewicht zusammenfallen, letzteres also $12 =$ C sein. Allein wir wollen nicht vergessen, dass wir uns hier auf dem Gebiete der Hypothese befinden, und dass die eine Auffassung nicht mehr Berechtigung hat als die andere, dass es selbst unentschieden bleiben muss, ob überhaupt eine derselben der Wahrheit entspricht. Jedenfalls versäumen wir nicht bei der graphischen Verzeichnung dieser Anschauungen dem hypothetischen Charakter derselben in den durchbrochenen Umrahmungen der Formeln einen unzweideutigen Ausdruck zu geben. Als zweiatomiges Mole-

d. Kohlenstoffs, Siliciums, Zinns, Natriums, Kaliums. 263

cul aufgefasst, eine Auffassung, welche jedenfalls die grössere Zahl von Analogien für sich hat, würden Atom und Molecul des Kohlenstoffs in folgender Weise zu verzeichnen sein:

	Atom.	Molecul.
Kohlenstoff	C	C C

Vollkommen ähnliche Betrachtungen könnte man über die bis jetzt nicht ermittelten Moleculargewichte der Elemente Silicium und Zinn anstellen, welche wir als dem Kohlenstoff in vieler Beziehung nahestehende Elemente kennen gelernt haben. Wollten wir die Atome und Molecule dieser Elemente graphisch verzeichnen, so könnte dies ebenfalls nur in durchbrochenen Umrahmungen geschehen:

	Atom.	Molecul.
Silicium	Si	Si Si
Zinn	Sn	Sn Sn

Noch möge hier kurz der Vorstellung gedacht werden, welche man sich hinsichtlich der Moleculargewichte des Natriums und Kaliums gemacht hat. Für den Kohlenstoff, das Silicium und das Zinn waren wir im Stande, die Verbindungsgewichte durch die Untersuchung flüchtiger Verbindungen festzustellen. Für das Natrium und das Kalium hatten wir nur die Ersatzgewichte ermitteln können, deren Zusammenfallen aber mit den Verbindungsgewichten durch die Bestimmung der specifischen Wärme der beiden Metalle so wahrscheinlich geworden war, dass wir sie ohne Rückhalt als die Atomgewichte annehmen durften. Dagegen sind wir hinsichtlich des Moleculargewichts der beiden Metalle, deren Gasvolumgewichte bis jetzt nicht haben ermittelt werden können, nach wie vor ohne allen experimentalen Anhalt, und wenn wir den Moleculen des Natriums und Kaliums gleichwohl annahmsweise die zweiatomige Construction des Wasserstoffmoleculs

264   Hypothetische Moleculargewichte

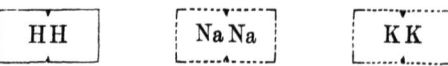

zuschreiben, so ist dies nur insofern statthaft, als die atomistische Construction des Wasserstoffmoleculs auch die der Mehrzahl der erforschten Elementarmolecule ist, und wir die beiden Metalle in den verschiedensten Verbindungen, den Wasserstoff Atom für Atom haben vertreten sehen. Allein wir dürfen die zweiatomige Natur des Natrium- und Kaliummoleculs nicht eher als festgestellt betrachten, als bis es gelungen sein wird, die Gase der beiden Metalle zu wiegen — (eine Aufgabe, deren Lösung keine unübersteiglichen experimentalen Schwierigkeiten im Wege zu stehen scheinen) — und wir aus diesen Versuchen die Zahlen $46 = 2 \times 23$ und $78 = 2 \times 39$ werden haben hervorgehen sehen.

Auch die Moleculargewichte der Verbindungen können endgültig nur durch die Gasvolumgewichtsbestimmung festgestellt werden; allein es lässt sich nicht verkennen, dass uns hier die Analogie nicht selten weit zuverlässigere Fingerzeige giebt, als für die Bestimmung der Moleculargewichte der Elemente.

Die Verbindungen, welche die Metalle Natrium und Kalium mit dem Chlor, dem Sauerstoff und Stickstoff bilden, sind im gasförmigen Zustande nicht erforscht; die Moleculargewichte dieser Körper sind daher unbekannt. Allein es liegen Gründe vor (vergl. S. 190), den Moleculen dieser nicht gasförmig untersuchten Verbindungen die durch den Versuch ermittelte Construction der Molecule Chlorwasserstoff, Wasser und Ammoniak beizulegen. Die punktirten Linien erlauben uns jedoch wieder unsere Zweifel in der graphischen Darstellung durchblicken zu lassen.

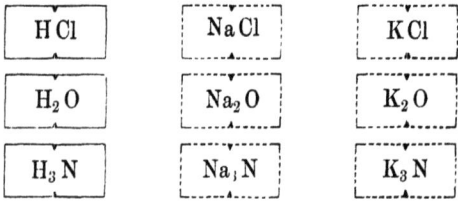

von Verbindungen. 265

Die Gasvolumgewichte des Phosphorbromids und -Jodids sind bis jetzt nicht bestimmt, wohl aber ist das Gasvolumgewicht des Phosphorchlorids ermittelt, und es lässt sich wohl kaum bezweifeln, welches Ergebniss der Versuch auch für die beiden erstgenannten Verbindungen herausstellen wird. Wenn wir nun gleichwohl die Molecule dieser Verbindungen in verschiedener Weise graphisch verzeichnen:

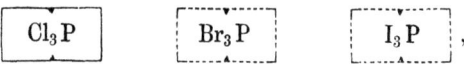

so soll dies mehr andeuten, dass den beiden letzten Ausdrücken bis jetzt die experimentale Bestätigung fehlt, als dass wir wirklich diesen Ausdrücken einen geringeren Werth beilegen, als der Molecularformel des Phosphorchlorids. Noch weniger bezweifeln wir das Moleculargewicht des Arsenbromids, obwohl es bis jetzt noch nicht ermittelt ist, weil wir in den bereits durch den Versuch bestimmten Moleculargewichten des Arsenchlorids und Arsenjodids

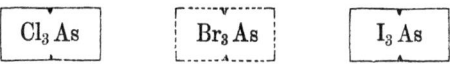

die unzweideutigsten Anhaltspunkte besitzen. Mit kaum geringerer Sicherheit stützen sich die angenommenen Moleculargewichte des Wismuthbromids und -Jodids, des Siliciumbromids, des Zinnbromids und -Jodids auf die durch den Versuch festgestellten Moleculargewichte der Chloride dieser Elemente:

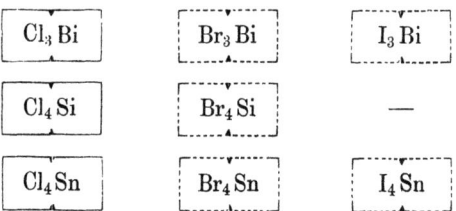

Wenn wir weiter auch die Formeln, welche wir für die nicht flüchtigen Oxide des Siliciums und Zinns, sowie für die ebenso-

266 Einfluss der molecularen Auffassung der Materie

wenig flüchtigen Sulfide dieser Elemente aufgestellt haben (vergl. S. 175) als Ausdrücke der Moleculargewichte dieser Verbindungen gelten lassen, so haben wir wieder, obwohl allerdings entferntere Anhaltspunkte in den versuchlich ermittelten Moleculargewichten des Kohlenstoffoxids und Sulfids, mit denen wir sie auf eine Linie stellen dürfen:

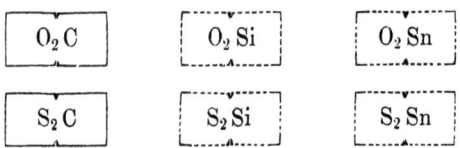

Wenn wir endlich auch die Formeln des Quecksilberoxids und -Sulfids

[O Hg]   [S Hg] ,

wenn wir die Formeln der salpetrigen Säure, sowie der Oxide und Sulfide des Phosphors und Wismuths als Molecularformeln hinnehmen

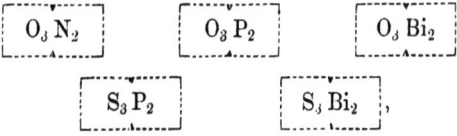

obwohl wir diese Verbindungen nicht vergasen, auch bis jetzt nicht an experimental erforschte Verbindungen ähnlicher Construction anreihen können, so verkennen wir nicht, dass in diesen Ausdrücken eben nur die kleinste Anzahl von Atomen der elementaren Bestandtheile erscheint, welche der Gewichtsanalyse nach in den betreffenden Verbindungen zusammentreten.

Die Molecule dieser Verbindungen könnten, soweit unsere Erfahrungen reichen, auch Multipla der oben angenommenen sein, allein selbst für die Moleculargewichte, wie sie in diesen Formeln erscheinen, wird uns der weitere Verlauf unserer

Forschungen indirecte, aber deshalb nicht weniger willkommene Analogien bieten.

Die Molecular-Auffassung der Materie, die Entwicklung von Molecularformeln wie früher für die Verbindungen, so jetzt auch für die Elemente bedingen in unserer symbolischen Sprache Veränderungen, welche natürlich auch in den Anwendungen dieser Sprache, in den in ihr geschriebenen Gleichungen, zur Geltung kommen müssen. Die Bildung der Verbindungen aus den einfachen Körpern, sowie die Spaltung der Verbindungen in ihre elementaren Bestandtheile erscheinen uns jetzt in einem neuen Lichte. Es sind nicht mehr die Elemente schlechtweg, die nach Volum- oder Verbindungsgewichten in Verbindungen ein- und austreten; es sind die atomführenden Molecule der Elemente, welche sich vor unserem geistigen Auge bewegen, und Bildung sowohl wie Lösung von Verbindungen erfolgen nur durch den intermolecularen Atomtausch der Elemente.

Diesen Anschauungen müssen wir nunmehr auch in den Gleichungen, welche diese Processe darstellen, gerecht werden.

Die Gleichung

$$\boxed{H} \; + \; \boxed{Cl} \; = \; \boxed{HCl}$$

oder

$$H + Cl = HCl,$$

in der wir früher die Synthese des Chlorwasserstoffs durch directe Vereinigung der gasförmigen Elementar-Bestandtheile darstellten, lässt sich im Sinne der molecularen Auffassung nicht länger als der wahre Ausdruck der Thatsachen betrachten, insofern sie die unverbundenen Elementargase als aus Atomen bestehend darstellt, denen wir ja jede gesonderte Existenz absprechen, statt aus **zweiatomigen Molecülen**, wie sie die neue Anschauung ausschliesslich zulässt.

Im Sinne der molecularen Auffassung des Wasserstoffs und des Chlors nimmt die Gleichung der Synthese des Chlorwasserstoffs folgende Gestalt an:

268 Bildungsgleichungen und Zersetzungsgleichungen

$$\boxed{HH} + \boxed{ClCl} = \boxed{HCl} + \boxed{HCl}$$

oder

$$HH + ClCl = HCl + HCl.$$

Man könnte die ältere und neuere Form des Ausdrucks als **Atomgleichungen** und **Moleculargleichungen** unterscheiden.

Im Hinblick auf die Moleculargleichung der Chlorwasserstoffbildung wollen wir nun schliesslich noch einige der alten Atomgleichungen, welche die Synthese zusammengesetzter Gase darstellen, in moleculare verwandeln. Unsere alte Gleichung

$$2H + O = H_2O$$

für die Bildung des Wassers aus seinen Elementen muss jetzt der Moleculargleichung

$$2HH + OO = 2H_2O$$

Platz machen. In ähnlicher Weise müssten wir, falls sich Wasserstoff und Stickstoff direct mit einander zu Ammoniak verbänden, diesen Process nicht durch die Atomgleichung

$$3H + N = H_3N,$$

welche wir früher gewählt haben würden, sondern durch die Moleculargleichung

$$3HH + NN = 2H_3N$$

darstellen.

Und gerade so wie wir bei Aufstellung synthetischer Moleculargleichungen die in Action tretenden Elemente nur in Moleculen und nicht in Atomen ins Feld führen durften, erheischen die Moleculargleichungen auch für Zersetzungsprocesse eine solche Fassung, dass die freiwerdenden Elemente in Moleculen austreten.

Die atomistischen Gleichungen

$$HCl + Na = NaCl + H,$$
$$H_2O + 2Na = Na_2O + 2H,$$
$$H_3N + 3Na = Na_3N + 3H,$$

im atomistischen und im Molecularstyl. 269

welche uns in einem früheren Vortrage die Zersetzung des Chlorwasserstoffs, des Wassers und des Ammoniaks durch Natrium veranschaulichten, nehmen, in moleculare verwandelt, die folgende Form an:

$$2\,HCl + NaNa = 2\,NaCl + HH,$$
$$H_2O + NaNa = Na_2O + HH,$$
$$2\,H_3N + 3\,NaNa = 2\,Na_3N + 3\,HH.$$

In der ersten und dritten der Atomgleichungen ist der Natriumverbrauch und die Wasserstoffausbeute ganz oder theilweise in Atomen verzeichnet, in den entsprechenden Moleculargleichungen sind diese Ausdrücke verdoppelt, so dass sowohl die verbrauchten Natriumatome, als auch die ausgeschiedenen Wasserstoffatome in Paaren, d. h. in zweiatomigen Moleculen erscheinen, ein Structurtypus, welcher, wie wir bereits wissen, dem Wasserstoff angehört, während wichtige, aus der Analogie geschöpfte Gründe ihn auch für die Construction des freien Natriumgases wahrscheinlich machen. Die mittleren Gleichungen in beiden Gruppen stimmen mit einander überein, ein Umstand, der sich erklärt, wenn wir bedenken, dass ein Wassermolecul, die kleinste Menge, welche sich zersetzen kann, sowohl 2 Atome = 1 Molecul Natrium zu seiner Zerlegung bedarf, als auch 2 Atome = 1 Molecul Wasserstoff bei der Zerlegung entwickelt (vergl. auch den letzten Vortrag).

Die beiden folgenden Gruppen von Gleichungen zeigen uns, atomistisch und molecular gefasst, die Zersetzung des Jodwasserstoffs, des Wassers und des Ammoniaks durch Chlor.

Atomistische Gleichungen.

$$HI + Cl = HCl + I$$
$$H_2O + 2\,Cl = 2\,HCl + O$$
$$H_3N + 3\,Cl = 3\,HCl + N.$$

Moleculargleichungen.

$$2\,HI + ClCl = 2\,HCl + II$$
$$2\,H_2O + 2\,ClCl = 4\,HCl + OO$$
$$2\,H_3N + 3\,ClCl = 6\,HCl + NN.$$

Die im Vorhergehenden auf begrenztem Gebiete gesammelten Erfahrungen sind hinreichend, um uns, wenn sich später die Betrachtung über einen grösseren Kreis von Erscheinungen erstrecken wird, als Anhaltspunkte für die Construction von Molecularformeln und Moleculargleichungen im Allgemeinen zu dienen.

Beim Rückblick auf die angeführten Atom- und Moleculargleichungen tritt uns noch einmal der Unterschied zwischen Atom und Molecul eines Elementes in vollendeter Schärfe entgegen. Die Atome eines Elementes sind die kleinsten Theile desselben, welche in eine chemische Verbindung eintreten, oder sich aus einer chemischen Verbindung ausscheiden, die Molecule dagegen die kleinsten Theile, welche im freien Zustande existiren. Die Atomgewichte der Elemente fallen hiernach mit den Verbindungsgewichten, die Moleculargewichte mit den doppelten Volumgewichten zusammen.

Diese Definition setzt in keinerlei Weise ein bestimmtes Zahlenverhältniss zwischen Molecul und Atom voraus. In ihrer weiten Fassung ist Raum für den Begriff nicht nur zweiatomiger, sondern drei-, vier-, überhaupt mehratomiger Molecule, während sie selbst Uebereinstimmung von Molecul und Atom nicht ausschliesst, mithin den Begriff eines einatomigen Moleculs gestattet.

Es braucht schliesslich nur noch kurz bemerkt zu werden, dass wir uns in der Folge für die Darstellung chemischer Vorgänge keineswegs ausschliesslich der Moleculargleichungen bedienen wollen. In der That besitzt sowohl der atomistische, als auch der moleculare Styl unserer symbolischen Schreibweise seine eigenthümlichen Vorzüge: der erstere ist gedrängter, der letztere umfassender.

Wenn es sich um möglichst encyklopädische Ausdrücke handelt, welche die Verhältnisse der in Wechselwirkung tretenden, oder aus dieser Wechselwirkung hervorgehenden Körper, sowohl dem Gewichte als auch dem Volume nach, wiedergeben sollen, so lässt sich der Molecularstyl nicht vermeiden; sollen aber die auf einander wirkenden Körper und die gebildeten Producte nur dem Gewichte nach dargestellt werden — was in der Mehrzahl der Fälle ausreicht —, so wird man sich der knappen Atomgleichungen mit Vorliebe bedienen. Aus diesem Grunde verschmähen manche Chemiker die Moleculargleichungen ganz und gar.

Wir wollen unsere Sprache nach beiden Richtungen üben, damit wir uns vorkommenden Falls entweder in der einen oder der anderen Weise auszudrücken vermögen.

Die werthvollen Folgerungen, welche die Erkenntniss der molecularen und atomistischen Structur einfacher sowohl als zusammengesetzter Körper erlaubt, werden uns erst im weiteren Verlauf unserer Untersuchungen in ihrem ganzen Umfange klar werden, allein die Schärfe, welche die Atomtheorie der Betrachtung materieller Erscheinungen verleiht, ist schon jetzt fühlbar.

Die Umwandelbarkeit der Zusammensetzung chemischer Verbindungen, die Vereinigung der Elemente in bestimmten Gewichtsverhältnissen, nach den Verbindungsgewichten oder Multiplen derselben, welche uns zunächst zur Auffassung der molecularen und atomistischen Construction der Materie führte, erweisen sich jetzt als nothwendige Folgen dieser Annahme. Die Verbindungsgewichte sind die relativen Gewichte der Atome, und da wir die chemischen Verbindungen gebildet denken durch Aneinanderlagerung der Atome, so verstehen wir einerseits, warum ihre Zusammensetzung eine constante ist, andererseits aber auch, warum, falls sich die Elemente in mehreren Verhältnissen verbinden, die mit einem unveränderlich angenommenen Gewichte des einen Elementes zusammentretenden wechselnden Gewichtsmengen des zweiten Elementes in den einfachsten Beziehungen zu einander stehen müssen. Es wird sich entweder 1 Atom des einen Elementes mit 1, 2, 3, 4, 5 etc. Atomen des zweiten Elementes, oder aber es werden sich 2, 3, 4, 5 etc. Atome des einen Elementes vereinigen mit 1, 2, 3, 4, 5 etc. Atomen des zweiten Elementes. Allein wir erfahren auch, warum die durch Zusammentreten der Verbindungsgewichte oder einfacher Multiplen derselben entstehenden Verbindungen, deren Gewichte nicht verschiedener gedacht werden können, als Gase dieselbe Raumerfüllung zeigen. Die Elementaratome, was immer ihr Gewicht, was ihre Zahl, vereinigen sich zu Moleculen, welche denselben Raum einnehmen. Selbst die Erfahrung, dass sich die Elemente in der Regel nur in einer geringen Anzahl von Verhältnissen gesellen, und dass die gebildeten Verbindungen mit der wachsenden Zahl der sie zusammensetzenden Atome an Stabilität verlieren, hat man mit der Molecularconstruction der Materie in Beziehung zu setzen versucht. Ueber eine gewisse Grenze hinaus, hat man sich vorgestellt, würden die Atome in einem Molecul sich nicht anhäufen lassen, und solche atombeladene Molecule würden in der Regel leichter auseinanderbrechen, als einfacher zusammengesetzte, in denen eine geringere Anzahl Atome neben einander gelagert ist.

XII.

Weitere Betrachtungen über die atomistische Construction der Molecule der typischen Wasserstoffverbindungen. — Unterscheidung zweier Reihen von Minimalgewichten der Elemente. — Moleculbildende Minimalgewichte oder Atomgewichte, atombindende Minimalgewichte oder Aequivalentgewichte. — Die ungleiche Bindekraft, die ungleiche Werthigkeit (Quantivalenz) der Elementaratome gemessen durch die Zahl der Wasserstoffatome, welche sie fixiren. — Werthigkeits- oder Quantivalenzcoefficienten. — Einwerthige, zweiwerthige, dreiwerthige, vierwerthige Elementaratome. — Werthigkeit der Atome der typischen Elemente und ihrer Analogen in tabellarischer Uebersicht. — Grundlage einer natürlichen Classification der Elemente. — Die ungleiche Werthigkeit der Elementaratome an Beispielen versinnlicht. — Bildung der typischen Wasserstoffverbindungen. — Zersetzung des Jodwasserstoffs, des Wassers, des Ammoniaks, des Grubengases durch Chlor. — Zersetzung des Jodwasserstoffs einerseits durch Chlor, andererseits durch Sauerstoff. — Uebergang einer Verbindung in eine andere durch Eintreten eines Atomes, je nach seiner Werthigkeit, an die Stelle eines anderen oder mehrerer anderer Atome. — Die Volumveränderungen, welche bei diesem Uebergange stattfinden, veranschaulicht durch Vergleichung der Volume Chlorwasserstoff, Wassergas, Ammoniak und Grubengas, welche aus einem gegebenen Volum Wasserstoff entstehen. — Verbinden sich die Elemente nur in den durch die Werthigkeit ihrer Atome angedeuteten Verhältnissen? — Betrachtung der Stickstoff-Sauerstoffreihe im Sinne dieser Frage. — Gleichwerthig und ungleichwerthig zusammengesetzte Verbindungen. — Gesättigte oder geschlossene und ungesättigte oder ungeschlossene Molecule. — Tabelle der Atomgewichte der Elemente. — Tabelle der Atom-, Volum- und Moleculargewichte der im gasförmigen Zustande erforschten Elemente.

Die graphischen Symbole, in denen wir früher die Zusammensetzung unserer typischen Verbindungen wiederzugeben versuchten, haben durch die Auffassung der molecularen und atomistischen Structur der Elemente eine neue Bedeutung angenommen. In den Doppelquadraten, welche uns früher die Zweilitervolume der Verbindungen darstellten, erblicken wir jetzt ein Bild ihrer Molecule, während die Einzelquadrate und Dreiecke, durch welche wir die Einliter- oder Halblitervolume der Elemente bezeichneten, uns nunmehr die Elementaratome versinnlichen.

In dem folgenden Diagramm stehen die Zweilitervolume oder, wie wir jetzt sagen müssen, die Molecule unserer vier typischen Wasserstoffverbindungen den Einlitervolumen oder, im Sinne unserer jetzigen Anschauungen, den Atomen der Elemente gegenüber, welche in diesen Verbindungen enthalten sind, und die Anordnung ist in der Weise getroffen, dass die Atome des Chlors, des Sauerstoffs, des Stickstoffs und des Kohlenstoffs die zweite oder Mittelspalte der Tabelle einnehmen, während die mit diesen Elementen verbundenen Wasserstoffatome zur Rechten, die Molecule der Verbindungen zur Linken derselben gruppirt sind.

Atomistische Construction der Molecule der vier typischen Wasserstoff-Verbindungen.

Molecule.		Atome.			
$HCl = 36{,}5$	=	$\begin{array}{c}Cl\\35{,}5\end{array}$	+	H	
$H_2O = 18$	=	$\begin{array}{c}O\\16\end{array}$	+	H	H
$H_3N = 17$	=	$\begin{array}{c}N\\14\end{array}$	+	H H H	
$H_4C = 16$	=	$\begin{array}{c}C\\12\end{array}$	+	H H H H	

Dieses Diagramm führt uns in anderer Form nochmals eine Thatsache vor Augen, mit der wir aus unseren frühesten volumetrischen Studien bekannt sind, und die auch später noch zu verschiedenen Malen an uns vorübergegangen ist: die in der Mittelspalte verzeichneten Atome Chlor, Sauerstoff, Stickstoff, Kohlenstoff vereinigen sich mit einer sehr ungleichen Anzahl von Wasserstoffatomen, nämlich beziehungsweise mit einem Atom, mit zwei, drei und vier Atomen, um die

Molecule Chlorwasserstoff, Wasser, Ammoniak und Grubengas zu erzeugen.

Wir sehen überdies, dass die in den äquivolumen Moleculen dieser Verbindungen mit dem Wasserstoff verbundenen Elementaratome sehr ungleiche Gewichte, das Chloratom das Gewicht 35,5, das Sauerstoffatom das Gewicht 16, das Stickstoffatom das Gewicht 14, das Kohlenstoffatom das Gewicht 12, besitzen. Und es ist gewiss bemerkenswerth, dass das schwerste der Atome in der Mittelspalte (Cl = 35,5) gerade dasjenige ist, welches sich mit der geringsten Anzahl von Wasserstoffatomen, mit 1 Atom nämlich, vereinigt, während die anderen drei (O = 16, N = 14, C = 12) in dem Maasse, wie sie leichter werden, mit einer grösseren Anzahl, nämlich mit zwei, drei und vier Wasserstoffatomen in Verbindung treten.

Mit anderen Worten, es bedarf der ganzen Bindekraft des Chloratoms (35,5), um 1 At. Wasserstoff zu fixiren, während die Kraft des Sauerstoffatoms (16) genügt, um 2 Atome anzuziehen, während endlich die Atomkräfte des Stickstoffs und des Kohlenstoffs (14 und 12) für die Fixirung beziehungsweise von 3 oder 4 Wasserstoffatomen ausreichen.

Unser Diagramm zeigt uns also die vier Elemente in der Mittelspalte in zwei ganz verschiedenen chemischen Beziehungen; wir erfahren nämlich erstens die Gewichtsmengen derselben, welche sich an der Bildung des Moleculs einer Wasserstoffverbindung betheiligen, und zweitens die Anzahl der Wasserstoffatome, welche diese Gewichtsmengen zu binden vermögen, und wir kennen mithin auch die Gewichtsmengen, welche zur Bildung eines Atoms Wasserstoff erforderlich sind. Es führt uns diese Betrachtung zur Unterscheidung von zwei Reihen von Minimalgewichten, welche wir als die moleculbildenden und atombindenden Minimalgewichte der Elemente unterscheiden dürfen, und die, wie leicht einzusehen, beziehungsweise mit den uns bereits bekannten Verbindungsgewichten und Ersatzgewichten der Elemente zusammenfallen.

276   Atomgewichte und

Die Ungleichheit der atombindenden Kräfte des Chlors, des Sauerstoffs, des Stickstoffs und des Kohlenstoffs ist uns soeben in der verschiedenen Anzahl der Wasserstoffatome entgegengetreten, welche die Atome dieser Elemente zu fesseln im Stande sind. Der Wasserstoff, den wir bereits an die Spitze unserer Volumgewichte gestellt haben, der uns die nöthigen Einheiten für die Atomgewichte sowohl als auch für die Moleculargewichte geliefert hat, dient uns mithin schliesslich auch noch als Maass der Verbindungsfähigkeit der Atome. In der folgenden Tabelle sind die moleculbildenden und atombindenden Minimalgewichte, d. h. also die Verbindungsgewichte und Ersatzgewichte unserer typischen Elemente neben einander gestellt.

Elemente.		Minimalgewichte.		Verhältniss der in Spalte 3 und Spalte 4 verzeichneten Werthe.
Name.	Symbol.	Verbindungsgewichte oder Atomgewichte.	Ersatzgewichte.	
1.	2.	3.	4.	5.
Wasserstoff	H	1	1	$\frac{1}{1} = 1$
Chlor	Cl	35,5	35,5	$\frac{35,5}{35,5} = 1$
Sauerstoff	O	16	8	$\frac{16}{8} = 2$
Stickstoff	N	14	4,66	$\frac{14}{4,66} = 3$
Kohlenstoff	C	12	3	$\frac{12}{3} = 4$

Die in der dritten Spalte dieser Tabelle verzeichneten Werthe bedürfen keiner weiteren Erörterung; es sind die Gewichte, in denen sich die Elemente an der Bildung eines Mo-

Aequivalentgewichte der Elemente. 277

leculs betheiligen. Die in der vierten Spalte gegebenen Werthe, nämlich die Ersatzgewichte, könnte man als die atombindenden Aequivalente der Elemente bezeichnen; es sind die Gewichtsmengen, in denen sich die Elemente ersetzen, wenn es sich darum handelt, 1 Atom unseres Normalelementes, des Wasserstoffs, zu binden; in der fünften Spalte endlich finden sich die Verhältnisse der beiden Reihen von Werthen zu einander, Verhältnisse, deren Bedeutung aus der folgenden Betrachtung erhellt.

Fassen wir zunächst das letzte Element in unserer Tabelle, den Kohlenstoff, ins Auge, so finden wir, dass sein Atomgewicht, oder das kleinste Gewicht, welches sich an der Bildung eines Moleculs betheiligt, 12 ist, während die kleinste Gewichtsmenge, welche zur Bindung eines Normalatoms ausreicht, 3 beträgt. In dem Grubengasmolecul ist das Kohlenstoffatom mit nicht weniger als 4 At. Wasserstoff verbunden. Denken wir uns die Anziehung gleichmässig über das Kohlenstoffatom vertheilt, so ist zur Bindung von 1 At. Wasserstoff nicht mehr als der vierte Theil des Kohlenstoffatomes erforderlich, wenn man überhaupt von Theilen eines Atomes sprechen dürfte. Lesen wir statt Atomgewichte wieder Verbindungsgewichte, so dürfen wir mit vollem Rechte sagen: zur Bindung von 1 Kth Wasserstoff sind $\frac{12}{4} = 3$ Kth Kohlenstoff erforderlich.

Ganz ähnliche Betrachtungen gelten für den Stickstoff. Wir sehen, dass das moleculbildende Minimalgewicht gleich 14, das atombindende, wie es sich aus der Zusammensetzung des Ammoniaks ergiebt, $\frac{14}{3} = 4,66$ ist.

Für den Sauerstoff sind die beiden Minimalgewichte 16 und $\frac{16}{2} = 8$, während für das Chlor, welches 1 Normalatom bindet, die beiden Werthe begreiflich zusammenfallen.

Ueber die Atombindekräfte der drei letztgenannten Elemente des Chlors, des Sauerstoffs, des Stickstoffs, wie sie sich aus den vorstehenden Betrachtungen ergeben, haben uns in der That bereits einige schöne Versuche (vgl. S. 68), die wir schon frühzeitig bei der Erforschung des Chlorwasserstoffs, des Wassers und des Ammoniaks anstellten, willkommenen Aufschluss gegeben. Indem wir diese drei Verbindungen gleichzeitig durch denselben elektrischen Strom zerlegten, beobachteten wir, dass während sich am negativen Pole aus allen dreien dasselbe Volum Wasserstoff entband, an dem positiven Pole nur bei der Zersetzung des Chlorwasserstoffs ein dem Wasserstoff gleiches Volum des anderen Elementes auftrat, bei der Zersetzung des Wassers aber nur die Hälfte dieses Volums, bei der Zersetzung des Ammoniaks endlich nur ein Drittel dieses Volums in Freiheit gesetzt wurde; oder um die entwickelten Gasvolume in ganzen Zahlen auszudrücken: für 6 Vol. Wasserstoff, welche wir aus allen drei Verbindungen am negativen Pole frei werden sehen, entbanden sich am positiven Pole aus dem Chlorwasserstoff 6 Vol. Chlor, aus dem Wasser 3 Vol. Sauerstoff, aus dem Ammoniak 2 Vol. Stickstoff.

Nun ist es aber bekannt, dass bei den vier gasförmigen Elementen, um die es hier sich handelt, die Atomgewichte den Volumgewichten proportional sind, wir dürfen daher auch sagen, dass ein gegebener elektrischer Strom auf Chlorwasserstoff wirkend 6 At. Wasserstoff und 6 At. Chlor, auf Wasser 6 At. Wasserstoff und 3 At. Sauerstoff, endlich auf Ammoniak wirkend 6 At. Wasserstoff und 2 At. Stickstoff in Freiheit setzt. Dieselbe Stromstärke, welche eine 6 At. Wasserstoff an 6 At. Chlor fesselnde Bindekraft zu lösen vermag, ist auch erforderlich, um die Bindekräfte dieser 6 At. Wasserstoff für 3 At. Sauerstoff und für 2 At. Stickstoff aufzuheben. Mithin besitzen 6 At. Chlor, 3 At. Sauerstoff und 2 At. Stickstoff dieselbe Bindekraft, wie 6 At. Wasserstoff, oder 1 At. Chlor entspricht, was Bindekraft anlangt, 3 At. Wasserstoff, 1 At. Sauerstoff 2 At. Wasserstoff, 1 At. Stickstoff 3 At. Wasserstoff, und wollte man schliesslich mit gleicher Bindekraft begabte Gewichtsmengen Chlor, Sauerstoff und Stickstoff, wie sie sich aus der Elektrolyse des Chlorwasserstoffs, des Wassers und des Ammoniaks ergeben, in Zahlen fassen, so finden wir, dass sie mit den bereits durch die Betrachtung ermittelten

Quotienten $\dfrac{35{,}5}{1} = 35{,}5$ für Chlor, $\dfrac{16}{2} = 8$ für Sauerstoff und endlich $\dfrac{14}{3} = 4{,}66$ zusammenfallen.

Wir haben also zwei ganz verschiedene Reihen von Zahlenwerthen zu unterscheiden, die erste, welche wir früher Verbindungsgewichte, später Atomgewichte genannt haben, repräsentirt uns die moleculbildenden Minimalgewichte der Elemente; die zweite, die der Ersatzgewichte, oder um einen noch häufiger gebrauchten Namen in Anwendung zu bringen, die der Aequivalentgewichte stellt uns die atombindenden Minimalgewichte der Elemente dar.

Wir würden auf nicht geringe Schwierigkeiten stossen, wollten wir jedwede dieser beiden Reihen von Werthen, durch besondere Symbole dargestellt, in Anwendung bringen. Zahllose Verwechselungen und unerfreuliche Verwirrungen könnten nicht ausbleiben. Beide Werthe lassen sich indessen leicht in einem einzigen Ausdruck zusammenfassen.

Zu dem Ende genügt es, den in der dritten Spalte der Tabelle gegebenen Atomgewichten einen die Atombindekraft ausdrückenden Coefficienten, mit anderen Worten ein Zeichen beizufügen, welches andeutet, wie viel Normalatome das Atom des betreffenden Elementes zu fixiren im Stande ist. Hierzu eignen sich nun die in der fünften Spalte unserer Tabelle gegebenen Quotienten. In diesen Werthen besitzen wir in der That die fraglichen Coefficienten, und wenn wir sie in römischen Ziffern geschrieben wie Exponenten den Atomgewichten beifügen, so wissen wir alsbald die Anzahl der Normalatome, welche diese Gewichte binden können.

Das Atomgewicht des Chlors (35,5) schreiben wir also $35{,}5^{\mathrm{I}}$, das Atomgewicht des Sauerstoffs (16) schreiben wir 16^{II}, das Atomgewicht des Stickstoffs (14) wird 14^{III} und das Atomgewicht des Kohlenstoffs (12) endlich wird 12^{IV}, oder wir setzen, noch grösserer Kürze halber, den Coefficienten der atombindenden Kraft direct neben unsere die Atomgewichte darstellenden Zeichen und erhalten so in den Symbolen

280 Werthigkeitscoefficienten.

Cl^I, O^{II}, N^{III}, C^{IV}

einen Ausdruck für die Summe der Erfahrungen, welche das Studium der Verbindungen dieser Elemente geliefert hat.

Statt der römischen Ziffern wenden einige Chemiker die entsprechende Anzahl von rechts oben dem Symbole beigefügten Strichen an, und für niedrige Atombindekräfte ist diese Bezeichnungsweise nicht minder geeignet. Wenn sich aber der Werth des Coefficienten über drei erhebt, so sind die römischen Ziffern vorzuziehen, denn sie sind leichter sowohl zu lesen als zu schreiben, wie die Striche. Der Gleichförmigkeit wegen wollen wir uns für alle Fälle der Ziffern bedienen.

Es fehlt ein kurzer, bezeichnender Name für die atombindende Kraft der Elemente; der unsichere und nichts weniger als schön klingende Ausdruck Atomigkeit ist offenbar nur in Ermangelung eines besseren zu einer gewissen Geltung gekommen; dieser Ausdrucksweise entsprechend sind die Elemente einatomig, zweiatomig, dreiatomig, vieratomig genannt worden, je nachdem ihre Atome 1, 2, 3 oder 4 Normalatome zu fixiren vermögen. Diese Bezeichnungen sind indessen nicht zu empfehlen, insofern sie leicht zu unerquicklichen Missverständnissen Veranlassung geben, da wir dieselben Worte, und offenbar mit viel grösserer Berechtigung, auch für die Bezeichnung der atomistischen Structur der Molecule ansprechen (vergl. S. 251 u. 256). Wir sind demnach darauf hingewiesen, einen anderen Ausdruck zu suchen, und wollen zu dem Ende für das Wort „Atomigkeit" die auch bereits mehrfach vorgeschlagene Bezeichnung „Werthigkeit" setzen, welche wir nicht ohne einiges Misstrauen in unsere klassischen Erinnerungen mit dem Worte Quantivalenz latinisiren.

Wir sprechen also von der Werthigkeit, der Quantivalenz der Elemente, und unterscheiden einwerthige, zwei-, drei- und vierwerthige, univalente, bi-, tri- und quadrivalente Elemente, je nachdem ihre Atome ein, zwei, drei oder vier Normalatome binden.

Ein-, zwei-, drei- und vierwerthige Elemente.

Welche Bezeichnungen wir aber auch wählen mögen, die beiden Reihen chemischer Werthe bleiben scharf von einander geschieden.

Die für die vier betrachteten Elemente festgestellte ungleiche atombindende Kraft drückt einem jeden derselben ganz besondere Charaktere auf, welche sich, wie man dies im Voraus erwarten durfte, in ebenso vielen Gruppen von Elementen wiederfinden, so dass wir in der ungleichen Werthigkeit der Elementaratome den Keim zu einer in der Erfahrung begründeten Classification der einfachen Körper erblicken.

Dem einwerthigen Chlor (Cl^I) stellen sich Brom und Jod zur Seite, deren einwerthige Atome wir mit Br^I und I^I bezeichnen. In ähnlicher Weise entsprechen dem zweiwerthigen Sauerstoffatome (O^{II}) die zweiwerthigen Atome des Schwefels S^{II} und Selens Se^{II}. Zu dem dreiwerthigen Stickstoffatome (N^{III}) gesellen sich die dreiwerthigen Atome des Phosphors P^{III} und Arsens As^{III}. Das vierwerthige Kohlenstoffatom (C^{IV}) endlich steht an der Spitze einer Gruppe, der sich die vierwerthigen Atome des Siliciums (Si^{IV}) und Zinns (Sn^{IV}) einreihen.

In der folgenden Tabelle, welche diese vier Gruppen gleichwerthiger Elemente enthält, finden wir neben den uns bereits bekannten Atom- und Moleculargewichten auch noch die Werthigkeit der Atome verzeichnet.

282 Gruppen ein-, zwei-, drei- u. vierwerthiger Elemente.

Tabelle der Atom- und Moleculargewichte verschiedener Elemente, mit ihren Werthigkeits-Coefficienten.

Namen der Elemente.	Atome.		Molecule.	
	Symbole.	Gewichte.	Symbole.	Gewichte.
Wasserstoff . . .	H	1	H H	2
Chlor	Cl^I	35,5	$Cl^I Cl^I$	71
Brom	Br^I	80	$Br^I Br^I$	160
Jod	I^I	127	$I^I I^I$	254
Sauerstoff . . .	O^{II}	16	$O^{II} O^{II}$	32
Schwefel	S^{II}	32	$S^{II} S^{II}$	64
Selen	Se^{II}	79	$Se^{II} Se^{II}$	158
Stickstoff . . .	N^{III}	14	$N^{III} N^{III}$	28
Phosphor . . .	P^{III}	31	$P^{III} P^{III} P^{III} P^{III}$	124
Arsen	As^{III}	75	$As^{III} As^{III} As^{III} As^{III}$	300
Kohlenstoff . . .	C^{IV}	12		
Silicium	Si^{IV}	28,5		
Zinn	Sn^{IV}	118		

Die Ausdrücke ein-, zwei-, drei-, vierwerthig sind begreiflich durch die Natur des Elementes bedingt, welches wir als Maass der atombindenden Kraft gewählt haben. Hätte man statt des Wasserstoffs den Sauerstoff als Werthigkeitsmaass genommen, so würde das Wasserstoffatom, dem nur die halbe atombindende Kraft des Sauerstoffs beiwohnt, halbwerthig, semivalent, geworden sein, das Stickstoffatom von anderthalbfacher Atombindekraft wäre anderthalbwerthig, sesquivalent, das Kohlenstoffatom endlich, mit der doppelten Kraft begabt, wäre zweiwerthig oder bivalent geworden. Obwohl nun auch mit diesem doppelten Maasse gemessen, die relative Werthigkeit der Atome nicht weniger

Verschiedene Leistungsfähigkeit der Atome.

bestimmt zu Tage getreten wäre, so würden doch von den vier Ausdrücken zwei in Bruchform erschienen sein, ein Umstand, der die leichte Vergleichbarkeit der Bezeichnungen wesentlich beeinträchtigt hätte. Wäre die Wahl auf ein drei- oder gar vierwerthiges Element, z. B. auf den Stickstoff oder Kohlenstoff gefallen, so würde die Zahl der bruchförmigen Ausdrücke noch grösser geworden sein, und die Uebersichtlichkeit hätte noch mehr gelitten. Es war also schon aus diesem Grunde die Wahl des Wasserstoffatoms als Werthigkeitsmaass geboten, selbst wenn wir nicht durch den eigenthümlichen Normalcharakter dieses Elementes auf dieselbe hingeführt worden wären und sich die Erkenntniss der verschiedenen Werthigkeit der Elementaratome überhaupt nicht aus dem Studium der Wasserstoffverbindungen entwickelt hätte.

Die Ausdrücke Werthigkeit, ein-, zwei-, drei- und vierwerthig, welche uns die Atombindekraft der Elemente und die verschiedenen Grade, in denen sich diese Kraft bei den einzelnen Elementen äussert, bezeichnen, entstammen einer Betrachtung, welche die Leistungsfähigkeit der Atome für die Verrichtung einer gewissen Arbeit mit einander vergleicht. Die zu verrichtende Arbeit ist in den eingehend besprochenen Beispielen die Ueberführung des Wasserstoffs in Verbindungen. Wenn wir finden, dass, während uns 1 At. Chlor dieses Geschäft für 1 At. Wasserstoff besorgt, die Atome des Sauerstoffs, Stickstoffs und Kohlenstoffs beziehungsweise 2, 3 und 4 At. Wasserstoff in Verbindungen verwandeln, so sagen wir, die genannten drei Atome haben die zweifache, dreifache und vierfache Leistungsfähigkeit des Chloratoms; sie haben für diese Arbeitsverrichtung den zweifachen, drei- und vierfachen Werth, eine Anschauung, welche in den Formeln

HCl^{I}, H_2O^{II}, H_3N^{III} und H_4C^{IV}

einen klaren Ausdruck findet. Hier ist die verschiedene Leistungsfähigkeit unserer vier typischen Elementaratome durch die wachsende Zahl der Wasserstoffatome gemessen, welche durch die Elementaratome in Verbindungen übergeführt werden.

Nicht weniger deutlich tritt uns diese ungleiche Lei-

284 Die verschiedene Leistungsfähigkeit der Atome

stungsfähigkeit verschiedener Atome entgegen, wenn wir ihre Verbindungen mit irgend einem anderen Elemente durch ein drittes Element zerlegen. Die Ungleichwerthigkeit wird alsdann gemessen durch die ungleiche Anzahl der erforderlichen Atome des zersetzenden Elementes.

Erinnern wir uns an die Zerlegung des Wassers, des Ammoniaks, des Grubengases durch das Chlor, aus denen wir, unter Verwandlung des den drei Verbindungen gemeinschaftlichen Wasserstoffs in Chlorwasserstoff, den Sauerstoff, den Stickstoff, den Kohlenstoff austreten sahen. In ganz ähnlicher Weise hätten wir den Jodwasserstoff, der uns ja auch bereits flüchtig durch die Hände gegangen ist, durch Chlor zerlegen können, unter Bildung von Chlorwasserstoff und Freiwerden von Jod. Versinnlichen wir uns diese vier Zersetzungen nochmals in Gleichungen, welche wir für den besonderen Zweck unserer Betrachtung im atomistischen Style schreiben.

$$\text{Einwirkung des Chlors auf}$$

$$\text{Jodwasserstoff} \; . \; H\,I^I \;\; + \;\; Cl^I \;=\; HCl^I + I^I,$$

$$\text{Wasser} \; . \; . \; . \; . \; \left.\begin{matrix}H\\H\end{matrix}\right\}O^{II} \;+\; \begin{matrix}Cl^I\\Cl^I\end{matrix} \;=\; \begin{matrix}HCl^I\\HCl^I\end{matrix} + O^{II},$$

$$\text{Ammoniak} \; . \; . \; \left.\begin{matrix}H\\H\\H\end{matrix}\right\}N^{III} \;+\; \begin{matrix}Cl^I\\Cl^I\\Cl^I\end{matrix} \;=\; \begin{matrix}HCl^I\\HCl^I\\HCl^I\end{matrix} + N^{III},$$

$$\text{Grubengas} \; . \; . \; \left.\begin{matrix}H\\H\\H\\H\end{matrix}\right\}C^{IV} \;+\; \begin{matrix}Cl^I\\Cl^I\\Cl^I\\Cl^I\end{matrix} \;=\; \begin{matrix}HCl^I\\HCl^I\\HCl^I\\HCl^I\end{matrix} + C^{IV}.$$

Um das einwerthige Jodatom aus seiner Verbindung zu lösen, bedürfen wir eines einwerthigen Chloratoms; die Zweiwerthigkeit des Sauerstoffatoms, die Drei- und Vierwerthigkeit des Stickstoff- und Kohlenstoffatoms werden durch die Anzahl der Chloratome — zwei, drei, vier — gemessen, welche zu ihrer Ausscheidung erforderlich sind.

Oder wir könnten die Anzahl der Atome desselben Ele-

an Beispielen erläutert. 285

mentes vergleichen, welche sich durch die Einwirkung verschiedener Elemente aus ihren Verbindungen austreiben lassen. Der Jodwasserstoff wird nicht nur durch das Chlor, sondern auch durch den Sauerstoff unter Ausscheidung von Jod zerlegt.

Zerlegung des Jodwasserstoffs durch

Chlor . . . $HI^I + Cl^I = H\,Cl^I + I^I$,

Sauerstoff . $\left.\begin{array}{l}HI^I\\HI^I\end{array}\right. + O^{II} = \left.\begin{array}{l}H\\H\end{array}\right\}O^{II} + \begin{array}{l}I^I\\I^I\end{array}$.

Hier wieder, wie früher, sehen wir das einwerthige Chloratom 1 einwerthiges Atom Jod, das zweiwerthige Sauerstoffatom 2 einwerthige Jodatome austreiben. Das Sauerstoffatom verrichtet wieder die doppelte Arbeit des Chloratoms.

Die betrachteten Zersetzungen zeigen uns die Werthigkeit der Atome noch in einer anderen Form. Bei der Ausscheidung des Jods aus dem Jodwasserstoff durch Chlor und Sauerstoff ist der Wasserstoff beziehungsweise in Chlorwasserstoff und Wasser übergeführt worden. Man kann dies auch in der Weise ausdrücken, dass man sagt: Bei der Zersetzung des Jodwasserstoffs ist 1 At. Chlor an die Stelle von 1 At. Jod und 1 At. Sauerstoff an die Stelle von 2 At. Jod getreten; oder man sagt auch wohl: das Jodatom ist durch 1 Chloratom, 2 Jodatome sind durch 1 Sauerstoffatom ersetzt worden. In ähnlicher Weise lässt sich die Zerlegung des Wassers, des Ammoniaks, des Grubengases durch Chlor auf ein Eintreten von 2, 3 oder 4 einwerthigen Chloratomen an die Stelle eines zweiwerthigen Sauerstoffatomes, eines dreiwerthigen Stickstoffatomes, eines vierwerthigen Kohlenstoffatomes zurückführen, d. h. also auf den Ersatz dieser mehrwerthigen Elementaratome durch die erforderliche Anzahl einwerthiger Chloratome. Endlich dürfen wir im Sinne unserer molecularen Auffassung der Materie annehmen, die Bildung von Verbindungen aus ihren Elementen beruhe auf dem Ersatz eines Theils der Atome eines Elementarmolecules durch Atome eines anderen Elementarmolecules. Hiernach bestände der Uebergang des Wasserstoffs in Chlorwasserstoff, Wasser, Ammoniak und Grubengas in einem einfachen Austausch der Atome von Chlor-, Sauerstoff-, Stickstoff- und Kohlenstoffmoleculen gegen die Atome einer geeigneten Anzahl von Wasserstoffmoleculen. In diesem Sinne sagt man wohl, für die Bildung des Chlorwasserstoffs muss 1 At. Wasserstoff in 1 Mol. Wasserstoff durch 1 At. Chlor, für die des Wassers müssen 2 At. Wasserstoff in 2 Wasserstoffmoleculen durch 1 At. Sauerstoff ersetzt werden, und in ähnlicher Weise bedarf es für die Bildung des Ammoniaks und Grubengases eines Ersatzes von 3 und 4 At. Wasserstoff in 3 und 4 Mol. Wasserstoff beziehungsweise durch 1 At. Stickstoff und 1 At. Kohlenstoff.

Es braucht kaum noch besonders darauf hingewiesen zu werden, dass es sich hier um altbekannte Thatsachen handelt, die uns in verändertem Ausdruck gegenüberstehen. Wenn wir früher das Ersatzgewicht des Chlors $= 35,5$, d. h. gleich seinem Verbindungs- oder Atomgewicht gefunden haben, wenn das Ersatzgewicht des Sauerstoffs $= 8$, d. h. gleich der Hälfte seines Verbindungs- oder Atomgewichtes, das Ersatzgewicht des Stickstoffs $= 4,66$, d. h. gleich einem Drittel seines Verbindungs- oder Atomgewichtes, das Ersatzgewicht des Kohlenstoffs endlich $= 3$, d. h. gleich einem Viertel seines Verbindungs- oder Atomgewichtes ermittelt wurde, so heisst das doch nichts anderes als 1 Verbindungs- oder Atomgewicht Chlor hat denselben Wirkungswerth wie 1 Verbindungs- oder Atomgewicht Wasserstoff; 1 Verbindungs- oder Atomgewicht Sauerstoff (d. h. 2 Ersatzgewichte) haben den Wirkungswerth von 2 Verbindungs- oder Atomgewichten Wasserstoff, 1 Verbindungs- oder Atomgewicht Stickstoff (d. h. 3 Ersatzgewichte) ist gleichwerthig mit 3 Verbindungs- oder Atomgewichten Wasserstoff, 1 Verbindungs- oder Atomgewicht Kohlenstoff, (d. h. 4 Ersatzgewichte), endlich, ist gleichwerthig mit 4 Verbindungs- oder Atomgewichten Wasserstoff.

Die Ausdrucksweise, welche die Verschiedenwerthigkeit der Elementaratome auf die verschiedene Anzahl von Wasserstoffatomen zurückführt, welche diese Elementaratome zu ersetzen im Stande sind, hat ihre vollkommene Berechtigung; es ist jedoch von Wichtigkeit, dass man bei den ihr zu Grunde liegenden Betrachtungen sich gewöhnt, Ersatz dem Atomwerthe nach von Ersatz dem Volum nach auf das Strengste zu sondern. Wenn wir uns das Grubengas in der Weise entstanden denken, dass in 4 Wasserstoffmoleculen 1 At. Kohlenstoff an die Stelle von 4 Wasserstoffatomen getreten sei, so dürfen wir uns nicht etwa der Vorstellung hingeben, zu welcher diese Ausdrucksweise möglicherweise auf einen Augenblick verleiten könnte, als habe hier ein Ersatz auch dem Raume nach stattgefunden, als sei der vorher von vier Wasserstoffatomen erfüllt gewesene Raum nunmehr von Kohlenstoff erfüllt, in anderen Worten, als habe sich mit dem Eintritt von 1 At. Kohlenstoff an die Stelle von 4 At. Wasserstoff das Volum der 4 Wasserstoffmolecule nicht geändert. Sind ja doch nach unserer Auffassung der Constitution der Materie die Molecule der einfachen Körper von derselben Grösse wie die Molecule der Verbindungen, und es muss daher das Volum von 4 Wasserstoffmoleculen bei ihrem Uebergang in 1 Mol. Grubengas durch den Eintritt von 1 At. Kohlenstoff an die Stelle von 4 At. Wasserstoff sich nothwendig auf ein Viertheil zusammenziehen. Aehnliche nur geringere Volumveränderungen erfolgen, wenn 1 dreiwerthiges Atom an die Stelle von 3 einwerthigen, oder 1 zweiwerthiges an die Stelle von 2 einwerthigen Atomen tritt. Nur wenn gleichwerthige Atome einander vertreten, so findet neben dem Ersatz dem Atomwerthe nach auch Ersatz dem Volume nach statt.

Wir wollen hier beispielsweise die merkwürdigen Volumveränderungen, welche der Wasserstoff bei seiner Verwandlung in Verbindungen durch den Eintritt von Elementaratomen von verschiedener Werthigkeit erleidet, noch etwas eingehender betrachten.

Das folgende Diagramm zeigt uns ein gewisses Volum Wasserstoff, welches nach einander durch Kohlenstoff, Stickstoff, Sauerstoff, Chlor beziehungsweise in Grubengas, Ammoniak, Wasser und Chlorwasserstoff übergeführt werden soll.

288 Volumveränderung der Elemente

Volumveränderungen des Wasserstoffs bei

Wasserstoff.	Kohlenstoff.	Grubengas.	Stickstoff.	Ammoniak.
HH	CC	H$_4$C	NN	H$_3$N
HH	CC	H$_4$C	NN	H$_3$N
HH	CC	H$_4$C	NN	H$_3$N
HH		H$_4$C	NN	H$_3$N
HH		H$_4$C		H$_3$N
HH		H$_4$C		H$_3$N
HH				H$_3$N
HH				H$_3$N
HH				
HH				
HH				
HH				

bei dem Uebergang in Verbindungen.

Uebergang in Verbindungen.

Sauerstoff.	Wassergas.	Chlor.	Chlorwasserstoff.	
O O	H_2O	Cl Cl	H Cl	H Cl
O O	H_2O	Cl Cl	H Cl	H Cl
O O	H_2O	Cl Cl	H Cl	H Cl
O O	H_2O	Cl Cl	H Cl	H Cl
O O	H_2O	Cl Cl	H Cl	H Cl
O O	H_2O	Cl Cl	H Cl	H Cl
	H_2O	Cl Cl	H Cl	H Cl
	H_2O	Cl Cl	H Cl	H Cl
	H_2O	Cl Cl	H Cl	H Cl
	H_2O	Cl Cl	H Cl	H Cl
	H_2O	Cl Cl	H Cl	H Cl
	H_2O	Cl Cl	H Cl	H Cl

Einleitung in die moderne Chemie.

In der ersten Spalte des vorstehenden Diagramms ist der umzuwandelnde Wasserstoff (12 Molecule) verzeichnet; in der zweiten Spalte finden wir die für die Verwandlung des Wasserstoffs in Grubengas erforderliche Anzahl Kohlenstoffatome (welche wir nur annahmsweise zu 3 Moleculen gruppirt haben) mit dem Volum des gebildeten Grubengases (6 Molecule); in der dritten Spalte in ähnlicher Weise die Volume des zur Ammoniakbildung nöthigen Stickstoffs (4 Molecule) und des erzeugten Ammoniaks (8 Molecule); in der vierten Spalte das Sauerstoffvolum (6 Molecule) und das Volum des erzeugten Wassergases (12 Molecule), in der fünften endlich das Chlorvolum (12 Molecule) mit dem Volum des durch das Chlor gebildeten Chlorwasserstoffgases (24 Molecule).

Ein Blick auf das Diagramm zeigt uns,.dass die 24 Lit. Wasserstoff, welche der Gegenstand unserer Betrachtung sind, bei dem Uebergang in Grubengas durch Aufnahme von 6 At. Kohlenstoff auf 12 Liter zusammenschrumpfen, dass sie auch bei der Verwandlung in Ammoniak, wobei 8 Lit. Stickstoff verbraucht werden, noch immer eine beträchtliche, obwohl geringere Volumverminderung, nämlich auf 16 Liter, erleiden, dass sie bei der Ueberführung in Wassergas (24 Liter), unter Aneignung von 12 Lit. Sauerstoff, ihr Volum beibehalten, während sich endlich unter dem Einflusse von 24 Lit. Chlor die ursprünglichen 24 Lit. Wasserstoff auf 48 Lit. Chlorwasserstoff ausdehnen.

Wäre es gestattet, aus den Volumveränderungen, welche der Wasserstoff bei seiner Verwandlung in eine Kohlenstoff-, Stickstoff-, Sauerstoff- und Chlorverbindung erleidet, einen allgemeinen Schluss zu ziehen, so ergäben sich folgende einfache Volumbeziehungen:

1 Vol. eines einwerthigen Elementes verbindet sich mit
1 Vol. eines einwerthigen Elementes u. liefert 2 Vol. Verbindung,
$1/2$ „ „ zweiwerthigen „   „ 1 „   „
$1/3$ „ „ dreiwerthigen „   „ $2/3$ „ „
$1/4$ „ (?) „ vierwerthigen „   „ $1/2$ „ „

zur Werthigkeit der Elemente. 291

Es ist also das Volum der gebildeten Verbindung gleich dem doppelten Volum des mit dem Wasserstoff zusammentretenden Elementes.

Oder wenn man das Volum der gebildeten Verbindung auf das Gesammtvolum der Bestandtheile beziehen will, so ist das Verhältniss bei der Vereinigung eines einwerthigen Elementes mit

Einwerthigen Elementen 1,
Zweiwerthigen „ $2/3$,
Dreiwerthigen „ $1/2$,
Vierwerthigen „ $2/5$ (?).

Die Betrachtungen über die ungleiche Werthigkeit der Elementaratome entsprangen, wie wir uns erinnern, aus der Vergleichung der verschiedenen, die Elemente charakterisirenden Atombindekräfte, und es waren zumal die vielgenannten Wasserstoffverbindungen, welche uns die ersten Anhaltspunkte lieferten. Es wirft sich nun die Frage auf, ob diese atombindenden Kräfte, mit denen wir die einzelnen Elemente begabt fanden, unter allen Umständen bei der Bildung von Verbindungen zur vollen Geltung kommen. Mit anderen Worten: Muss sich ein zweiwerthiges Atom stets mit zwei einwerthigen Atomen oder einem zweiwerthigen Atom, also mit einer Anzahl von Atomen verbinden, denen dieselbe Summe von Bindekräften beiwohnt; ein dreiwerthiges Atom, muss es stets drei einwerthige Atome oder ein zweiwerthiges und ein einwerthiges Atom, ein vierwerthiges Atom endlich, muss es unter allen Umständen vier Atome eines einwerthigen Elementes, allgemein eine Anzahl von Elementaratomen aufnehmen, deren Bindekräfte seiner eigenen Bindekraft gleichkommen. Oder lassen sich Verbindungen denken, in denen diese mehrwerthigen Atome eine geringere Anzahl von Atomen fixiren, als ihrer Werthigkeit entspricht? Wir wollen wiederum aus dem uns wohlbekannten Gebiete nicht heraustreten und fragen daher: Kann sich das Sauerstoffatom mit weniger als 2 Atomen Wasserstoff, das Stickstoff-, das Kohlenstoffatom mit weniger als 3 und 4 Atomen Wasserstoff verbinden? In anderen Worten: Sind neben den Verbindungen

$$H_2O, \quad H_3N \quad und \quad H_4C$$

auch noch Verbindungen von der Zusammensetzung

$$HO, \quad H_2N \quad und \quad H_3C$$
$$HN, \quad \quad H_2C$$
$$HC$$

möglich? Diese Verbindungen sind bis jetzt nicht aufgefunden worden, und wenn man bedenkt, mit welchem Eifer man gerade die Verbindungen der fraglichen Elemente studirt hat, so ist die Wahrscheinlichkeit, dass man sie auffinden wird, nicht eben gross. Es liegt aber, wenn wir ausschliesslich die bisher gewonnenen Erfahrungen ins Auge fassen, noch kein Grund vor, weshalb wir die Möglichkeit ihres Bestehens in Abrede stellen sollten. Wenn sich die Elemente einzig und allein in den Verhältnissen mit einander verbänden, welche der Werthigkeit ihrer Atome entsprechen, so liesse sich zwischen je zwei Elementen immer nur eine einzige Verbindung denken. Wir brauchen aber in unserer Erinnerung nicht weit zurückzugehen, um auf Elemente zu stossen, welche sich in einer ganzen Reihe von Verhältnissen mit einander vereinigen. Der Stickstoff bildet, wie wir gesehen haben (vergl. S. 212), mit dem Sauerstoff nicht weniger als fünf verschiedene Verbindungen. Ein Blick auf die Formeln dieser Verbindungen, deren Symbole wir nunmehr mit den zugehörigen Werthigkeitscoefficienten behaften,

$$N_2^{III}O^{II}, \quad N^{III}O^{II}, \quad N_2^{III}O_3^{II}, \quad N^{III}O_2^{II}, \quad N_2^{III}O_5^{II},$$

zeigt uns, dass unter den fünfen nur eine einzige ist, welche den Werthigkeiten der zusammentretenden Elementaratome entspricht. Es ist dies die mittlere, welche wir als salpetrige Säure kennen gelernt haben, und in der 2 At. Stickstoff, mit einer Atombindekraft von $2 \times III = VI$ begabt, vereinigt sind mit 3 At. Sauerstoff, denen ebenfalls eine Atombindekraft $3 \times II = VI$ innewohnt. Auf beiden Seiten dieser Verbindung, in welcher sich die Atombindekräfte der Stickstoffatome und die Atombindekräfte der Sauerstoffatome gegenseitig ausgeglichen haben, stehen zwei Verbindungen, in denen eine solche Ausgleichung nicht eingetreten ist. In der sauerstoffärmsten Verbindung, dem Stickstoffoxidul, steht die Atombindekraft der Stickstoffatome $2 \times III = VI$ der Atombindekraft des Sauerstoffs (II) entgegen, in dem Stickstoffoxid überwiegt die Atombindekraft des Stickstoffatoms (III) die des Sauerstoffatoms (II) in dem Verhältniss von 3 : 2. In ähnlicher Weise ist in der auf der andern Seite liegenden Untersalpetersäure die Atombindekraft der Sauerstoffatome $2 \times II = IV$ der Atombindekraft des Stickstoffatoms (III) gegenüber, während endlich in der Salpetersäure die Sauerstoffatome mit einer Bindekraft von $5 \times II = X$ den Stickstoffatomen mit einer Bindekraft von $2 \times III = VI$ entgegenstehen. Man könnte Verbindungen, in denen sich die Bindekräfte der Atome ausgeglichen haben, als **gleichwerthig zusammengesetzte** unterscheiden, im Gegensatz zu denen, in welchen ein solcher Ausgleich nicht stattgefunden hat, und die sich daher als **ungleichwerthig zusammengesetzte** bezeichnen liessen. Die salpetrige Säure ist in diesem Sinne die einzige gleichwerthig zusammengesetzte Verbindung des Stickstoffs mit dem Sauerstoff; Stickstoffoxidul und Stickstoffoxid auf der einen, Untersalpetersäure und Salpetersäure auf der andern Seite sind ungleichwerthig zusammengesetzte Verbindungen.

Bei der Betrachtung einer Reihe von Verbindungen, welche zwei Elemente mit einander bilden, von denen begreiflich nur eine einzige in dem angedeuteten Sinne eine gleichwerthig zusammengesetzte sein kann, würden wir erwarten, dass sich die gleichwerthig zusammengesetzte Verbindung mit Vorliebe bilden, und dass sie, einmal gebildet, die grösste Stabilität zeigen werde; würden wir ferner erwarten, in den ungleichwerthig zusammengesetzten Verbindungen das Bestreben zu finden, in die gleichwerthig zusammengesetzte Verbindung überzugehen. Um nochmals zu unserem Beispiel, den Verbindungen des Stickstoffs mit dem Sauerstoff, zurückzukeh-

294   Gleichwerthig und ungleichwerthig

ren, so zeigt es sich in der That, dass die beiden Elemente mit einer gewissen Vorliebe zu salpetriger Säure zusammentreten. Lässt man den Funkenstrom der Inductionsmaschine eine Zeit lang durch einen Luft (Stickstoff und Sauerstoff) enthaltenden Ballon schlagen, so erfüllt sich derselbe in kürzester Frist mit rothen Dämpfen, welche nichts anderes als salpetrige Säure sind. Was indessen die Stabilität der salpetrigen Säure anlangt, so lässt sich nicht verkennen, dass sie in dieser Beziehung den von ihr gehegten Erwartungen, wie sie oben bezeichnet wurden, nur wenig entspricht, sind wir ja doch nicht einmal im Stande gewesen, das Gasvolumgewicht derselben zu bestimmen; dagegen haben wir in früheren Versuchen bereits einige der auf beiden Seiten der salpetrigen Säure liegenden ungleichwerthig zusammengesetzten Verbindungen wirklich in salpetrige Säure übergehen sehen. Wir erinnern uns, mit welcher Begierde das Stickstoffoxidgas (mit einem Ueberschuss atombindender Kraft von $III - II = I$ auf Seiten des Stickstoffs) den Sauerstoff der Luft aufnimmt und sich in salpetrige Säure verwandelt (vergl. S. 211), und wie die Salpetersäure mit einem Ueberschuss atombindender Kraft von $X - VI = IV$ auf Seiten des Sauerstoffs schon unter dem Einflusse der Wärme dieses Ueberschusses von Sauerstoff sich entledigt und denselben namentlich mit Leichtigkeit an gewisse Metalle, z. B. Silber, abgiebt (vgl. gleichfalls S. 211). Innerhalb gewisser Grenzen also beobachtet man in der That das Verhalten, welches die Erkenntniss der den Atomen beiwohnenden Bindekräfte im Voraus als das wahrscheinliche bezeichnet. Es sind uns jedoch auch manche Erscheinungen bekannt geworden, welche sich mit dieser Betrachtungsweise nicht vereinigen lassen. Wenn wir die grosse Anziehung, welche das Stickstoffoxid für den Sauerstoff zeigt, dem Umstande zuschreiben, dass sich in diesem Körper ein Ueberschuss an Bindekraft von $III - II = I$ auf Seiten des Stickstoffatomes findet, so müsste diese Anziehung noch viel stärker in dem Stickstoffoxidul hervortreten, dessen Stickstoffatome einen noch viel beträchtlicheren Ueberschuss von Bindekraft, näm-

zusammengesetzte Verbindungen. 295

lich $2 \times III - II = IV$, besitzen. An dem Stickstoffoxidul beobachten wir aber nicht die geringste Neigung, durch Aufnahme von Sauerstoff in salpetrige Säure überzugehen.

Es tritt also die Frage an uns heran, woher kommt es, dass das Stickstoffoxidul, in dessen Molecul die beiden Elemente mit so ungleichen Bindekräften einander gegenüber stehen, gleichwohl eine der stabilsten, wenn nicht die stabilste aller Stickstoff-Sauerstoffverbindungen ist?

Man hat es versucht, die Antwort auf diese Frage aus der atomistischen Construction des Stickstoffoxidulmoleculs abzuleiten. In einem Molecul, an dessen Bildung sich zwei Atome Stickstoff und ein Atom Sauerstoff betheiligen, müssen, so hat man angenommen, die beiden Stickstoffatome nicht nur an dem Sauerstoffatome haften, sondern sie müssen auch mit einander verbunden sein, und die Beständigkeit des Moleculs wird sich in dem Maasse erhöhen, als diese Bindung eine kräftigere ist. Gesetzt, es hätten sich in dem Stickstoffoxidulmolecul II Bindekräfte des einen Stickstoffatomes mit II Bindekräften des anderen ins Gleichgewicht gesetzt, so würde das so vereinigte Atompaar dem Sauerstoffatome nur noch mit der Atombindekraft $III + III - IV = II$ gegenübertreten, um in der Atombindekraft dieses Sauerstoffatoms $= II$ ihren Ausgleich zu finden. In dem so gebildeten Molecul würden sich sämmtliche vorhandene Atombindekräfte ausgeglichen, oder, wie man sich auszudrücken pflegt, gesättigt haben, und wir könnten dasselbe als ein gesättigtes, oder, wie man auch wohl sagt, als ein geschlossenes Molecul ansprechen.

Dass das Molecul der salpetrigen Säure ein gesättigtes, ein geschlossenes sei, bedarf, nach dem was über seine gleichwerthige Zusammensetzung gesagt worden ist, kaum mehr einer besonderen Ausführung. Man kann annehmen, dass in diesem Falle ein jedes der beiden Stickstoffatome eine Bindekraft zur Sättigung der zwei Bindekräfte eines Sauerstoffatoms hergiebt; die beiden Stickstoffatome hängen, wie man sich auszudrücken pflegt, durch ein zwischengeschobenes Sauer-

296   Gesättigte und

stoffatom zusammen. Die jedwedem der Stickstoffatome noch verbleibende Bindekraft II wird alsdann durch die entsprechende Bindekraft je eines zweiten und eines dritten Atomes Sauerstoff ausgeglichen.

Aber auch das Molecul der Salpetersäure ist ein gesättigtes, ein geschlossenes. Auch hier wieder können wir uns die beiden Stickstoffatome durch ein Sauerstoffatom verkettet denken. Allein die jedem der Stickstoffatome noch übrigbleibende Bindekraft II wird jetzt durch die Bindekraft nicht mehr eines Sauerstoffatomes, sondern zweier Sauerstoffatome gesättigt, denn wenn zwei Sauerstoffatome unter einander verbunden sind, so wird, indem ein jedes derselben eine Bindekraft einbüsst, dem Atompaare schliesslich nicht mehr Bindekraft beiwohnen, als dem Sauerstoffatome selbst.

Bezeichnen wir die zwischen zwei Atomen zum Ausgleich gekommenen Bindekräfte durch einen zwischen den Buchstabensymbolen derselben eingeschobenen Strich, den wir, um ihn von dem Minuszeichen — zu unterscheiden, in der Mitte durch einen Punkt theilen, so lässt sich dem Gedanken, welcher den entwickelten Anschauungen zu Grunde liegt, in folgendem Bilde Ausdruck geben.

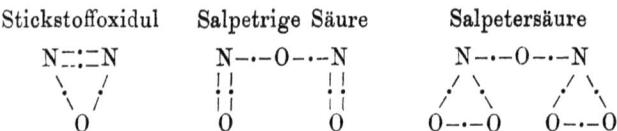

Ganz anders die Molecule des Stickstoffoxids und der Untersalpetersäure. In den Moleculen dieser beiden Verbindungen steht das Stickstoffatom mit einer Bindekraft III in dem ersteren, einem Sauerstoffatome, mit der Bindekraft II, in dem letzteren, einem Sauerstoffatompaare, ebenfalls mit der Bindekraft II gegenüber, es wird also ein Theil der Bindekraft des Stickstoffatoms ungesättigt bleiben; die gebildeten Molecule werden ungesättigte, ungeschlossene sein, deren Structur sich in dem folgenden Diagramm spiegelt.

ungesättigte Molecule. 297

Kein Wunder, dass das Stickstoffoxid den Sauerstoff aufnimmt, wo es ihn findet, und dass auch die Untersalpetersäure noch eine grosse Anziehung für den Sauerstoff zeigt. Durch die Intervention eines Sauerstoffatoms vereinigen sich zwei ungesättigte Stickstoffoxidmolecule zu dem gesättigten Molecul der salpetrigen Säure, gehen zwei ungesättigte Molecule Untersalpetersäure in die gesättigte Salpetersäure über.

Es liegt nicht in unserer Absicht, diesen Gegenstand hier weiter zu verfolgen; es muss genügen, in allgemeinen Zügen auf dieses neue, erst in jüngster Zeit angebaute Gebiet der Forschung hingewiesen zu haben, auf welchem sich gleichwohl die moderne Chemie bereits mit Vorliebe bewegt. Im Augenblick würde uns für die eingehende Erörterung dieser Frage kaum eine hinreichende Anzahl von Thatsachen zur Seite stehen.

Vergessen wir es nicht, die Vorstellungen, welche wir uns von der Natur der Elemente gebildet haben, von den Verhältnissen, in denen sie sich dem Volum und Gewicht nach mit einander verbinden, von den Kräften — moleculbildenden und atombindenden —, welche ihnen innewohnen, sind aus dem Studium einer ganz beschränkten Anzahl typischer Körper und ihrer nächsten Artverwandten hervorgegangen. An die Spitze unserer Betrachtungen stellte sich der Wasserstoff als Normalelement, alle Einheiten der Vergleichung liefernd; dem Wasserstoff reihten sich die Elemente Chlor, Sauerstoff, Stickstoff, Kohlenstoff an, ein jedes mit einem kleinen Gefolge von Angehörigen, im Ganzen nicht mehr als sechzehn Körper. An ihnen entwickelten sich alle unsere Anschauungen, an ihnen bildeten wir jene einfache Zeichensprache aus, welche, gleichen Schrittes mit dem wachsenden

298 Beschaffung neuen Materials zum Weiterbau.

Bedürfnisse sich entfaltend, unserer Forschung einerseits mächtigen Vorschub leistete, andererseits uns erlaubte, die Ergebnisse derselben in knappen, aber gleichwohl deutlichen Umrissen zu verzeichnen.

Allein das Material, welches uns zur Verfügung stand, ist auch nahezu erschöpft. Wir müssten jetzt aus dem beschränkten Kreise der bisherigen Beobachtung heraustreten; wir hätten zu ermitteln, wie weit unsere Methode der Untersuchung, unser Classificationsprincip, unser symbolisches Notationssystem, welche wir bisher nur an sechzehn Elementen erprobten, sich mit demselben Erfolge bei der Erforschung, Classification und Notirung auch der übrigen Elemente bewähren, welche unseren Planeten zusammensetzen.

Zu dem Ende aber hätten wir uns dem Studium der einzelnen Elemente zu widmen, und nicht nur denjenigen Elementen, welche wir bisher völlig zur Seite haben liegen lassen, hätte sich unsere Aufmerksamkeit zuzuwenden, auch die Elemente, von denen wir bereits ein allgemeines Bild in uns aufgenommen haben, müssten von Neuem, in viel weiterem Umfange und nach viel mannigfaltigeren Richtungen Gegenstand unserer Studien werden. Wir hätten auf das Gebiet des Versuches zurückzukehren, um in der Beobachtung besonderer Erscheinungen wieder neuen Boden für den Aufbau allgemeiner Anschauungen zu gewinnen. Die eingehende Erforschung der Elemente und ihrer zahllosen Verbindungen liegt aber jenseits der engen Umgrenzung, in welche sich diese Einleitung ihrem ganzen Plane nach einzuschränken hat.

Wir wollen gleichwohl in der synoptischen Uebersicht der numerischen Ergebnisse unserer Untersuchungen, welche hier schliesslich einen Platz finden soll, auch die Werthe mit aufnehmen, welche ähnliche Forschungen für die bis jetzt noch nicht betrachteten Elemente geliefert haben. Diese Uebersicht gewinnen wir in den folgenden zwei Tabellen (auf Seite 300 bis Seite 303).

Die erste der nachstehenden Tabellen enthält die Namen sämmtlicher Elemente mit den Atomgewichten, wie sie mit

Erklärung der Tabellen. 299

Berücksichtigung aller dem Chemiker zu Gebote stehender Hülfsmittel gefunden worden sind. Die Symbole sind mit den Werthigkeitscoefficienten behaftet, welche andeuten, dass die symbolisirten Gewichte, in gewissen Reihen von Verbindungen, 1, 2, 3 oder 4 At. Wasserstoff ersetzen können.

Die zweite Tabelle enthält nur die im gasförmigen Zustande untersuchten Elemente, bei denen sich unsere Kenntniss also auch auf die Moleculargewichte erstreckt. In dieser Tabelle sind neben den in den vorhergehenden verzeichneten Werthen noch die Volumgewichte und Moleculargewichte gegeben, endlich die Volume der Atome und Molecule graphisch verzeichnet.

Atomgewichte der Elemente.

Name.	Symbol des Atoms und Werthigkeitscoefficient.	Atomgewicht.
Wasserstoff (Normalelement)	H	1
Aluminium	Al^{III}	27,5
Antimon*)	Sb^{III}	122
Arsen	As^{III}	75
Barium	Ba^{II}	137
Beryllium	Be^{II}	9,3
Blei	Pb^{II}	207
Bor	Bo^{III}	11
Brom	Br^{I}	80
Cadmium	Cd^{II}	112
Caesium	Cs^{I}	133
Calcium	Ca^{II}	40
Cer	Ce^{II}	92
Chlor	Cl^{I}	35,5
Chrom	Cr^{III}	52,2
Didym	Di^{II}	95
Eisen	Fe^{II}	56
Erbium	E^{II}	112,6
Fluor	F^{I}	19
Gold	Au^{III}	197
Indium	In^{II}	73 (?)
Jod	I^{I}	127
Iridium	Ir^{IV}	198
Kalium	K^{I}	39
Kobalt	Co^{II}	58,8
Kohlenstoff	C^{IV}	12
Kupfer	Cu^{II}	63,5
Lanthan	La^{II}	92
Lithium	Li^{I}	7
Magnesium	Mg^{II}	24
Mangan	Mn^{II}	55
Molybdän	Mo^{VI}	96

*) Einige setzen das Atomgewicht des Antimons = 120,6.

Atomgewichte der Elemente.

Name.	Symbol des Atoms und Werthigkeits-coefficient.	Atomgewicht.
Natrium	Na^I	23
Nickel	Ni^{II}	58,8
Niob	Nb^V	94
Osmium	Os^{IV}	199,2
Palladium	Pd^{II}	106,6
Phosphor	P^{III}	31
Platin	Pt^{IV}	197,4
Quecksilber	Hg^{II}	200
Rhodium	Rh^{II}	104,4
Rubidium	Rb^I	85,4
Ruthenium	Ru^{IV}	104,4
Sauerstoff	O^{II}	16
Schwefel	S^{II}	32
Selen **)	Se^{II}	79
Silber	Ag^I	108
Silicium **)	Si^{IV}	28,5
Stickstoff	N^{III}	14
Strontium	Sr^{II}	87,5
Tantal	Ta^V	182
Tellur	Te^{II}	128
Thallium	Tl^I	204
Thor	Th^{IV}	231,5
Titan	Ti^{IV}	50
Uran	U^{II}	120
Vanadin	V^{III}	51,3
Wasserstoff	H^I	1
Wismuth	Bi^{III}	208
Wolfram	W^{IV}	184
Yttrium	Y^{II}	61,7
Zink	Zn^{II}	65,2
Zinn	Sn^{IV}	118
Zircon	Zr^{IV}	89,6

**) Fast noch allgemeiner wird 79,4 für das Selen, endlich 28 für das Silicium als Atomgewicht angenommen.

Atom-, Volum- und Moleculargewichte der i...

Name.	Gasvolume.			At...
	Gewichte.	Symbole.	Graphische Darstell. der Gasvolumgewichte.	Gewichte.
Wasserstoff . . (Normalelement.)	1	H	H	1
Arsen	150	As	As	75
Brom	80	Br	Br	80
Cadmium . . .	56	Cd	Cd	112
Chlor	35,5	Cl	Cl	35,5
Jod	127	I	I	127
Phosphor . . .	62	P	P	31
Quecksilber . .	100	Hg	Hg	200
Sauerstoff . . .	16	O	O	16
Schwefel . . .	32	S	S	32
Selen	79	Se	Se	79
Stickstoff . . .	14	N	N	14
Tellur	128	Te	Te	128
Zink*)	32,6 (?)	Zn	Zn	65,2
Wasserstoff . .	1	H	H	1

*) Nach mehreren von St. Claire Deville und Troost ausgeführten, aber Verfasser privatim mitgetheilt wurden, ist das Volumgewicht des Zinkgases annähernd zwischen Atomgewicht und Moleculargewicht stattfinden, wie bei dem Quecksilber

gasförmigen Zustande erforschten Elemente.

m e.		Molecule.		
Symbole und Werthigkeitscoefficienten.	Graphische Darstellung des Volums.	Gewichte.	Symbole.	Graphische Darstellung des Volums.
H	H	2	HH	HH
As^{III}	As	300	As As As As	As As As As
Br^{I}	Br	160	Br Br	Br Br
Cd^{II}	Cd	112	Cd	Cd
Cl^{I}	Cl	71	Cl Cl	Cl Cl
I^{I}	I	254	I I	I I
P^{III}	P	124	PPPP	PPPP
Hg^{I}	Hg	200	Hg	Hg
O^{II}	O	32	O O	O O
S^{II}	S	64	S S	S S
Se^{II}	Se	158	Se Se	Se Se
N^{III}	N	28	N N	N N
Te^{II}	Te	256	Te Te	Te Te
Zn^{II}	Zn	65,2	Zn	Zn
H^{I}	H	2	HH	HH

noch nicht zu einem endgültigen Abschluss gekommenen Versuchen, welche dem 33. Es würde alsdann, wie dies zu erwarten war, bei dem Zink dieselbe Beziehung und Cadmium.

Ein Blick auf die letzte Tabelle zeigt uns, wie beschränkt unsere Kenntniss der Moleculargewichte bis jetzt geblieben ist. Viele Elemente sind entweder vollkommen feuerbeständig, oder verflüchtigen sich doch erst bei so hohen Temperaturen, dass wir kaum hoffen dürfen, jemals ihre Moleculargewichte zu erfahren, so lange wenigstens, als wir die Methode der Bestimmung des Gasvolumgewichts als die einzige endgültig maassgebende betrachten wollen. Allein auch die Tabelle der Atomgewichte lässt noch Vieles zu wünschen übrig. Bei einigen Elementen dürfen die gegebenen Zahlen für nicht mehr als Annäherungswerthe genommen werden, bei anderen sind die Chemiker selbst über das Princip der Bestimmung noch getheilter Ansicht, so dass sich die Zahlen selbst noch nach gewissen einfachen Verhältnissen ändern können. Die besonderen Betrachtungen, welche in jedem Falle der Atomgewichtsbestimmung zu Grunde liegen, gehören zu den anziehendsten Abschnitten in der Geschichte der einzelnen Elemente, lassen sich aber füglich aus dem Gesammtbilde eines Elementes nicht aussondern, weshalb denn auch Erörterungen über die Ableitung der gegebenen Zahlen bis zum Studium der einzelnen Elemente aufgeschoben werden müssen. Noch verdient bemerkt zu werden, dass auch die Werthigkeitscoefficienten, mit welchen wir die Elementarsymbole behaftet haben, in der weiteren Entwicklung unserer Wissenschaft ohne Zweifel noch mannigfaltige Abänderungen werden erleiden müssen. Es gilt dies zumal für die Elemente, welche mit anderen sich in verschiedenen Verhältnissen verbinden, für welche sich also verschiedene Ersatzgewichte ermitteln lassen (vergl. S. 222) und bei denen sich also auch die Werthigkeitscoefficienten verschieden gestalten, je nach der Reihe von Verbindungen, welche man bei ihrer Ableitung ins Auge fasst. In der That giebt es kaum irgend eine Frage, über welche die Ansichten weiter auseinanderlaufen, als gerade die Frage hinsichtlich der Werthigkeit der Elementaratome, und es verdient schon hier hervorgehoben zu werden, dass viele Chemiker weit davon entfernt sind, den Elementaratomen

der vorstehenden Tabellen nicht unwahrscheinlich. 305
eine unwandelbare Werthigkeit zuzuerkennen, dass viele in
der That einen Wechsel in der Werthigkeit annehmen, ähnlich
dem Wechsel in dem Ersatzgewichte (vergl. S. 222), welchen
wir früher gelten liessen.

Aus dem Gesagten erhellt, dass unser chemisches Notationssystem noch keineswegs zu einem vollendeten Abschluss gekommen ist. Es lässt sich jedoch nicht verkennen, dass die Chemiker mehr wie je zuvor von dem Wunsche beseelt sind, eine einheitliche Formelsprache zu schaffen, welche sich in allen Theilen eine allgemeine Zustimmung erwerbe. Der Erreichung eines so grossen Gutes stehen manche Schwierigkeiten entgegen. Principielle Streitfragen können nicht durch einen Vertrag geschlichtet werden. Ihre Lösung gehört der Zeit und der Entwicklung der Wissenschaft selbst an. Allein es giebt gewisse Unregelmässigkeiten in der chemischen Formelsprache, deren Beseitigung nur eines Entschlusses bedürfte. Wenn z. B. die französischen und auch einige italienische Chemiker noch immer ganz ausnahmsweise den Stickstoff mit Az (*azote, azoto*) statt, wie alle anderen Nationen, mit N (*nitrogenium*) bezeichnen, so ist dies eine Abweichung, die an und für sich nicht viel zu bedeuten hat, die jedoch immer den Charakter der Universalität unserer chemischen Zeichensprache beeinträchtigt, und welche, sollte man denken, nur erwähnt zu werden brauchte, um alsbald aus der Grammatik der modernen Chemie zu verschwinden.

XIII.

Verbindungen höherer Ordnung, ternäre, quaternäre, quinäre etc. Verbindungen. — Die Bedingungen, unter denen sich Verbindungen höherer Ordnung bilden, sind dieselben wie diejenigen, welche die Bildung binärer Verbindungen vermitteln. — Verminderung der Flüchtigkeit in Verbindungen höherer Ordnung. — Ihre Zersetzbarkeit, wenn flüchtig. — Beispiele ternärer Verbindungen. — Chlorwasserstoffsaures Ammoniak. — Seine Entstehung durch Einigung der Molecule zweier binärer Gase. — Sein neutraler salzartiger Charakter. — Dissociation seines Dampfes. — Ternäre Verbindungen, welche bei der fortschreitenden Entwasserstoffung des Wassers und des Ammoniaks durch die Einwirkung des Natriums gebildet werden. — Ersatz der Wasserstoffatome durch Natriumatome in diesen Reactionen. — Natriumderivat des Grubengases. — Substitutionsprincip. — Bildung von Substitutionsproducten aus dem Wasser, dem Ammoniak und dem Grubengase durch die Aufnahme des Chlors in die Molecule dieser Verbindungen unter gleichzeitigem Austritt von Wasserstoff. — Uebertragung der Structur der Mutterverbindung auf die durch Substitution aus ihr entstehenden Abkömmlinge. — Verwandlung binärer in ternäre Verbindungen durch Hinzutreten von Elementen ohne Substitution. — Beispiele dieser Bildungsweise in der Chlorwasserstoffgruppe, Oxide des Chlorwasserstoffs; — in der Wassergruppe, Oxide des Schwefelwasserstoffs; — in der Ammoniakgruppe, Oxide des Phosphorwasserstoffs; — in der Grubengasgruppe, Methylalkohol. — Seine Wichtigkeit als Uebergangsglied. — Rückblick.

Es sind bisher ausschliesslich einfache Körper und binäre d. h. aus zwei Elementen zusammengesetzte Verbindungen gewesen, auf welche wir Formelsprache und graphische Darstellung angewendet haben, es braucht jedoch kaum bemerkt zu werden, dass sich dieselben auch Verbindungen höherer

Verbindungen höherer Ordnung.

Ordnung anschmiegen, Verbindungen also, an deren Bildung sich nicht nur zwei, sondern drei, vier, fünf, sechs und bisweilen sogar noch mehr Elemente betheiligen, und welche wir als ternäre, quaternäre, quinäre, senäre etc. Verbindungen unterscheiden.

Solche Verbindungen höherer Ordnung haben wir bisher absichtlich unerwähnt gelassen, obwohl sie uns im Lauf unserer Versuche — und selbst der allerersten, welche wir angestellt haben — bereits mehrfach durch die Hände gegangen sind. Die Betrachtung dieser Körper während der einleitenden Untersuchungen würde in der That vorzeitig und zwecklos gewesen sein, eine Ueberbürdung des Gedächtnisses mit Thatsachen, welche zum Verständniss der beobachteten Erscheinungen nichts hätten beitragen können, im Gegentheil diesem Verständnisse nur hinderlich gewesen sein würden. Der Zeitpunkt ist aber gekommen, die übergangenen Glieder aufzunehmen und unserer Kette einzuverleiben. Das Studium dieser complicirteren Structuren wird uns in geeigneter Weise für die Erforschung zahlloser Gruppen von Verbindungen höherer und höherer Ordnung vorbereiten, welche uns beim tieferen Eindringen in das Gebiet der chemischen Erscheinungen auf allen Seiten begegnen.

Es mag hier kurz darauf hingedeutet werden, dass die Bildung dieser Verbindungen höherer Ordnung unter dem Einflusse derselben Kräfte und derselben Gesetze stattfindet, wie die der binären Verbindungen. Auch hier ist das Zusammentreten der Elemente unter geeigneten Bedingungen von Wärme- und Lichterscheinung begleitet. Die Constanz der Verhältnisse, in denen sich die Bestandtheile, sei es zu einer, sei es zu mehreren binären Verbindungen vereinigen, das völlige Aufgehen der Eigenschaften dieser Bestandtheile in den Eigenschaften der aus ihnen gebildeten, zusammengesetzten Körper gelten auch für die Verbindungen höherer Ordnung. Die Elementaratome treten im einfachen oder multiplen Verhältniss ihrer Gewichte unter Beibehaltung der ihnen eigenthümlichen Atombindekraft, ihrer Werthigkeit, wie in binäre Molecule, so in Molecule der complicirtesten Zusammensetzung ein.

Der einzige wahre Unterschied zwischen binären Verbindungen und Verbindungen höherer Ordnung liegt also in der verschiedenen Anzahl der sie zusammensetzenden Elemente. Allerdings lassen sich gewisse Abweichungen in den physikalischen Eigenschaften nicht verkennen, allein diese dürfen uns nicht befremden, wenn wir bedenken, wie viele Atome sich in den Moleculen, in welchen wir nach unserer bisherigen Erfahrung kaum mehr als ein halbes Dutzend Atome vereint fanden, bei der Bildung von Verbindungen höherer Ordnung zusammendrängen können. Mit der Zunahme der in dem Molecul angehäuften Elementaratome finden wir in der Regel die Flüchtigkeit der gebildeten Verbindung verringert. In vielen Fällen existiren diese complicirteren Molecule nicht im gasförmigen Zustande, weil sie entweder feuerbeständig sind, oder sich nicht mehr ohne Zersetzung, d. h. ohne Spaltung, sei es in die elementaren Bestandtheile, sei es in einfachere Verbindungen, verflüchtigen lassen. Der Untersuchung solcher nichtflüchtigen Verbindungen stellen sich Schwierigkeiten in den Weg, welche uns nicht fremd geblieben sind. Wenn die Körper feuerbeständig sind, so müssen sich bei der Unmöglichkeit, ihre Gasvolumgewichte zu ermitteln, irgend welche Vorstellungen, die wir uns hinsichtlich ihrer Moleculargrösse bilden, aus ihren Beziehungen zu anderen Verbindungen herleiten. Sind die Körper flüchtig, aber flüchtig unter Zersetzung, so kann der Fall eintreten, dass uns die Gasvolumgewichtsbestimmung zu einem falschen Urtheile über die Moleculargrösse der Verbindung führt, insofern wir statt des Volumgewichtes des vergasten Körpers das Volumgewicht einer Mischung der in der Verbindung verdichtet gewesenen Gase beobachten.

Ein ganz lehrreiches Beispiel der Bildung von Verbindungen höherer Ordnung und der Schwierigkeiten, welche die Zersetzbarkeit bei erhöhter Temperatur ihrer Untersuchung in den Weg stellt, liefert uns ein Körper, dem wir

Verbindung d. Chlorwasserstoffs mit d. Ammoniak. 309
schon früher mehrfach begegnet sind. Als wir, um den Stickstoff in Freiheit zu setzen, einen Chlorstrom in die wässerige Lösung des Ammoniaks leiteten, hatten wir uns weiter Leitungsröhren zu bedienen, weil sich enge Röhren durch einen weissen, in dieser Reaction gebildeten Körper verstopft haben würden (vergl. S. 40). Und als wir, in einem späteren Versuche zur Ermittlung des Volumverhältnisses der elementaren Bestandtheile im Ammoniak letzteres mit einem gemessenen Volum Chlorgas zusammenbrachten, bedeckten sich die Wände der Röhre mit einem weissen, in Wasser löslichen Anfluge (vergl. S. 71). Dieser Körper, den wir damals nicht weiter untersuchten, ist für die Erörterung der vorliegenden Frage von ganz besonderem Interesse.

Stellen wir vor Allem diesen weissen Körper in etwas grösserem Maassstabe dar. Mit der Erfahrung, welche uns bereits zu Gebote steht, bietet diese Aufgabe keine Schwierigkeit. Zwei Cylinder von gleicher Grösse sind auf bekannte Art, der eine mit trockenem Chlorwasserstoff, der andere mit trockenem Ammoniak gefüllt worden.

Um die beiden Gase zusammenzubringen, haben wir einen viel grösseren mit Quecksilber gefüllten Cylinder in der Quecksilberwanne umgestürzt. In diesen Cylinder lassen wir nun zunächst den Chlorwasserstoff aufsteigen, alsdann, Blase um Blase, das Ammoniak (Fig. 77 a. f. S.).

Mit jeder Ammoniakblase, welche in den Chlorwasserstoff tritt, entsteht eine dicke weisse Wolke, welche sich bald, zu feinen Krystallflocken verdichtet, auf der Wand des Cylinders niederschlägt. Während des Ueberfüllens des Ammoniaks beobachten wir, wie das ursprüngliche Gasvolum, statt sich zu vergrössern, mehr und mehr abnimmt. Je mehr Ammoniak wir eintreten lassen, um so höher erhebt sich das Quecksilber in dem Cylinder; mit der letzten Ammoniakblase, welche aufsteigt, ist auch die letzte Spur des Gasgemenges verschwunden, und der Cylinder enthält nunmehr nur noch ausser Quecksilber eine dünne, auf der Glaswand abgelagerte Schicht

310 Chlorwasserstoff-Ammoniak. — Darstellung.

des weissen Körpers zu welchem sich die beiden Gase verdichtet haben.

Diesen Körper dürfen wir mithin als eine Verbindung

Fig. 77.

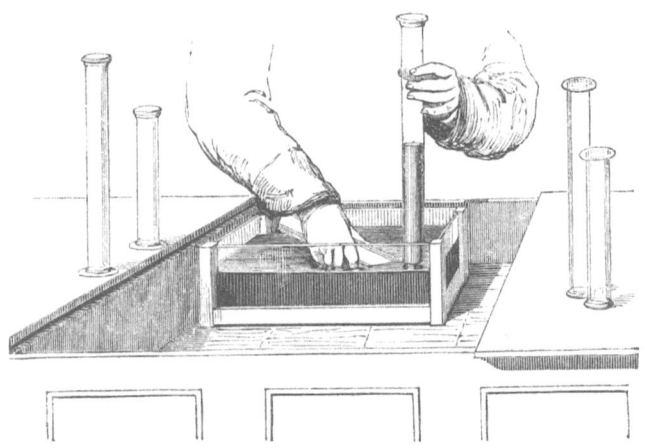

der beiden zusammengetretenen Gase, des Chlorwasserstoffs und des Ammoniaks, zu gleichen Volumen ansehen.

Zur Bestätigung dieser Ansicht haben wir die beiden Gase nur nochmals mit einander zu mischen; jetzt aber in einem anderen Volumverhältnisse. Der grosse Quecksilbercylinder ist wieder in der Wanne umgestürzt, und wir lassen von Neuem Chlorwasserstoff und Ammoniak in ihm aufsteigen, von ersterem diesmal ein grösseres Volum. Die Gase vereinigen sich auch jetzt wieder unter den schon früher beobachteten Erscheinungen, allein es bleibt ein unverbundenes Gasvolum zurück, welches sich in Berührung mit einem nassen Streifen blauen Lackmuspapiers sofort als Chlorwasserstoff erkennen lässt. Nun wird derselbe Versuch nochmals wiederholt, mit dem Unterschiede, dass wir ein grösseres Ammoniakvolum anwenden. Das rückständige Gasvolum wird in diesem Falle durch ein rothes Lackmuspapier als Ammoniak erkannt.

Eigenschaften und Zusammensetzung. 311

Das weisse, starre Product zeigt sich bei näherer Prüfung im Wasser ebenso leicht löslich, wie seine Bestandtheile; vergleicht man aber seine übrigen Eigenschaften mit denen seiner beiden Bestandtheile, so findet man, dass die ursprünglichen Eigenschaften der letzteren bei der Vereinigung vollkommen verschwunden sind. Die erstickenden Dämpfe, welche der Chlorwasserstoff an der Luft bildet, der stechende Geruch des Ammoniaks sind an dem weissen Krystallpulver nicht mehr wahrzunehmen. Die Eigenschaft des Chlorwasserstoffs, blaues Lackmuspapier zu röthen, und des Ammoniaks, die blaue Farbe des gerötheten Papiers wieder herzustellen, gehören der Lösung des weissen Körpers nicht mehr an. Aus zwei Körpern von scharf ausgesprochenem, aber entgegengesetztem Charakter, haben wir eine **neutrale** Verbindung erzeugt, deren Anblick und allgemeines Verhalten uns lebhaft an das Kochsalz erinnern. Mit Rücksicht auf seine Abstammung nennen wir die neue Verbindung **Chlorwasserstoff-Ammoniak**, bemerken indessen sogleich, dass dieselbe noch verschiedene andere Benennungen trägt und zumal im Handel unter dem Namen **Salmiak** vorkommt.

Ueber die Formel eines aus gleichen Volumen Chlorwasserstoff und Ammoniak entstehenden Körpers kann kein Zweifel obwalten:

$$HCl + H_3N = H_4NCl.$$

Es fragt sich aber, drückt diese Formel das Moleculargewicht des Salmiaks aus, mit anderen Worten, erfüllt die der Formel H_4NCl entsprechende Gewichtsmenge unserer ternären Verbindung, vergast, den Raum von 2 Volumen? Man hat es versucht, diese Frage durch die Volumgewichtsbestimmung des Salmiakgases zu lösen. Bezeichnet obige Formel die Grösse des Salmiakmoleculs, dürfen wir dieselbe in dem graphischen Ausdrucke

$$\boxed{H_4NCl}$$

wiedergeben, so muss das Volumgewicht des Salmiakgases

312 Moleculargewicht des Chlorwasserstoff-Ammoniaks.

zu $\dfrac{4 + 14 + 35{,}5}{2} = \dfrac{53{,}50}{2} = 26{,}75$ gefunden werden; der Versuch hat aber zu der Zahl 13,375 geführt. Dieses unerwartete Ergebniss liesse sich in verschiedener Weise deuten. Man könnte sagen, das Salmiakmolecul enthielte nur die Hälfte der durch die Formel H_4NCl ausgedrückten Gewichtsmenge Salmiak. Wir gelangten alsdann zu dem Ausdrucke

$$\boxed{H_2 \tfrac{N}{2} \tfrac{Cl}{2}}$$

welcher mit der Annahme unverträglich ist, dass N und Cl die Atome des Stickstoffs und Chlors darstellen, also nicht weiter theilbar sind. Oder man könnte annehmen, das Salmiakmolecul nehme den doppelten Raum der übrigen, uns bereits bekannt gewordenen Gasmolecule ein und sei in dem Ausdruck

$$\boxed{H_4NCl}$$

dargestellt. Ein solcher Ausdruck widerstreitet aber unserer Fundamental-Hypothese, dass nämlich die Molecule sämmtlicher gasförmiger Körper gleich gross sind. Endlich wäre aber auch noch der Fall denkbar, dass sich das Salmiakmolecul, auf eine hohe Temperatur erhitzt, in seine binären Bestandtheile spalte, und dass diese Bestandtheile bei der Abkühlung des Gemenges wiederum zu Salmiak zusammenträten. Bei der Gasvolumbestimmung würde also das Salmiakmolecul (2 Vol.) 1 Molecul Chlorwasserstoff (2 Vol.) und 1 Molecul Ammoniak (2 Vol.), also 4 Volume, liefern,

$$\boxed{H_4NCl} = \boxed{HCl} + \boxed{H_3N}$$

ein solches Gasgemenge aber müsste das Volumgewicht $\dfrac{36{,}5 + 17}{4} = \dfrac{53{,}50}{4} = 13{,}375$ oder genau das Resultat geben, welches man bei dem Versuche gefunden hat. Viele Chemiker sind in der That geneigt, eine solche Spaltung und Wie-

Dissociation des Chlorwasserstoff-Ammoniaks. 313

dervereinigung — man pflegt die beiden auf einander folgenden Erscheinungen in dem einen Worte Dissociation zusammenzufassen — bei dem Salmiakmolecul anzunehmen, und man hat sich mehrfach bemüht, diese Annahme durch Versuche zu beweisen. Diese Versuche und die an dieselben anknüpfende Controverse sind indessen bis jetzt noch keineswegs zu einem endgültigen Abschlusse gekommen, und ist es daher geboten, den hypothetischen Charakter des Salmiakmoleculs auf die gewöhnliche Weise

$$\boxed{H_4\,N\,Cl}$$

durch punktirte Linien zu bezeichnen. Diese Bezeichnungsweise ist in der That um so nöthiger, als es noch eine allerdings kleine Reihe von Körpern giebt, welche sich ähnlich verhalten wie der Salmiak und für welche wir, zur Erklärung ihrer anomalen Dampfdichten, weiterer Untersuchungen bedürfen.

Wenn wir in dem Salmiak mit einer ternären Verbindung bekannt geworden sind, deren Gasvolumgewichtsbestimmung zu Ergebnissen geführt hat, welche bis jetzt in ganz befriedigender Weise nicht haben erklärt werden können, so haben uns die frühesten unserer Versuche eine Reihe von ternären Körpern geliefert, welche sich erst bei so hoher Temperatur vergasen, dass man bis jetzt nicht einmal den Versuch gemacht hat, ihre Gasvolumgewichte zu ermitteln.

Als wir beim Beginn unserer Studien die Zusammensetzung des Chlorwasserstoffs, des Wassers und des Ammoniaks erforschten, bedienten wir uns des Natriums, um aus diesen drei Wasserstoffverbindungen den Wasserstoff auszutreiben, und wir lernten später, dass sich aus den drei Wasserstoffverbindungen drei Natriumverbindungen erzeugen, in denen das Metall beziehungsweise mit Chlor, mit Sauerstoff, mit Stickstoff verbunden ist.

Wir erinnern uns, dass die Atome des Chlors, des Sauerstoffs und des Stickstoffs beziehungsweise ein-, zwei- und dreiwerthig sind, und dass die Molecule ihrer Wasserstoffverbindungen beziehungsweise 1, 2 und 3 At. Wasserstoff enthalten.

Wenn das Natrium, dessen Atom wir als ein einwerthiges auffassen, wasserstoffaustreibend auf das Chlorwasserstoffmolecul einwirkt, so muss sich offenbar alsbald der ganze Wasserstoffgehalt desselben entwickeln.

Bei dem Wasser andererseits, dessen Molecul 2 At. Wasserstoff enthält, lässt es sich denken, dass die Wasserstoffentwicklung in zwei auf einander folgenden Stadien, man könnte sagen, durch zwei successive Invasionen des Metalles stattfindet, in Folge deren zuerst das eine und alsdann das andere Wasserstoffatom austritt.

Aus dem Ammoniakmolecul endlich mit seinen 3 At. Wasserstoff kann offenbar nach einander zuerst 1 Atom und alsdann das zweite Atom Wasserstoff entwickelt werden, ehe sich mit der Vollendung der Reaction der ganze Wasserstoffgehalt ausgeschieden hat.

Als wir die fraglichen Versuche anstellten, war unsere Aufmerksamkeit ausschliesslich dem Wasserstoff zugewendet, der sich in einem jeden derselben entwickelte, und als wir später (vergl. S. 189) die Vorgänge näher betrachteten, vermieden wir es absichtlich, mehr ins Auge zu fassen, als die Endproducte der Reactionen, d. h. die binären Verbindungen des Natriums beziehungsweise mit Chlor, mit Sauerstoff, mit Stickstoff, welche durch die vollkommene Entfernung des Wasserstoffs aus den drei oft genannten Verbindungen entstehen; jetzt aber erfahren wir mit Interesse, dass sich diese binären Endproducte der Zersetzung des Wassers und des Ammoniaks keineswegs unmittelbar erzeugen, sondern dass ihnen unter allen Umständen die Bildung ternärer Zwischenglieder vorausgeht.

In dem folgenden Diagramm, welches die durch Einwirkung des Natriums auf unsere drei ersten typischen Wasserstoffverbindungen gebildeten Producte darstellt, sind die Mittelglieder, welche sich bei dem Wasser und Ammoniak

des Natriums auf Wasser und Ammoniak. 315

erzeugen, zwischen die ursprünglichen Verbindungen und die Endproducte der Reaction eingeschaltet worden:

Zersetzung des Chlorwasserstoffs, des Wassers und des Ammoniaks durch Natrium.

Ursprüngl. Verbind. binär	Zwischenglied ternär	Endproduct binär
Chlorwasserstoff		
H Cl		Na^I Cl
Wasser		
H	Na^I	Na^I
O^{II}	O^{II}	O^{II}
H	H	Na^I
Ammoniak	(*hypothetisch*)	
H	Na^I	Na^I	Na^I
H N^{III}	H N^{III}	Na^I N^{III}	Na^I N^{III}
H	H	H	Na^I

Zwischen dem Chlorwasserstoff und dem Kochsalz liegt keine ternäre Verbindung; der Chlorwasserstoff geht direct in Kochsalz über.

Die ternäre Verbindung, welche zwischen dem Wasser und dem Natriumoxid liegt, besteht, wie ein Blick auf das Diagramm zeigt, aus 1 At. Natrium, 1 At. Wasserstoff und 1 At. Sauerstoff; sie lässt sich als Wasser betrachten, in welchem die Hälfte des Wasserstoffs durch Natrium ersetzt ist.

Sie ist der unter dem Namen Natronhydrat oder kaustisches Natron in den Künsten und Gewerben vielfach angewendete Handelsartikel, welcher von den Chemikern jetzt oft Natriumhydrat, wohl auch Natriumhydroxid genannt wird. Das letzte Product der Einwirkung des Natriums auf das Wasser, das Natriumoxid, enthält keinen Wasserstoff mehr; es wird auch wohl im Sinne älterer Anschauungen wasserfreies Natron genannt. In dem Natriumoxid ist nur noch eines der Elemente der Mutterverbindung, aus der es stammt, vorhanden, allein die Structur derselben hat sich unverändert erhalten. Was hier von dem Natrium bemerkt wurde, gilt natürlich, *mutatis mutandis* in gleicher Weise für die Einwirkung des Kaliums auf das Wasser.

Während sich aus dem Wasser unter dem Einflusse des Natriums zwei Natriumderivate, ein ternäres und ein binäres, bilden, können deren aus dem Ammoniak nicht weniger als drei entstehen, von denen die beiden zwischen den Endgliedern, dem Ammoniak und dem Natriumnitrid, liegenden ternäre Verbindungen sind.

In den folgenden Moleculargleichungen sind die Umwandlungen dargestellt, welche der Chlorwasserstoff, das Wasser und das Ammoniak unter dem Einflusse des Natriums erleiden; sie veranschaulichen die verschiedenen Phasen dieser Umwandlungen und zeigen, wie in den beiden letzten Fällen mit der fortschreitenden Entwicklung von Wasserstoff die Verbindungen stets natriumreicher werden, bis zuletzt die Natriumverbindungen des Sauerstoffs und Stickstoffs zurückbleiben.

des Wassers, des Ammoniaks.

1. Aufnahme des Natriums in den Chlorwasserstoff.

$$2\ \boxed{\text{H Cl}} + \boxed{\text{Na}^\text{I}\text{Na}^\text{I}} = 2\ \boxed{\text{Na}^\text{I}\text{Cl}} + \boxed{\text{H H}}$$

2. Fortschreitende Aufnahme des Natriums in das Wasser.

1ste Phase. $2\ \boxed{\text{H}_2\text{O}^\text{II}} + \boxed{\text{Na}^\text{I}\text{Na}^\text{I}} = 2\ \boxed{\text{Na}^\text{I}\text{HO}^\text{II}} + \boxed{\text{H H}}$

2te Phase. $2\ \boxed{\text{Na}^\text{I}\text{HO}^\text{II}} + \boxed{\text{Na}^\text{I}\text{Na}^\text{I}} = 2\ \boxed{\text{Na}_2^\text{I}\text{O}^\text{II}} + \boxed{\text{H H}}$

3. Fortschreitende Aufnahme des Natriums in das Ammoniak.

1ste Phase. $2\ \boxed{\text{H}_3\text{N}^\text{III}} + \boxed{\text{Na}^\text{I}\text{Na}^\text{I}} = 2\ \boxed{\text{Na}^\text{I}\text{H}_2\text{N}^\text{III}} + \boxed{\text{H H}}$

2te Phase. $2\ \boxed{\text{Na}^\text{I}\text{H}^2\text{N}^\text{III}} + \boxed{\text{Na}^\text{I}\text{Na}^\text{I}} = 2\ \boxed{\text{Na}_2^\text{I}\text{H N}^\text{III}} + \boxed{\text{H H}}$

3te Phase. $2\ \boxed{\text{Na}_2^\text{I}\text{H N}^\text{III}} + \boxed{\text{Na}^\text{I}\text{Na}^\text{I}} = 2\ \boxed{\text{Na}_3^\text{I}\text{N}^\text{III}} + \boxed{\text{H H}}$

Diese Gleichungen enthüllen uns, wenn man will, den Mechanismus dieser Reactionen; wir sehen, wie die nacheinander eintretenden Metallatome die Stelle der Wasserstoffatome einnehmen, welche ausgetrieben werden, um, könnte man sagen, den Metallatomen Platz zu machen.

Es verdient hinsichtlich der Einwirkung des Natriums auf das Wasser und das Ammoniak noch bemerkt zu werden, dass sich die verschiedenen Metallderivate keineswegs mit gleicher Leichtigkeit erzeugen. Sowohl bei dem Wasser als auch bei dem Ammoniak sind es ternäre Verbindungen, welche sich mit Vorliebe bilden, die binären Endproducte entstehen stets nur bei Einhaltung besonderer Bedingungen. Von den ternären Verbindungen der Ammoniakreihe ist bis jetzt nur die erste im reinen Zustande dargestellt worden.

Die vierte unserer typischen Wasserstoffverbindungen, das Grubengas, ist in seinem Verhalten zum Natrium bis jetzt kaum untersucht worden. Es ist gleichwohl eine ternäre Verbindung bekannt, welche man sich als aus dem Grubengase durch Eintreten eines Natriumatoms an die Stelle eines Wasserstoffatoms entstanden denken kann. Diese bis jetzt noch ganz unzureichend studirte Verbindung, das Natriummethyl

$$\overset{v}{\overline{Na^I H_3 C^{IV}}}_\alpha$$

lässt sich nur schwierig und auf Umwegen erhalten, welche späterer Betrachtung vorbehalten bleiben müssen. Auch ist dieses sehr merkwürdigen Körpers hier nur deshalb gedacht worden, um zu zeigen, dass wir berechtigt sind, die Entdeckung einer Reihe von Natriumderivaten auch des Grubengases zu erwarten.

Die betrachteten Beispiele führen uns zu einer allgemeineren Auffassung der Substitutionsverbindungen d. h. also von Körpern, gebildet (nicht selten in grossen Reihen) durch das Austreten eines oder mehrerer Atome der elementaren Bestandtheile einer Verbindung unter gleichzeitiger Aufnahme der entsprechenden Anzahl von Atomen eines anderen Elementes. Wir gelangen auf diese Weise zur Erkenntniss eines Principes, welches, in glücklicher Weise verwerthet, einer der mächtigsten Hebel für die Förderung der modernen Chemie geworden ist.

Zur weiteren Veranschaulichung dieses Principes wollen wir die Betrachtung von noch einigen anderen unserer frühesten Versuche wieder aufnehmen, um sie in der neu erschlossenen Richtung zu verfolgen; wir erhalten auf diese Weise weitere Beispiele ternärer Verbindungen, während uns gleichzeitig der Unterschied, man könnte sagen, gemessener und gedachter Molecule von Neuem vor Augen tritt.

Aus den ersten Stadien unserer chemischen Erfahrungen erinnern wir uns der wichtigen und ausgedehnten Anwendungen, welche wir von der mächtigen Anziehung des Chlors für den Wasserstoff machten. Unter geeigneten Bedingungen auf das Wasser, auf das Ammoniak, auf das Grubengas wirkend, entzog das Chlor diesen Verbindungen den Wasserstoff, es bildete sich Chlorwasserstoff, während der Sauerstoff, der Stickstoff, der Kohlenstoff in Freiheit gesetzt wurden. (Vergl. S. 34, 40 u. 139.)

Für die Beantwortung der Fragen, welche uns damals beschäftigten, wäre es ganz ohne Zweck gewesen, darauf hinzuweisen, dass sich unter veränderten Bedingungen auch die Ergebnisse dieser Reactionen wesentlich anders gestalten können, und dass wir bei langsam gesteigerter Einwirkung eine Reihe von Erscheinungen beobachten, welche uns alsbald an die bei der Einwirkung des Natriums erworbenen Erfahrungen erinnern. Von dem neuen Gesichtspunkte aus betrachtet, welchen die eben jetzt an uns herantretenden Substitutions-Erscheinungen eröffnen, beanspruchen diese veränderten Reactionen plötzlich unser allerlebhaftestes Interesse.

Ohne uns in Einzelnheiten zu verlieren, deren Kenntnissnahme von dem eigentlichen Zwecke dieser Betrachtung abführen würde, mag zunächst bemerkt werden, dass sich bei geeignet gewählten Bedingungen die Einwirkung des Chlors auf das Wasser, auf das Ammoniak, auf das Grubengas in der Weise leiten lässt, dass der Sauerstoff, der Stickstoff, der Kohlenstoff, nach der Ueberführung des mit ihnen verbunden gewesenen Wasserstoffs in Chlorwasserstoff, statt sich abzuscheiden, mit dem Chlor in Verbindung tritt, und zwar genau mit der Anzahl von Chloratomen, welche der mit diesen Ele-

320 Chlorderivate des Wassers,

menten ursprünglich verbundenen Anzahl von Wasserstoffatomen entspricht. Bei der Einwirkung des Chlors auf das Wasser verwandelt sich auf diese Weise

$$H_2O \text{ in } Cl_2O,$$

bei der Einwirkung auf das Ammoniak

$$H_3N \text{ in } Cl_3N,$$

bei der Einwirkung auf das Grubengas endlich

$$H_4C \text{ in } Cl_4C.$$

Wir sind in der That diesen dem Wasser, dem Ammoniak, dem Grubengas entsprechenden Chlorverbindungen des Sauerstoffs, des Stickstoffs, des Kohlenstoffs bereits, obwohl nur flüchtig, näher getreten, als wir uns mit der Ermittlung der Verbindungsgewichte der Elemente durch die Analyse und Volumgewichtsbestimmung ihrer flüchtigen Chlorverbindungen beschäftigten. (Vergl. S. 157 u. 160.)

Ein Blick auf diese beiden Reihen binärer Verbindungen, von denen die zweite die den in der ersten verzeichneten Wasserstoffverbindungen entsprechenden Chloride darstellt, zeigt uns, dass sich in jedem Falle zwischen die beiden zusammengehörenden Körper ein oder mehrere Zwischenglieder einschieben müssen. In dem folgenden Diagramm sind die Endglieder mit ihren Zwischengliedern graphisch dargestellt:

des Ammoniaks, des Grubengases. 321

Fortschreitende Zersetzung des Wassers, des Ammoniaks und des Grubengases durch Chlor.

Ursprüngl. Verb.   Zwischenglieder   Endproduct.

(binär)   (ternär)   (binär)

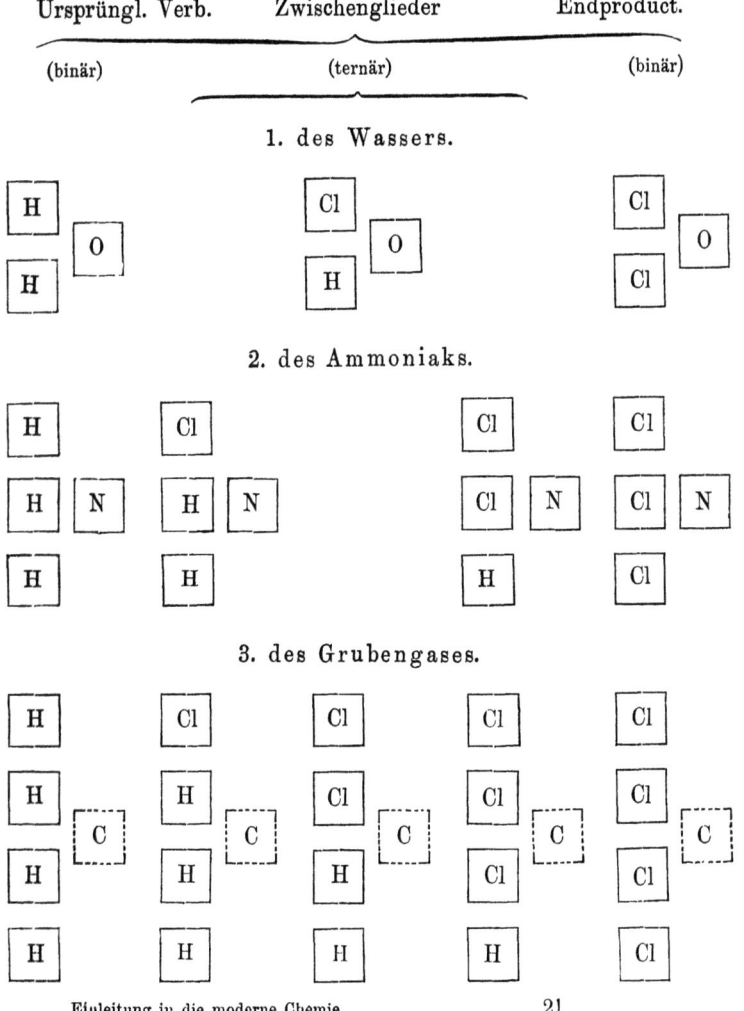

Zwischen das Wasser und die ihm entsprechende Chlorverbindung, das Sauerstoffchlorid, stellt sich, wie wir sehen, nur ein einziges ternäres Zwischenproduct; zwischen dem Ammoniak und der entsprechenden Chlorverbindung, dem Stickstoffchlorid, finden wir deren zwei; zwischen dem Grubengas und seinem Chlorderivat, dem Kohlenstoffchlorid, endlich sind deren nicht weniger als drei. Es darf nicht unerwähnt bleiben, dass die Zwischenglieder in der Ammoniakreihe, theilweise wohl ihrer gefährlichen explosiven Eigenschaften halber, bis jetzt im reinen Zustand nicht dargestellt worden sind, an ihrer Existenz aber füglich nicht gezweifelt werden kann. Alle übrigen in dem Diagramm verzeichneten Körper sind ihrer Zusammensetzung und ihren Eigenschaften nach wohlbekannte Verbindungen. Die zwischen dem Wasser und dem Sauerstoffchlorid existirende Verbindung ist den Chemikern als das Hydrat der unterchlorigen Säure bekannt. Von den zwischen dem Grubengas und dem Kohlenstoffchlorid liegenden Gliedern heisst die erste Methylchlorid, die zweite Methendichlorid, die dritte wird zum Oefteren mit dem Namen Methenyltrichlorid bezeichnet, ist aber allgemeiner unter dem Namen Chloroform bekannt.

Die folgenden graphischen Moleculargleichungen zeigen die stufenweise Bildung dieser Verbindungen in einer Reihe regelmässig auf einander folgender Substitutionsprocesse.

das Ammoniak und das Grubengas.

Bildung der Chlor-Substitute.

1. des Wassers.

H_2O + $ClCl$ = HCl + $HClO$

$HClO$ + $ClCl$ = HCl + Cl_2O

2. des Ammoniaks.

H_3N + $ClCl$ = HCl + H_2ClN

H_2ClN + $ClCl$ = HCl + HCl_2N

HCl_2N + $ClCl$ = HCl + Cl_3N

3. des Grubengases.

H_4C + $ClCl$ = HCl + H_3ClC

H_3ClC + $ClCl$ = HCl + H_2Cl_2C

H_2Cl_2C + $ClCl$ = HCl + HCl_3C

HCl_3C + $ClCl$ = HCl + Cl_4C

Ein Blick auf diese Diagramme lehrt uns aber nicht nur, wie sich diese Körper durch Eintreten von Chlor und Austreten von Wasserstoff, Atom für Atom, erzeugen, sondern enthüllt uns auch die eben so wichtige Thatsache, dass sich in sämmtlichen auf dem Wege der Substitution gebildeten Producten die der Mutterverbindung eigenthümliche Structur erhält.

Wir müssen hier auf die weitere Ausführung dieses Gegenstandes verzichten; es fehlt uns im Augenblick das nöthige Material, um die Substitutionserscheinungen in ihrem ganzen Umfange und ihrer ganzen Wichtigkeit zu würdigen, allein es braucht kaum besonders hervorgehoben zu werden, welchen Vorschub die Erkenntniss des Substitutionsprincipes der Bewältigung der sonst fast unlösbar scheinenden Aufgabe leisten muss, die täglich mehr und mehr anschwellende Fluth von chemischen Verbindungen in ein System natürlicher Gruppen zu ordnen.

Aus den im Vorhergehenden gegebenen Beispielen erhellt, dass sich ein binäres Molecul in ein ternäres verwandeln kann, entweder durch Vereinigung mit einem zweiten binären Molecule (wie bei der Bildung des Chlorwasserstoff-Ammoniaks), oder durch Aufnahme von einem Atom oder mehreren Atomen eines dritten Elementes, welche an die Stelle einer entsprechenden Anzahl ausscheidender Atome treten (wie bei der Bildung der Natrium- und Chlorsubstitute des Wassers, Ammoniaks und Grubengases). In letzterem Falle zeigt es sich, dass die Summe der Atombindekräfte, welche mit den einrückenden Atomen dem Molecul zu Gute kommen, genau der Summe gleicht, welche ihm mit den austretenden Atomen verloren geht. In den angeführten Beispielen haben wir allerdings nur die einwerthigen Natrium- und Chloratome sich den einwerthigen Wasserstoffatomen substituiren sehen, allein wir werden später wahrnehmen, dass sich diese Regel in allen Fällen bewahrheitet, einerlei, ob die ein- und austretenden Atome ein-, zwei-, drei- oder vierwerthig sind, oder ob sie theilweise der einen, theilweise der anderen Classe angehören. — Es ist diese Erfahrung eine der wichtigsten Errungenschaften der modernen chemischen Forschung, deren ganze Tragweite sich uns jedoch erst im weiteren Verlaufe unserer Studien erschliessen kann.

Verbindungen. Oxide des Chlorwasserstoffs. 325

Es giebt indessen ausser den beiden genannten noch einen anderen Weg, auf welchem ein binäres Molecul in ein ternäres übergehen kann, nämlich durch einfache Anlagerung eines oder mehrerer Atome eines dritten Elementes an ein Molecul, ohne dass letzteres eines seiner eigenen Atome verlöre.

Sauerstoffatome werden auf diese Weise von allen unseren typischen Wasserstoffverbindungen und ihren Analogen aufgenommen. Der Chlorwasserstoff, die an der Spitze der ersten Gruppe stehende typische Verbindung, besitzt diese Fähigkeit in besonders hohem Grade. Ihr Molecul (HCl) vereinigt sich mit 1, 2, 3 oder 4 Atomen Sauerstoff; es entsteht eine Reihe von vier wohlcharakterisirten ternären Verbindungen, welche man als Oxide des Chlorwasserstoffs ansprechen könnte, und deren Zusammensetzung in der folgenden Reihe von Formeln gegeben ist:

Oxide des Chlorwasserstoffs:
$HClO$, $HClO_2$, $HClO_3$, $HClO_4$.

Wir werden sie später unter den Namen unterchlorige Säure, chlorige Säure, Chlorsäure und Ueberchlorsäure näher kennen lernen.

Was die Bildung dieser Körper anlangt, so kann man wiederum im Sinne der schon oben (vergl. S. 296) angeführten Auffassung gelten lassen, dass entweder 1 At. Sauerstoff oder ein Atompaar oder ein aus drei und vier Atomen bestehender Complex immer mit nicht mehr als 2 Bindekräften zwischen den Wasserstoff und das Chlor tritt.

Chlorwasserstoff   H—·—Cl
Unterchlorige Säure H—·—O—·—Cl
Chlorige Säure   H—·—O—·—O—·—Cl
Chlorsäure   H—·—O—·—O—·—O—·—Cl
Ueberchlorsäure   H—·—O—·—O—·—O—·—O—·—Cl

Auch die dem Chlorwasserstoff zur Seite stehenden Wasserstoffverbindungen des Broms und des Jods besitzen diese Fähigkeit, jedoch in minder hervortretender Weise.

Diese Anziehung für den Sauerstoff geht auch den Wasserstoffverbindungen unserer zweiten Gruppe nicht ab, obwohl sie hier weniger bei dem an der Spitze der Gruppe stehenden Körper, dem Wasser, als bei den letzterem untergeordneten Gliedern hervortritt.

Aus dem Wassermolecul (H_2O) entsteht durch Anlagerung von Sauerstoff nur eine einzige Verbindung, das Wasserstoffsuperoxyd (H_2OO), welches indessen nicht leicht darzustellen und überdies eine wenig beständige Verbindung ist. Allein die Analogen des Wassers, die Wasserstoffverbindungen des Schwefels und Selens, bilden eine jede zwei wohlbekannte Verbindungen, welche durch Anlagerung beziehungsweise von 3 und 4 Atomen Sauerstoff an die Molecule des Schwefel- und Selenwasserstoffs entstehen. Vielleicht existiren auch noch Verbindungen mit 1 und 2 Atomen Sauerstoff, welche uns der Fortschritt der chemischen Entdeckung eines Tages enthüllen könnte, so dass wir die Reihe der Schwefelverbindungen z. B. in folgenden Formeln wiederzugeben hätten:

Oxide des Schwefelwasserstoffs:
$H_2SO(?)$, $H_2SO_2(?)$, H_2SO_3, H_2SO_4.

Die beiden ersten Formeln bezeichnen die noch hypothetischen Glieder der Reihe. Die beiden letzteren, andererseits, stellen zwei für Theorie und Praxis gleich wichtige Verbindungen dar, die schweflige Säure und die Schwefelsäure, mit denen wir uns in der Folge ausführlich beschäftigen müssen.

Wenn wir in ähnlichem Sinne die dritte Gruppe unserer Wasserstoffverbindungen betrachten, so zeigt es sich, dass ihre verschiedenen Glieder eine sehr ungleiche Anziehung für den Sauerstoff besitzen. In der That ist es erst in allerjüngster Zeit gelungen, den Prototypen derselben, das Ammoniak

des Phosphorwasserstoffs, des Grubengases.

(H_3N), mit Sauerstoff zu vereinigen, und zwar bis jetzt auch nur in einem einzigen Verhältniss. Auf Umwegen, denen wir für den Augenblick nicht folgen dürfen, verbindet sich das Ammoniak mit einem Atom Sauerstoff zu einem sehr merkwürdigen Körper (H_3NO), welcher den Namen **Hydroxylamin** erhalten hat. Dagegen ist der dem Ammoniak analoge Phosphorwasserstoff durch die Leichtigkeit ausgezeichnet, mit der sich sein Molecul (H_3P) mit 2, 3 und 4 Atomen Sauerstoff zu wohlcharakterisirten Verbindungen, **unterphosphorige Säure, phosphorige Säure** und **Phosphorsäure** genannt, vereinigt, so dass nur noch eine Sauerstoffverbindung, die erste, zu entdecken bleibt, um die Reihe derselben vollständig zu machen:

Oxide des Phosphorwasserstoffs:

$H_3PO(?)$, H_3PO_2, H_3PO_3, H_3PO_4.

Unsere vierte und letzte Gruppe, welche sich an das Grubengas anlegt, hat bis jetzt nur eine einzige ternäre Sauerstoffverbindung geliefert. Es ist dies der aus dem Grubengas selbst hervorgehende Körper

H_4CO,

der uns später unter dem Namen **Methylalkohol** bekannt werden wird, und dessen merkwürdige Eigenschaften und mannigfaltige Umwandlungen uns für die Abwesenheit anderer ternärer Sauerstoffverbindungen in der Grubengasgruppe reichlich schadlos halten werden. Durch den Methylalkohol, wie durch ein weit geöffnetes Thor, dringen wir nämlich in eine neue Provinz ein, die reichste und schönste des Gebietes, durch welches uns unser Weg später führen wird.

Auf diesem Wege sind wir jedoch an einer Stelle angelangt, an welcher wir unsere gemeinschaftliche Wanderung, für einige Zeit wenigstens, unterbrechen dürfen. Die Grenzen dieser kurzen Einleitung sind erreicht, der Zweck, soweit die Verwirklichung desselben unter den gegebenen Bedingungen möglich war, erfüllt. Allein, ehe wir uns trennen, wollen wir, wie Wanderer zu thun pflegen, einen Augenblick anhalten, um von der gewonnenen Anhöhe herab auf den durchmessenen Weg zurückzuschauen. In anderen Worten: wir wollen die wichtigsten Thatsachen, welche der Versuch uns vorführte, und die Anschauungen, welche sich aus der Untersuchung derselben entwickelten, nochmals an uns vorbeiziehen lassen, damit sie dem Gedächtniss eingeprägt bleiben.

Als Ausgangspunkt unserer Forschung wählten wir das Wasser, dessen zusammengesetzte Natur sich uns in einem der einfachsten und schönsten Versuche enthüllte.

Eine Kaliumkugel sahen wir bei der Berührung mit Wasser erglühen und ein brennbares Gas, den Wasserstoff, daraus entwickeln. Dieses Gas erwies sich als der leichteste aller Körper, und wir wählten es sofort bei Vergleichung der Volumgewichte gasförmiger Körper im Allgemeinen als Einheit.

Diesen Wasserstoff gelang es uns nun durch dasselbe einfache Mittel aus zwei anderen, im reinen Zustande gasförmigen Körpern zu entbinden, aus der Salzsäure und aus dem Ammoniak, welche, obwohl minder allgemein bekannt, gleichwohl in den Künsten und Gewerben die ausgedehnteste Anwendung finden.

Eingehendere Betrachtung dieser drei Wasserstoffquellen lehrte uns alsdann drei weitere Gase, das Chlor, den Sauerstoff, den Stickstoff, kennen, welche beziehungsweise in der Salzsäure, in dem Wasser, in dem Ammoniak mit dem Wasserstoff vereinigt sind.

Das Studium des Chlors, des Sauerstoffs, des Stickstoffs zeigte uns in dem ersten das kräftigste aller chemischen Agentien, in dem zweiten das kaum minder energische Princip der Verbrennung, in dem dritten endlich einen Körper, der in seinen wenig ausgesprochenen Anziehungen den eigentlichsten Gegensatz zu den beiden anderen bildet.

Die analytisch bewerkstelligte Spaltung der Salzsäure, des Wassers und des Ammoniaks hatte uns den Wasserstoff

und zusammengesetzte Körper. 329

und beziehungsweise das Chlor, den Sauerstoff und den Stickstoff als Bestandtheile der drei vielgenannten Körper kennen gelehrt; die synthetische Rückbildung dieser Körper, soweit sich dieselbe ausführen liess, sowie das Ergebniss directer Wägung zeigte uns, dass Wasserstoff und Chlor, Wasserstoff und Sauerstoff, Wasserstoff und Stickstoff beziehungsweise ihre einzigen Bestandtheile sind.

Die Erörterung dieser auf engumgrenztem Gebiete gesammelten Thatsachen führte in ungezwungener Weise zur Idee des Elementes im Gegensatze zur Verbindung; und der Wasserstoff, das Chlor, der Sauerstoff und der Stickstoff, als Beispiele elementarer oder einfacher Körper, die Salzsäure, das Wasser, das Ammoniak, als Vertreter der Verbindungen oder zusammengesetzten Körper, gewannen, von diesem neuen Gesichtspunkte aus betrachtet, ein erhöhtes Interesse.

Bei fortgesetztem Studium dieser Verbindungen erfuhren wir zunächst das Verhältniss, dem Volum und Gewicht nach, in welchem die elementaren Bestandtheile in denselben enthalten sind.

Mit der Volumeinheit des Chlors, des Sauerstoffs, des Stickstoffs, beziehungsweise durch die Gewichte 35,5, 16 und 14 ausgedrückt, sahen wir den Wasserstoff dem Volum und Gewichte nach sich vereinigen in dem Verhältniss von 1 mit dem ersten, von 2 mit dem zweiten und von 3 mit dem dritten Gase.

Trotz der Ungleichheit in der Zahl der Volumeinheiten der gasförmigen Bestandtheile, welche bei Bildung dieser Verbindungen zusammentreten, fanden wir das Volum der gebildeten Verbindungen im gasförmigen Zustande vollkommen gleich, in jedem Falle den Raum von 2 Volumeinheiten erfüllend, und wir lernten auf diese Weise, dass die Verdichtung der Elemente in diesen drei Verbindungen gleichen Schritt hält mit der Anzahl der zusammengetretenen Volumeinheiten der elementaren Bestandtheile.

Mit der Erkenntniss dieser Verhältnisse hatte unsere experimentale Erforschung des Chlorwasserstoffs, des Wassers und Ammoniaks ihre Grenze erreicht, allein der Werth der erworbenen Thatsachen ward schliesslich noch durch den Umstand gesteigert, dass sich die drei oft genannten Körper als scharf gezeichnete Structurmodelle chemischer Verbindungen, dass sich das Chlor, der Sauerstoff, der Stickstoff als die Prototypen dreier Gruppen durch ähnliches chemisches Verhalten ausgezeichneter Elemente erwiesen.

In dem Maasse, als unser Gesichtskreis sich erweiterte und Thatsache an Thatsache sich reihte, fühlten wir das Bedürfniss, den gewonnenen Erfahrungen einen bündigeren und deshalb eindringlicheren Ausdruck zu leihen, als ihn die gewöhnliche Sprache gewährt; es galt gleichzeitig und in graphischer Weise ganze Reihen von Erscheinungen zur Anschauung zu bringen, die man sonst nur schwierig in ihrem gegenseitigen Zusammenhange und in ihrer Abhängigkeit von allgemeinen Gesetzen erkannt haben würde.

Zu dem Ende fanden wir uns veranlasst, unsere Gasvolume durch Quadrate auszudrücken, in denen wir die Anfangsbuchstaben der Namen und die Volumgewichte der Elemente verzeichneten, welche sie darstellen sollten. So gestaltete sich die Grundlage einer symbolischen Zeichensprache, welche wir im weiteren Verlaufe unserer Studien gleichzeitig bereichern und vereinfachen durften, indem wir sie einerseits jeder neuen Thatsache, mit der wir vertraut wurden, alsbald anpassten, andererseits mancher Formen entkleideten, welche, obwohl ganz angemessen für die Zwecke des Unterrichts, doch für den lebendigen chemischen Verkehr zu schwerfällig erschienen.

Um den aufgefundenen Volum- und Gewichtsbeziehungen eine absolute Bedeutung beizulegen, hatten wir ein bestimmtes Maass- und Gewichtssystem zu wählen, dem wir Volum- und Gewichtseinheiten für unsere Zwecke entnehmen konnten.

Unsere Wahl fiel, wie dies nicht anders sein konnte, auf das schöne metrische Maass- und Gewichtssystem der Franzosen, bei dessen Betrachtung wir uns mit einiger Vorliebe und vielleicht etwas ³ länger aufhielten, als es für unsere

Das Wasserstofflitergewicht. Das Krith.

Zwecke unbedingt nothwendig gewesen wäre. Allein dieses System lieferte uns das Gramm, in dem fortan alle unsere Gewichtsbestimmungen Ausdruck fanden, es lieferte uns das Liter, welches wir sofort als Einheit aller Volumbestimmungen wählten, und wir blicken daher ohne Unmuth auf diese kleine Abschweifung von unserem Wege zurück.

Diesen dem metrischen System entnommenen Maasseinheiten wagten wir für die besonderen Zwecke unserer Betrachtung noch eine weitere Gewichtseinheit hinzuzufügen.

Der leichte Uebergang von Gewicht zu Volum und von Volum zu Gewicht, welcher das metrische Maasssystem auszeichnet, gilt nur für starre und flüssige Körper, deren Volumgewicht wir auf das des Wassers als Einheit beziehen. Um einen ähnlichen Uebergang auch für Körper im gasförmigen Zustande, denen ja unser Interesse fast ausschliesslich zugewendet war, zu ermöglichen, entschlossen wir uns, das Gewicht eines Liters Wasserstoff, unseres Normalementes, auf welches wir die Volumgewichte aller Gase beziehen, zur Einheit für die absoluten Gewichte concreter Gasvolume zu erheben. Dem Gewichte eines Liters Wasserstoff unter den Normalbedingungen des Drucks und der Temperatur (0,0896 Gramm) gaben wir den Namen Krith, und alsbald bezeichneten uns die Volumgewichte der Gase, in Krithen gelesen, die absoluten Gewichte eines Liters derselben, unter normalen Druck- und Temperaturbedingungen gemessen.

Mit dem Einflechten absoluter Werthe in die die Elemente und Verbindungen darstellenden Formeln erlangte unsere symbolische Sprache erhöhte Wichtigkeit, indem sie als Mittel der Erforschung beobachteter Erscheinungen an Schärfe, als Mittel der Darstellung erforschter Thatsachen an Eindringlichkeit gewann.

Dem Chlorwasserstoff, dem Wasser und dem Ammoniak schloss sich später noch eine vierte typische Wasserstoffverbindung an. In dem Kohlenstoff lernten wir ein wichtiges, von den früher betrachteten wesentlich verschiedenes Element kennen, mit dessen Wasserstoffverbindung, dem Grubengas, die Reihe unserer typischen Wasserstoffverbindungen zum Schlusse kam. In 2 Volumen, oder, wie wir uns nunmehr ausdrücken durften, in 2 Litern hatten wir die drei typischen gasförmigen Elemente beziehungsweise mit 1, 2 und 3 Lit. Wasserstoff vereint gesehen. In dem Zweilitervolum des Grubengases endlich fanden wir den Kohlenstoff mit 4 Lit. Wasserstoff verbunden.

In dem Kohlenstoff trat uns das erste nicht flüchtige Element entgegen, dessen Gasvolumgewicht sich also der Bestimmung entzog. Daher denn die etwas gesonderte Einreihung dieses Elementes und seiner Wasserstoffverbindung, des Grubengases, in die Gruppe unserer typischen Elemente und Verbindungen, in der wir gleichzeitig der eigenthümlichen Natur dieses Elementes Rechnung trugen, sowie den nahen Beziehungen des Grubengases zu den drei anderen Wasserstoffverbindungen, welche sich in der stetigen Zunahme des Wasserstoffs in den vier Verbindungen und auch in dem stetig wachsenden Verdichtungsverhältniss der in ihnen enthaltenen Elemente aussprachen.

Daher aber auch die Nothwendigkeit, für den Kohlenstoff auf die Methode der symbolischen Bezeichnung zu verzichten, welche wir für die früher betrachteten Elemente anwendbar gefunden hatten, und für diesen sowie für andere nicht flüchtige Elemente eine neue Ausdrucksweise auszubilden. Wir kamen überein, die Gewichtsmenge Kohlenstoff zu symbolisiren, welche in 2 Litern seiner Wasserstoffverbindung enthalten ist, und diese Gewichtsmenge das Verbindungsgewicht des Kohlenstoffs zu nennen, und hatten auf diese Weise den Grund zu einer erweiterten chemischen Formelsprache gelegt, in welcher auch die nichtflüchtigen Elemente einen geeigneten Ausdruck fanden. An die Stelle der Volumgewichte waren die Verbindungsgewichte getreten, deren Bestimmung nunmehr unsere ganze Aufmerksamkeit in Anspruch nahm.

Wir erkannten bald, dass wir für die Ermittelung derselben nicht lediglich auf die Wasserstoffverbindungen angewiesen sind. Wir erfuhren, dass wir die Verbindungsgewichte auch aus anderen Verbindungen ableiten können, vorausgesetzt, dass sie ihrer Zusammensetzung nach bekannt und im gasförmigen Zustande erforschbar sind. Bei der eingehenden Erörterung dieser Frage sahen wir die Elemente sich auch nach Multiplen ihrer Verbindungsgewichte an der Bildung des Zweilitervolumens ihrer Verbindungen betheiligen und wurden auf diese Weise zu einer allgemeineren Auffassung des Begriffes Verbindungsgewicht geführt. Allein die Bestimmung des Verbindungsgewichtes setzt immer noch die Möglichkeit voraus, eine Verbindung des in Frage stehenden Elementes im gasförmigen Zustande untersuchen zu können. Angesichts der Nothwendigkeit, auch Elemente in den Kreis unserer Betrachtung zu ziehen, die selber feuerbeständig auch ausschliesslich feuerbeständige Verbindungen bilden, musste schliesslich das Bedürfniss fühlbar werden, auch für die Gewichtsverhältnisse, nach denen sich die Verbindungen der feuerfesten Materie gestaltet, einen Ausdruck zu finden. Neben die Verbindungsgewichte traten die Ersatzgewichte.

An die Erkenntniss der typischen Elemente und ihrer typischen Wasserstoffverbindungen hatte sich schon früher naturgemäss das Studium anderer, diesen Typen sich unterordnender Elemente und Verbindungen angereiht. Wir hatten auf diese Weise das Brom und das Jod als Analoge des Chlors, und die Wasserstoffverbindungen derselben als Analoge des Chlorwasserstoffs kennen gelernt. Zu dem Sauerstoff und seiner Wasserstoffverbindung, dem Wasser, hatte sich in ähnlicher Weise der Schwefel und das Selen mit ihren Wasserstoffverbindungen gesellt. Dem Stickstoff und seiner Wasserstoffverbindung, dem Ammoniak, hatte sich der Phosphor und das Arsen mit dem Phosphor- und Arsenwasserstoff angeschlossen. In eine Reihe mit dem Kohlenstoff endlich hatten wir das Silicium und das Zinn gestellt, indem wir für die erst in neuester Zeit endgültig untersuchte Verbindung des Siliciums mit dem Wasserstoff die bei dem Grubengas wahrgenommenen Structurverhältnisse gelten liessen.

334 Rückblick. Classification der Elemente.

In den vier Gruppen typischer Elemente und typischer Verbindungen, welche sich auf diese Weise unter unseren Augen entfaltet hatten, glaubten wir den Keim einer grossartigen Auffassung, einer natürlichen Classification der Körper in Gattungen zu erkennen, jede Gattung, bei aller Freiheit individueller Bildung der einzelnen Glieder, durch bestimmt ausgesprochene Charaktere unverkennbar gezeichnet.

Im Laufe dieser experimentalen Forschungen gestalteten sich unsere ersten Anschauungen des Wesens chemischer Erscheinungen, erschloss sich uns allmälig die Bedeutung des Namens unserer Wissenschaft. Wir wurden mit den Bedingungen vertraut, unter denen sich die Elemente zu chemischen Verbindungen gestalten, mit den Merkmalen, welche chemische Verbindungen von mechanischen Mischungen unterscheiden, mit der Umwandlung der Eigenschaften der Elemente bei ihrem Uebergang in eine chemische Verbindung; wir lernten endlich die Unveränderlichkeit der Verhältnisse kennen, nach denen sich, dem Volum und Gewicht nach, die Elemente mit einander zu chemischen Verbindungen vereinigen.

Indem sich auf diese Weise unsere Kenntniss des Gesetzmässigen in den chemischen Erscheinungen nach allen Richtungen hin erweiterte, hatten wir reichliche Gelegenheit, uns mit der Anstellung der Versuche, der Ausführung der Operationen, dem Aufbau der chemischen Apparate zu beschäftigen, denen wir diese Errungenschaften verdanken, und in ihrer Handhabung Uebung und Fertigkeit zu gewinnen. Das Entwickeln, das Trocknen, das Sammeln, das Messen von Gasen nahm unsere Aufmerksamkeit ganz besonders in Anspruch, und die Erinnerung, wie grossen Einfluss Veränderung des Drucks und der Temperatur auf das Volum der Gase ausübt, wurde bei allen diesen Operationen aufgefrischt.

Bei unseren analytischen sowohl als synthetischen Versuchen fanden wir uns häufig veranlasst, neben den eigentlichen, der Materie innewohnenden chemischen Kräften, die Mitwirkung der Elektricität, des Lichts, der Wärme zur Einleitung oder Vollendung gewisser Reactionen in Anspruch zu nehmen, und wir wurden alsdann nicht selten Zeugen der bemerkenswerthen Erscheinungen, welche viele dieser Processe bezeichnen. Kaum bemerkbare Wärme- und Lichteffecte sahen wir in einzelnen Fällen bis zu explosionsartigen Wirkungen gesteigert. Die Mittel zur Erweckung physikalischer Kräfte, der Elektricität z. B., und ihrer Dienstbarmachung für die Zwecke des Studiums chemischer Erscheinungen beanspruchten ebenfalls, obwohl nur vorübergehend, unser Interesse.

Auf die eingehende Betrachtung der einzelnen Elemente und ihrer Verbindungen mussten wir verzichten; selbst die allgemeineren Durchblicke, welche sich von Zeit zu Zeit vor unseren Augen eröffneten, durften wir nicht weiter, als es für die Zwecke unserer Forschung unumgänglich nöthig war, verfolgen.

Mehr als einmal fühlten wir uns versucht, in die Seitenpfade einzubiegen, welche verführerisch, aber vom Ziele ablenkend, sich nach allen Richtungen hin von unserem Wege abzweigten; so locken den Kletterer, der nach dem Gipfel des Baumes strebt, fruchtbeladene Aeste, welche er hinter sich lassen muss.

Aber nur selten schenkten wir der Versuchung Gehör; denn obwohl wir die am Wege stehende Blume nicht verschmähten, blieb doch das Auge unverwandt auf das eigentliche Ziel gerichtet.

In diesem Sinne, und um aus dem absichtlich enggezogenen Kreise unserer Forschung möglichst wenig herauszutreten, betrachteten wir zunächst in ihrem Verhalten zu einander die Elemente, welche wir bis dahin nur in ihren Beziehungen zu dem Wasserstoff kennen gelernt hatten; und indem wir wieder aus den mannigfaltigen Fällen, welche hier möglich sind, einen einzigen herausgriffen, lenkte sich unsere Aufmerksamkeit der Einwirkung des Sauerstoffs auf den Stickstoff zu. In der Betrachtung des Verhaltens dieser beiden Körper zu einander erschloss sich uns ein neues Gebiet; denn während wir früher zwei Elemente in nur einem Verhältniss

336 Rückblick. Molare, moleculare, atom. Construction

hatten zusammentreten sehen, wurden wir jetzt mit den verschiedenen Gliedern der Stickstoff-Sauerstoffreihe bekannt, in welchen sich uns das bereits aufgefundene Gesetz der Verbindung nach multiplen Verhältnissen aufs Neue und in umfassender Weise bewährte.

Noch hatten wir den Boden der Erfahrung nicht verlassen; wir hatten Erscheinungen beobachtet, ohne es zu versuchen, dieselben zu erklären. Allein instinctmässig fühlten wir uns zu der ungleich höheren Aufgabe hingezogen, die beobachteten Erscheinungen in ihrem Zusammenhange zu erkennen, sie von einem gemeinsamen Principe abzuleiten. In der Hoffnung eine Lösung dieser Aufgabe zu finden, wagten wir uns auf das Gebiet der Speculation. Wir versuchten die Deutung der beobachteten Erscheinungen. Eine hypothetische Auffassung der Materie versprach uns Aufschluss über die merkwürdigen Volum- und Gewichtsverhältnisse, in denen sich die chemischen Reactionen vollenden. Was ist Materie? Aus welchen Theilen besteht sie? Was bedingt den starren, den flüssigen, den gasförmigen Zustand derselben? Dies waren die Fragen, welche uns nacheinander beschäftigten.

Indem wir die Beantwortung dieser Fragen anstrebten, wurden wir zur Annahme einer dreifachen Theilbarkeit — molarer, molecularer und atomistischer — der Materie geführt, allein nur bei den gasförmigen Körpern fanden wir hinreichende Anhaltspunkte für die eingehendere Betrachtung dieser Verhältnisse. Es waren zumal die Erscheinungen, welche gasförmige Körper unter dem Einflusse der Wärme zeigen, an welche sich diese Betrachtung anlehnen konnte. Der Versuch lehrte, dass alle Gase, ob einfach, ob zusammengesetzt, durch Veränderungen der Temperatur und des Drucks in ganz ähnlicher Weise afficirt werden, mit anderen Worten, dass sich die verschiedensten Gase unter solchen Veränderungen ganz ähnlich verhalten, und es lag schliesslich die Folgerung nahe, für alle diese Körper eine ähnliche Construction gelten zu lassen, alle diese Körper als aus Moleculen bestehend zu betrachten, von denen in gleichem Volum eine gleiche Ander Materie. Verbindungen höherer Ordnung. 337

zahl vorhanden ist, welche mithin, ob einfach, ob zusammengesetzt, dieselbe Grösse besitzen müssen.

In dem Lichte dieser Auffassung gewann unsere symbolische Sprache eine neue Bedeutung. Die Quadrate hörten auf einfache Volume und Volumgewichte darzustellen und wurden uns zu Sinnbildern der Atome und Molecule, deren Bewegung in mannigfaltigen Processen der Verbindung und Zersetzung unserer Phantasie fast zu folgen glaubte. In den Formeln, die wir den neuen Anschauungen mit vollendeter Biegsamkeit sich anschmiegen sahen, spiegelten sich fortan, Bild um Bild, alle Ergebnisse, zu denen uns die weitere Entwicklung unserer Betrachtungen über die Natur der Materie führte. Die zweiatomige Structur der Molecule der typischen Elemente, die mehratomige und selbst einatomige Structur anderer Elementarmolecule, die verschiedene Werthigkeit der Atome, die Unterschiede einwerthiger, zweiwerthiger, drei- und vierwerthiger Atome, und die Beziehung zwischen Atomgewichten und Aequivalentgewichten fanden in unseren Formeln, geeignet geschrieben, den befriedigendsten Ausdruck.

Im Besitz so wichtiger, aus dem Studium der binären Verbindungen gewonnener Aufschlüsse, verweilten wir einen Augenblick bei der Betrachtung von Verbindungen höherer Ordnung, von ternären, quaternären, quinären Verbindungen, wir sahen dieselben sich aus den binären entwickeln durch Anlagerung von Molecul an Molecul, durch das Eintreten von Atomen an die Stelle anderer Atome, endlich durch das einfache Anlegen von Atomen an bereits fertige binäre Molecule.

Beispiele ternärer Verbindungen, nach einem jeden der drei genannten Bildungsprocesse entstanden, sind erst heute noch an uns vorübergegangen, als wir die Körper, an denen sich unsere ersten chemischen Vorstellungen entwickelten, nochmals von dem neu gewonnenen Standpunkte aus betrachteten. Bei den einzelnen so gebildeten Producten durften wir nicht mehr verweilen, allein wir versäumten nicht, die Charakterzügе der Gruppen zu sammeln und, soweit dies bei so beschränktem Material möglich, in anschaulichem Bilde zu vereinen. Die Abnahme der Stabilität, welche vielen dieser Molecule höherer Ordnung eigen ist, — ihre Neigung, zumal unter dem Einflusse der Wärme, sich in einfachere Molecule zu spalten, — die Erscheinungen, welche wir in dem Worte „Dissociation" zusammenfassten, — die stufenweise Entwicklung der aus binärer Verbindung durch Eintritt eines dritten Elementes entstehenden ternären Körper in Reihen und der Abschluss dieser Reihen mit einer binären Verbindung des eingetretenen Elementes, — die Analogie der Structurverhältnisse in den beiden binären Endgliedern der Reihe und die Erhaltung dieses Structurtypus in sämmtlichen ternären Zwischengliedern — alle diese Erfahrungen zogen in raschem Fluge an uns vorüber. Allein wir strebten bereits unaufhaltsam unserem Ziele entgegen und es waren nur noch wenige leuchtende Punkte, welche unser Interesse auf Augenblicke zu fesseln vermochten. Der Methylalkohol, dessen Umrisse noch ganz zuletzt am Horizonte sichtbar wurden, lag schon jenseits der Grenze des Gebietes, auf welches sich für diesmal unsere Forschung zu beschränken hatte.

Ist nun, so fragt sich der Verfasser, der Streifzug in so enger Umgrenzung eine nützliche Vorschule gewesen für die Erforschung des unermesslichen Reiches der chemischen Erscheinungen?

Es führen der Wege viele in ein unbekanntes Land, und die langgestreckte Grenze kann an zahllosen Punkten überschritten werden. Allein nicht alle Strassen sind gleichgebahnt, nicht alle Uebergänge mit derselben Leichtigkeit zu bewerkstelligen. Von dem Führer, der uns begleitet, erwarten wir, dass er uns kurze und sichere Wege zeige, auf denen wir nebenbei des Anziehenden sehen, des Nützlichen lernen. Hat sich nun das Büchlein, das sich seinem Schlusse naht, als ein solcher weges- und landeskundiger Führer erwiesen? Wer anders könnte diese Frage beantworten, als

Schluss.

derjenige, welcher sich seiner Führung anvertraut hat? Ist ihm auf dem flüchtigen Zuge durch das schmale Grenzgebiet der Wunsch aufgestiegen, in die weiterliegenden Lande tiefer und tiefer einzudringen, hat die am Wege bereits gesammelte Erfahrung das Vertrauen in ihm befestigt, dass er auf der betretenen Bahn dem Ziele näher komme, so ist der Zweck der kurzen gemeinschaftlichen Wanderung vollkommen erreicht.

MIX
Papier aus verantwortungsvollen Quellen
Paper from responsible sources
FSC® C105338

If you have any concerns about our products,
you can contact us on
ProductSafety@springernature.com

In case Publisher is established outside the EU,
the EU authorized representative is:
**Springer Nature Customer Service Center GmbH
Europaplatz 3, 69115 Heidelberg, Germany**

Printed by Libri Plureos GmbH
in Hamburg, Germany